03章

素材的导入与采集
案例实战——导入素材文件夹

06章 视频效果
案例实战——杂色效果的应用

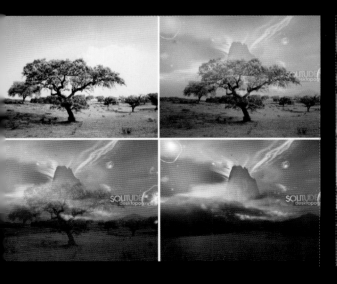

07章 调色技术
案例实战------制作版画效果

08章 文字效果
案例实战------制作创意纸条文字效果

08章 文字效果
案例实战------制作光影文字效果

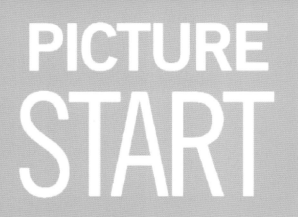
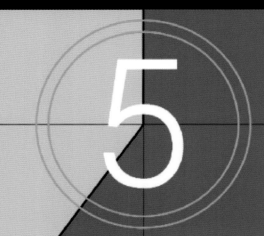

10章 关键帧动画和运动特效
案例实战——制作倒计时画中画效果

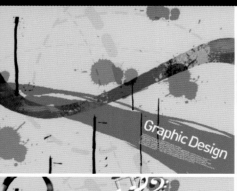

10章

关键帧动画和运动特效
案例实战——制作音符效果

自学视频教程

Premiere Pro CC中文版
自学视频教程

曹茂鹏 编著

清华大学出版社

北 京

内容简介

《Premiere Pro CC 中文版自学视频教程》一书从专业、实用的角度出发，全面、系统地讲解Adobe Premiere Pro CC 2018的使用方法。全书共分为11章，主要介绍了视频编辑的基础知识及Adobe Premiere Pro CC 2018的使用方法、核心功能和操作技巧，基本涵盖了视频编辑时所使用的常用工具与命令。另附7章电子书，介绍了常用效果的综合应用及输出影片的知识，并通过5个大型的综合案例，分别介绍了Premiere在MV剪辑、产品广告、创意招贴、电子相册、旅游片头中的应用，让读者进行有针对性和实用性的实战练习，不仅使读者巩固了前面学到的技术技巧，更是为读者对以后的实际学习工作进行提前"练兵"。

本书适合于Premiere的初学者，同时对具有一定Premiere使用经验的读者也有一定的参考价值，还可作为学校、培训机构的教学用书，以及各类读者自学Premiere的参考用书。

本书有以下显著特点：

1. 124节大型高清同步自学视频，涵盖全书几乎所有实例，让学习更轻松、更高效！

2. 作者系经验丰富的专业设计师和资深讲师，确保图书"实用"和"好学"。

3. 讲解极为详细，中小实例达到124个，为的是能让读者深入理解、灵活应用。

4. 书后给出不同类型的综合商业案例，以便读者积累实战经验，为工作就业搭桥。

5. 赠送设计素材21类1000个以上，动态素材4类70个。赠送电子书《色彩设计搭配手册》、电子书《构图技巧实用手册》、常用颜色色谱表。赠送104集 Photoshop新手学视频精讲课堂。

图书在版编目（CIP）数据

Premiere Pro CC 中文版自学视频教程 /曹茂鹏编著.—北京：清华大学出版社，2020.6

自学视频教程

ISBN 978-7-302-52396-3

I. ①P… II. ①曹… III. ①视频编辑软件—教材 IV. ①TP317.53

中国版本图书馆CIP数据核字（2019）第041335号

责任编辑：贾小红
封面设计：李志伟
版式设计：文森时代
责任校对：马军令
责任印制：宋 林

出版发行： 清华大学出版社
     网　　　址：http://www.tup.com.cn, http://www.wqbook.com
     地　　　址：北京清华大学学研大厦A座　　　　　　　邮　　编：100084
     社 总 机：010-62770175　　　　　　　　　　　　邮　　购：010-62786544
     投稿与读者服务：010-62776969，c-service@tup.com.tsinghua.edu.cn
     质 量 反 馈：010-62772015，zhiliang@tup.tsinghua.edu.cn
印 装 者： 三河市铭诚印务有限公司
经　　销： 全国新华书店
开　　本：203mm×260mm　　印　　张：26.5　　插　页：2　　字　　数：959千字
版　　次：2020年6月第1版　　　　　　　　　　　　印　　次：2020年6月第1次印刷
定　　价：99.80元

产品编号：079145-01

前 言
Preface

    Premiere是一款由Adobe公司推出的常用的视频编辑软件，有较好的兼容性，且可以与Adobe公司推出的其他软件相互协作，广泛应用于广告制作和影视节目制作中。

    全书共分为11章，从视频编辑的基础知识开始，依次讲解了理论知识、工作界面、素材的导入与采集、Premiere的基本操作、视频效果、视频过渡效果、调色技术、文字效果、音频处理、关键帧动画和运动特效、抠像与合成。另附7章电子书，介绍了常用效果的综合应用以及输出影片，并通过5个大型的综合案例，分别介绍了Premiere在MV剪辑、产品广告、创意招贴、电子相册、旅游片头中的应用，让读者进行有针对性和实用性的实战练习，不仅使读者巩固了前面学到的技术技巧，更是为读者对以后的实际学习工作进行提前"练兵"。

本书内容编写特点

1. 零起点、入门快

    本书以入门者为主要读者对象，通过对基础知识细致入微的介绍，辅以对比图示效果，结合中小实例，以及常用工具、命令、参数的详细讲解，同时给出了技巧提示，确保读者零起点、轻松快速入门。

2. 内容细致、全面

    本书内容涵盖了Adobe Premiere Pro CC 2018常用工具、命令的相关功能，是市场上内容最为全面的图书之一，可以说是入门者的百科全书、有基础者的参考手册。

3. 实例精美、实用

    本书的实例均经过精心挑选，确保例子在实用的基础上精美、漂亮，一方面提升读者的美感，另一方面让读者在学习中获得美的享受。

4. 编写思路符合学习规律

    本书在讲解过程中采用了"知识点+理论实践+实例练习+综合实例+技术拓展+技巧提示"的模式，符合轻松易学的学习规律。

本书内容及特色

1. 同步视频讲解，让学习更轻松更高效

124节大型高清同步自学视频，涵盖全书几乎所有实例，让学习更轻松、更高效！

2. 资深讲师编著，让图书质量更有保障

作者系经验丰富的专业设计师和资深讲师，确保图书"实用"和"好学"。

3. 大量中小实例，通过多动手加深理解

讲解极为详细，中小实例达到124个，为的是能让读者深入理解、灵活应用！

4. 多种商业案例，让实战成为终极目的

书后给出不同类型的综合商业案例，以便读者积累实战经验，为工作就业搭桥。

5. 超值学习套餐，让学习更方便快捷

赠送设计素材21类1000个以上，动态素材4类70个。赠送电子书《色彩设计搭配手册》、电子书《构图技巧实用手册》、常用颜色色谱表。赠送104集Photoshop新手学视频精讲课堂。

本书服务

本书提供的文件包括教学视频和素材等，没有可以进行视频处理的Adobe Premiere Pro CC 2018软件，读者需获取软件并安装后，才可以进行视频处理等，可通过如下方式获取Adobe Premiere Pro CC 2018简体中文版：

（1）购买正版或下载试用版：登录http://www.adobe.com/cn/。

（2）可到网上咨询、搜索购买方式。

关于作者

本书由亿端设计组织编写，瞿颖健和曹茂鹏参与了本书的主要编写工作。另外，由于本书工作量巨大，以下人员也参与了本书的编写及资料整理工作，他们是瞿玉珍、张吉太、唐玉明、朱于凤、瞿学严、杨力、曹元钢、张玉华等，在此一并表示感谢。

由于时间仓促，加之水平有限，书中难免存在错误和不妥之处，敬请广大读者批评和指正。

编　者

2020年1月

目 录
Contents

124节大型高清同步视频讲解

第 6 章　视频过渡特效 ················· 165

（ 视频演示：17分钟）

第 10 章　关键帧动画和运动特效 ·············· 334
（📹视频演示：79分钟）

第 11 章　抠像与合成·············· 396

（📷视频演示：11分钟）

Premiere扩展学习内容

扫码阅读

第1章

理论知识大讲堂

■ **本章内容简介:**

在进行正式的编辑视频学习前,首先需要了解编辑视频过程中所应用到的知识,这样才能更好地理解和编辑作品。本章主要介绍了视频格式、视频编辑术语和编辑类型,以及画面和声音的组接技巧等。

本章学习要点:

- 了解视频基本知识
- 了解非线性编辑基本知识
- 了解视频采集基础
- 了解蒙太奇的概念
- 了解Premiere三大要素

1.1 视频概述

在生活中，视频被广泛传播与应用。通常会将影视或视频短片以不同的形式发放到互联网中，具有传播范围广、影响力强这一特点，同时还可针对不同受众人群进行视频互动，对视觉和大脑感觉具有一定的冲击力。

1.1.1 什么是视频

连续的图像变化每秒超过24帧（frame）画面以上时，根据视觉暂留原理，人眼无法辨别单幅的静态画面，会将原本并不连续的静态画面看成平滑连续的动作，这样连续的画面叫作视频。

视频技术最早是从电视系统的建立而发展起来的，但是现在已经更加发展为各种不同的格式以利于用户将视频记录下来。网络技术的发达也促使视频的纪录片段以串流媒体的形式存在于因特网之上并可被计算机接收与播放。现如今，视频包含电影，而电影是利用照相术和幻灯放映术结合发展起来的一种连续的画面。

1.1.2 电视制式简介

电视信号的标准也称为电视的制式。目前各国的电视制式不尽相同，制式的区分主要在于其帧频（场频）的不同、分解率的不同、信号带宽以及载频的不同、色彩空间的转换关系不同等。电视制式就是用来实现电视图像信号和伴音信号，或其他信号传输的方法，和电视图像的显示格式，以及这种方法和电视图像显示格式所采用的技术标准。

严格来说，彩色电视机的制式有很多种，例如，我们经常听到国际线路彩色电视机，一般都有21种彩色电视制式，但把彩色电视制式分得很详细来学习和讨论，并没有实际意义。在人们的一般印象中，彩色电视机的制式一般只有3种，即NTSC制式、PAL制式、SECAM制式，如图1-1所示。

NTSC制式	兼容性好，成本低，色彩不稳定
PAL制式	性能最佳，成本高，色彩效果好
SECAM制式	性能介于以上两者之间

图 1-1

📷 NTSC制

正交平衡调幅（National Television Systems Committee，NTSC）制，是1952年由美国国家电视标准委员会制定的彩色电视广播标准，它采用正交平衡调幅的技术方式，故也称为正交平衡调幅制。美国、加拿大等大部分西半球国家以及中国台湾、日本、韩国、菲律宾等均采用这种制式。这种制式的帧速率为29.97fps（帧/秒），每帧525行262线，标准分辨率为720×480。

📷 PAL制

正交平衡调幅逐行倒相（Phase-Alternative Line，PAL）制，是德国在1962年制定的彩色电视广播标准，它采用逐行倒相正交平衡调幅的技术方法，克服了NTSC制相位敏感造成色彩失真的缺点。德国、英国、新加坡、中国及中国香港、澳大利亚、新西兰等采用这种制式。这种制式帧速率为25fps，每帧625行312线，标准分辨率为720×576。

📷 SECAM制

行轮换调频（Sequential Coleur Avec Memoire，SECAM）制，是顺序传送彩色信号与存储恢复彩色信号制，是由法国在1956年提出，1966年制定的一种新的彩色电视制式。它也克服了NTSC制式相位失真的缺点，但采用时间分隔法来传送两个色差信号。采用这种制式的有法国、俄罗斯等国家。这种制式帧速率为25fps，每帧625行312线，标准分辨率为720×576。

1.1.3 数字视频基础

数字视频就是先用摄像机之类的视频捕捉设备，将外界影像的颜色和亮度信息转变为电信号，再记录到储存介质（如录像带）。它以数字形式记录视频，与模拟视频相对。数字视频有不同的产生方式、存储方式和播出方式。例如，通过数字摄像机直接产生数字视频信号，存储在数字带、P2卡、蓝光盘或者磁盘上，从而得到不同格式的数字视频。然后通过计算机、特定的播放器等播放出来。

为了存储视觉信息，模拟视频信号的山峰和山谷必须通过模拟/数字（A/D）转换器来转变为数字的"0"或"1"。这个转变过程就是我们所说的视频捕捉（或采集过程）。如果要在电视机上观看数字视频，则需要一个从数字到模拟的转换器将二进制信息解码成模拟信号，才能进行播放。

1.1.4 视频格式

常用的视频格式非常多，掌握每个视频格式的特点和优劣对于我们学习Premeire是非常重要的。

- MPEG/MPG/DAT：MPEG是Motion Picture Experts Group 的缩写。这类格式包括了MPEG-1、MPEG-2 和 MPEG-4在内的多种视频格式。MPEG-1是大家接触得最多的，因为目前其正在被广泛地应用在 VCD 的制作和一些视频片段下载的网络应用上面，大部分的VCD都是用MPEG-1格式压缩的。

- AVI：AVI是音频视频交错（Audio Video Interleaved）的缩写。AVI格式是由微软公司发表的视频格式，它在视频领域已经存在多年。AVI格式调用方便，图像质量好，但缺点是文件数据量大。

- RA/RM/RAM：RM是Real Networks公司所制定的音频/视频压缩规范Real Media中的一种，Real Player能做的就是利用Internet资源对这些符合Real Media技术规范的音频/视频进行实况转播。

- MOV：MOV格式是QuickTime的文件格式。QuickTime是苹果公司用于Mac计算机上的一种图像视频处理软件。QuickTime提供了两种标准图像和数字视频格式，即可以支持静态的PIC和JPG图像格式，动态的基于Indeo压缩法的MOV和基于MPEG压缩法的MPG视频格式。

- ASF：ASF是Advanced Streaming Format（高级流格式）的缩写。ASF格式是微软公司为了和Real Player竞争而发展出来的一种可以直接在网上观看视频节目的文件压缩格式。

- WMV：一种独立于编码方式的在Internet上实时传播多媒体的技术标准，微软公司希望用其取代QuickTime之类的技术标准以及WAV、AVI之类的文件扩展名。

- nAVI：如果发现原来的播放软件突然打不开此类格式的AVI文件，那就要考虑是不是碰到了nAVI格式。nAVI是New AVI 的缩写，是一个名为Shadow Realm的组织发展起来的一种新视频格式。

- DivX：是由MPEG-4衍生出的另一种视频编码（压缩）标准，也即通常所说的DVDrip格式，它采用了MPEG-4的压缩算法同时又综合了MPEG-4与MP3各方面的技术，通俗来说就是使用DivX压缩技术对DVD盘片的视频图像进行高质量压缩，同时用MP3或AC3对音频进行压缩，然后再将视频与音频合成并加上相应的外挂字幕文件而形成的视频格式。

- RMVB：是一种由RM视频格式升级延伸出的新视频格式，它的先进之处在于RMVB视频格式打破了原先RM格式那种平均压缩采样的方式，在保证平均压缩比的基础上合理利用比特率资源，就是说静止和动作场面少的画面场景采用较低的编码速率，这样可以留出更多的带宽空间，而这些带宽会在出现快速运动的画面场景时被利用。

- FLV：是随着Flash MX 的推出发展而来的新的视频格式，其全称为Flash Video。它是在Sorenson公司的压缩算法的基础上开发出来的。

- MP4：手机常用的视频。

- 3GP：手机常用的视频。

- AMV：一种MP4专用的视频格式。

1.2 非线性编辑概述

非线性编辑是相对于传统上以时间顺序进行线性编辑而言。非线性编辑借助计算机来进行数字化制作，几乎所有的工作都在计算机中完成，不再需要那么多的外部设备，对素材的调用也是瞬间实现，不用反反复复在磁带上寻找，突破单一的时间顺序编辑限制，可以按各种顺序排列，具有快捷简便、随机的特性。非线性编辑只要上传一次就可以多次的编辑，信号质量始终不会变低，所以节省了设备、人力，提高了效率。非线性编辑需要专用的编辑软件、硬件，现在绝大多数的电视电影制作机构都采用了非线性编辑系统。

非线性编辑是针对线性编辑而言的，在传统的电视节目制作中，电视编辑是在编辑机上进行的。编辑机通常由一台放像机和一台录像机组成，编辑人员通过放像机选择一段合适的素材，然后把它记录到录像机中的磁带上，然后再寻找下一个镜头，接着进行记录工作，如此反复操作，直至把所有合适的素材按照节目要求全部顺序记录下来。

 读书笔记

思维点拨：非线性编辑的特点

　　磁带的记录画面是按照顺序的，无法再插入一个镜头，也无法删除一个镜头，这种编辑方式就叫作线性编辑，是一种不可逆的方式，因此限制非常多，造成了编辑效率非常低。

　　而非线性编辑则是指应用计算机图像技术，在计算机中对各种原始素材进行各种编辑操作，并将最终结果输出到计算机硬盘、录像带等记录设备上这一系列完整的过程。可以任意地更改素材及顺序，因此非线性编辑的效率是非常高的。

1.3 视频采集基础

　　视频采集（Video Capture）把模拟视频转换成数字视频，并按数字视频文件的格式保存下来。所谓视频采集就是将模拟摄像机、录像机、LD视盘机、电视机输出的视频信号，通过专用的模拟、数字转换设备，转换为二进制数字信息的过程。在视频采集工作中，视频采集卡是主要设备，它分为专业和家用两个级别。专业级视频采集卡不仅可以进行视频采集，并且还可以实现硬件级的视频压缩和视频编辑。家用级的视频采集卡只能做到视频采集和初步的硬件级压缩，而更为低端的电视卡，虽可进行视频的采集，但它通常都省却了硬件级的视频压缩功能。

　　一般来说，使用Premiere进行采集，可以分为以下三大步骤。

安装

　　DV机上一般都有两个连接计算机的接口，其中一个是接串口或者接USB口的，这个一般是采集静像用的（有些带MPEG-1压缩的DV可以通过USB口采集MPEG-1格式，不过效果较差），另外一个就是我们采集DV视频要用到的1394口，全称是IEEE 1394，也叫FireWire（火线），SONY机上叫i.LINK，在DV机上是4针的小口，一般计算机上的1394口是个6针的大口。

开始采集

　　设备连接好，并打开Premiere软件后，选择【文件】/【捕捉】命令，如图1-2所示。接着选择捕捉的格式，一般选择MPEG或AVI格式，单击采集按钮就能采集了，如图1-3所示。

思维点拨：什么是IEEE 1394？

　　IEEE 1394是在苹果计算机构成的局域网中，由IEEE 1394工作组开发出来的一种外部串行总线标准。IEEE 1394的全称是IEEE 1394 Interface Card，有时被简称为1394，其Backplane版本可以达到12.5 Mbps、25 Mbps和50 Mbps的传输速率，Cable版本可以达到100 Mbps、200 Mbps和400 Mbps的传输速率。

读书笔记

图 1-2

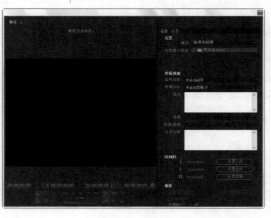

图 1-3

1.4　蒙太奇

　　蒙太奇是音译的外来语，原为建筑学术语，意为构成、装配。经常用于3种艺术领域，可解释为有意涵的时空人为地拼贴剪辑手法。最早被延伸到电影艺术中，后来逐渐在视觉艺术等衍生领域被广为运用。简要地说，蒙太奇就是根据影片所要表达的内容，和观众的心理顺序，将一部影片分别拍摄成许多镜头，然后再按照原定的构思组接起来。由此可知，蒙太奇就是将摄影机拍摄下来的镜头，按照生活逻辑、推理顺序、作者的观点倾向及其美学原则联结起来的手段。如图1-4所示为电影中的蒙太奇运用。

图　1—4

1.4.1　镜头组接基础

　　将电影或者电视里面单独的画面有逻辑、有构思、有意识、有创意和有规律地把它们连贯在一起，就形成了镜头组接，完善的镜头组接就形成了一部精彩的电影或电视剧。当然在电影和电视的组接过程当中还有很多专业的术语，如"电影蒙太奇手法"，画面组接的一般规律：动接动、静接静和声画统一等。

　　还有一个概念需要我们了解，那就是"运动摄像"，就是利用摄像机在推、拉、摇、移、跟、甩等形式的运动中进行拍摄的方式，是突破画面边缘框架的局限、扩展画面视野的一种方法。运动摄像符合人们观察事物的视觉习惯，以渐次扩展或者集中，或者逐一展示的形式表现被拍摄物体，其时空的转换均由不断运动的画面来体现，完全同客观的时空转换相吻合。在表现固定的景物或者人物的时候，运用运动镜头技巧还可以改变固定景物为活动画面，增强画面的活力。

1.4.2　镜头组接蒙太奇

　　镜头组接蒙太奇的手法很多，主体可以概括为3类，分别是固定镜头之间的组接、运动镜头之间的组接、固定镜头和运动镜头组接。

静接静

　　固定镜头之间的组接，简称静接静。静接静是最为常用的镜头组接类型之一，可以很好地体现两个相对静态的画面，如图1-5所示。

 读书笔记

图 1-5

 静接动

固定镜头和运动镜头组接，简称静接动。常用来体现对比的画面，如图1-7所示。

图 1-7

动接动

运动镜头之间的组接，简称动接动。常用来体现运动和速度的画面，如图1-6所示。

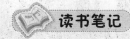 读书笔记

图 1-6

1.4.3　声画组接蒙太奇

在时空动态中，声画匹配的声音构成方法叫作声音蒙太奇。所谓声音蒙太奇，可以理解为声音的剪辑，但这只是表层意识，它的深层含义其实是声音构成。声音分为画内和画外两种。电影声音蒙太奇，就是声音、时态和空间的各种不同形态的排列和组合，可能创造出以下几种相对的时空结构关系：时间非同步关系、空间同步关系、空间非同步关系、心理同步关系和心理非同步关系。

1.4.4　声音蒙太奇技巧

声音蒙太奇是通过声音组接来实现的，其主要的技巧手法有6种，分别为声音的切入/切出、声音延续、声音导前、声音渐显/渐隐、声音的重叠和声音转场。

- 声音的切入/切出与镜头组接中切的方式一样，就是一种声音突然消失，另一种声音突然出现。这种切换方式通常与画面切换一致，有时也可进行特殊的时空转换。在声画合一的场合里，均采用声音的切入/切出技术进行声音转换。

- 画面切换后，前一镜头中画面声源形象所发出的声音连续下去，以画外音的形式出现于下一镜头，称为声音延续。这种延续可以使上一镜头的情绪或气氛不是因镜头转换而突然中断，而是逐渐消失并转变的，这样的声音切换也有助于镜头转换的流畅性。

- 画面切换前，后一镜头中画面的声源形象所发出的声音提前出现在前一镜头之中，称为声音导前。声音先于画面中声源形象的出现可以给观众带来预感，使他们有足够的心理准备去注意和接受新画面中的信息。声音导前方式也常常用于交代前后两个场景的内在联系。

- 声音的渐显/渐隐过渡手法与镜头组接中淡入淡出类

同，它是指声音出现后，音量逐渐增强和声音音量逐渐减弱，直至消失的叠加方式。这种方式主要用于时空段落的转换，即前一场景的声音淡出，后一场景的声音淡入。同时，声音的渐显/渐隐过度手法也是表现声音运动感的必要手段。

- 声音的重叠与画面重叠一样，是指将一个以上的相同或不同内容、不同质感的声音素材叠加在一起。几个声音可以是同时出现式的重叠，也可以是上一场景的声音延续与下一场景的声音相叠呈现或后一场景的声音导前与前一场景的声音重叠。声音重叠的运用不仅丰富了声音的内容，也大大加强了声音力度和声像的立体的效果。

- 声音的转场是一种当段落场景转换时，利用前一场景结束而后一场景开始时声音的相同或相似性，作为过渡因素进行前后镜头组接的声音蒙太奇方式。这种转场手法较为生动、流畅和自然。

1.5 Premiere三大要素

在Premiere制作视频时,有三大元素是必须要掌握的,分别是画面、声音和色彩。画面用来带给观众视觉上的冲击,是最直观的感受。声音用来带给观众听觉上的感受,可以调和画面的气氛。色彩是画面的组成部分,是体现视频情感的重要元素。

1.5.1 画面

画面在Premiere中是最为直观的,我们可以为其加载字幕、特效、调色等,使得画面变得生动、丰富,如图1-8所示。

1.5.2 声音

声音在Premiere中是无法看到变化的,需要通过听觉去感受。跟画面一样,也可以为其添加特效等,使其变得更加合适当前的画面、情绪,如图1-9所示。

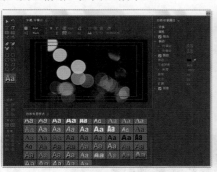

图 1-8   图 1-9

1.5.3 色彩

色彩可以表达情感,是情感传递的一个非常重要的部分。不同的画面颜色可以产生不同的感受。如图1-10所示为体现梦幻的色彩。如图1-11所示为体现静谧的色彩。

如图1-12所示为体现清爽的色彩。如图1-13所示为体现雅致的色彩。

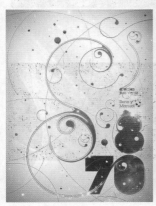

图 1-10   图 1-11   图 1-12   图 1-13

🔲 三原色

光的三原色分别是红(red)、绿(green)、蓝(blue)。光线会越加越亮,两两混合可以得到更亮的中间色:yellow(黄)、cyan(青)、magenta(品红,或者叫洋红、红紫),3种等量组合可以得到白色。

补色指完全不含另一种颜色,红和绿混合成黄色,因为完全不含蓝色,所以黄色就是蓝色的补色。两个等量补色混合也形成白色。红色与绿色经过一定比例混合后就是黄色。所以黄色不能称之为三原色,如图1-14所示。

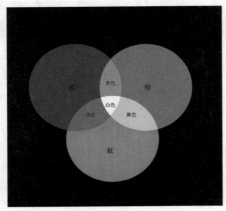

图 1—14

色彩的三属性：色相、明度、纯度

● 色相：即每种色彩的相貌、名称，如红、橘红、翠绿、草绿、群青等。色相是区分色彩的主要依据，是色彩的最大特征。色相的称谓，即色彩与颜料的命名有多种类型与方法，如图1-15所示为不同色相的图片素材。

图 1—15

● 明度：即色彩的明暗差别，也即深浅差别。色彩的明度差别包括两个方面：一是指某一色相的深浅变化，如粉红、大红、深红，都是红，但一种比一种深。二是指不同色相间存在的明度差别，如六标准色中黄最浅，紫最深，橙和绿、红和蓝处于相近的明度之间，如图1-16所示。

图 1—16

● 纯度：即各色彩中包含的单种标准色成分的多少。纯的色色感强，即色度强，所以纯度亦是色彩感觉强弱的标志。如非常纯粹的蓝色和较灰的蓝色，如图1-17所示。

图 1—17

画面用色规律

颜色虽然丰富会看起来吸引人，但是一定要把握住少而精的原则，即颜色搭配尽量要少，这样画面会显得较为整体、不杂乱，当然特殊情况除外，如要体现绚丽、缤纷、丰富等色彩时，色彩需要多一些。一般来说，一张图像中色彩不宜太多，不宜超过5种，如图1-18所示。

图 1—18

若颜色过多，虽然显得很丰富，但是会感觉画面很杂乱、跳跃、无重心，如图1-19所示。

图 1—19

本章小结

在编辑视频过程中，需要了解所应用到的知识和编辑技巧。通过本章学习，可以了解包括视频格式、蒙太奇技巧和Premiere的三大要素等概念，以更好地理解和编辑作品，制作出更加完美的效果。

第2章

初识 Premiere Pro CC 2018

本章内容简介:

在学习使用Adobe Premiere Pro CC 2018软件之前，需要了解它的工作界面，了解它的新功能和系统要求，掌握菜单栏中各项菜单命令的功能，以及工作窗口和面板的作用。

本章学习要点:

· 了解Adobe Premiere Pro CC 2018界面分布
· 了解Adobe Premiere Pro CC 2018新功能和系统要求
· 了解Adobe Premiere Pro CC 2018菜单栏
· 了解Adobe Premiere Pro CC 2018窗口和面板

2.1 Adobe Premiere Pro CC 2018的工作界面

Adobe Premiere Pro是目前最流行的非线性编辑软件,操作简洁、速度较快。本章将重点讲解Adobe Premiere Pro CC 2018的界面分布、菜单栏、工作窗口、面板等。如何熟练掌握界面分布、菜单栏、工作窗口、面板的设置,及相应的操作方法是非常重要的,可以更快地提高我们的工作效率。

如图2-1所示为Adobe Premiere Pro CC 2018的启动界面。

在打开的界面中由于使用Adobe Premiere Pro CC 2018的目的不同,可以分为几种界面模式。选择菜单栏中的【窗口】|【工作区】命令,即可在其子菜单中选择合适的工作界面,如图2-2所示。

图2-1

图2-2

2.1.1 编辑模式下的界面

在【编辑】模式下的界面中,【监视器】和【时间轴】面板是主要的工作区域,更适合剪辑使用,如图2-3所示。

2.1.2 颜色模式下的界面

在【颜色】模式下的界面中,【时间轴】面板被压缩,新增加一个【Lumetri 范围】面板,以随机观察色彩变化前后的效果,如图2-4所示。

图2-3

图2-4

2.1.3 音频模式下的界面

在【音频】模式下的界面中,会新出现【音轨混合器】面板。方便对音频进行编辑和使用工具进行剪辑,如图2-5所示。

2.1.4 效果模式下的界面

在【效果】模式下的界面中,会出现【效果控件】面板和【效果】面板,可以方便地为素材添加特效,并在【效果控件】面板中调整相关参数,如图2-6所示。

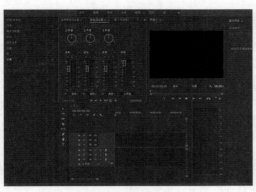

图2-5   图2-6

 技巧提示

    在上面这些界面中，用户可以根据个人习惯随意组合，并且保存起来，以方便随时调用。选择菜单栏中的【窗口】|【工作区】命令，可以进行界面修改、保存和调用等操作。

2.2 Adobe Premiere Pro CC 2018的新功能和系统要求

2.2.1 Adobe Premiere Pro CC 2018的主要新功能介绍

使用比较视图比较镜头

    现在可以拆分节目监视器显示，以比较两个不同剪辑的外观或单个剪辑的外观。

匹配镜头颜色

    自动匹配序列中两个不同镜头的颜色和光线，确保整个序列的视觉连续性。

Lumetri颜色面板更改

    ● fx 绕过选项：临时打开或关闭整个效果。
    ● 重置效果：重置单个镜头的所有效果。

Lumetri颜色自定义LUT目录

    现在可以安装自定义LUT文件，并使其显示在Lumetri颜色面板中。

自动闪避音乐

    对项目进行处理时，可将音乐闪避到对话、声音效果或任何其他音频剪辑后。

在本地模板文件夹、Creative Cloud Libraries和Adobe Stock中轻松搜索动态图形模板

    现在可使用基本图形面板轻松浏览动态图形模板。

使用基本图形面板创建形状渐变效果

    现在可以使用基本图形面板创建形状渐变效果。

替换动态图形模板的剪辑工作流程

    序列中使用过的来自After Effects的动态图形模板现在可以替换为模板的新版本。

切换基本图形面板中的图形图层动画

    直接从基本图形面板的编辑选项卡中切换每个变换属性的动画。

从 After Effects 引入的动态图形模板的改进界面和新控件类型

    改进界面和新控件，可更方便自定义动态图形模板，包括调整2D位置、旋转和元素比例。

沉浸式显示器支持

使用可旋转视图的手机控件浏览360 VR空间，不必在制作和编辑沉浸式内容时移动头部。

Windows Mixed Reality支持

支持Windows Mixed Reality平台，扩展可供使用的现有头戴式显示器（HMD）的选择范围。

改进的VR平面到球面

改进了VR平面到球面的整体输出质量，因此将支持更平滑且更锐化的图形边缘渲染。

团队项目增强支持

加强在线协作者跟踪、改进项目管理、能够查看项目的只读版本。

改进了时间轴面板

时间轴面板现已面目一新，可以显示新的显示选项。

视频限幅器

现在有一个新的视频限幅器效果，可用于现代数字媒体格式、当前广播和专业后期制作。

复制和粘贴序列标记

现在可在移动一个或多个剪辑时复制和粘贴全保真序列标记，与原始内容保持相同的间距。

硬件加速

支持硬件加速 H.264 编码。

文件格式支持

导入Canon C200摄像机格式、导入Sony Venice摄像机格式、RED摄像机图像处理管道 [IPP2]。

读书笔记

2.2.2 系统要求

Windows

- 需要支持64 位 Intel Core 2 Duo或AMD Phenom II处理器。
- Microsoft Windows 7 Service Pack 1（64位）。
- 4 GB的RAM（建议分配8 GB）。
- 用于安装的4 GB可用硬盘空间以及安装过程中需要的其他可用空间（不能安装在移动闪存存储设备上）。
- 预览文件和其他工作文件所需的其他磁盘空间（建议分配10 GB）。
- 1280×900显示器。
- 支持OpenGL 2.0的系统。
- 7200 RPM硬盘（建议使用多个快速磁盘驱动器，首选配置RAID 0的硬盘）。
- 符合ASIO协议或Microsoft Windows Driver Model的声卡。
- 与双层DVD兼容的DVD-ROM驱动器（用于刻录DVD的DVD+-R刻录机，用于创建蓝光光盘媒体的蓝光刻录机）。
- QuickTime功能需要的QuickTime 7.6.6软件。

Mac OS

- 支持64位多核Intel处理器。
- Mac OS X v10.6.8或v10.7。
- 4 GB的RAM（建议分配8 GB）。
- 用于安装的4 GB可用硬盘空间以及安装过程中需要的其他可用空间（不能安装在使用区分大小写的文件系统卷或移动闪存存储设备上）。
- 预览文件和其他工作文件所需的其他磁盘空间（建议分配10 GB）。
- 1280×900显示器。
- 7200 RPM 硬盘（建议使用多个快速磁盘驱动器，首选配置RAID 0的硬盘）。
- 支持OpenGL 2.0的系统。
- 与双层DVD兼容的DVD-ROM驱动器（用于刻录DVD的SuperDrive刻录机，用于创建蓝光光盘媒体的蓝光刻录机）。
- QuickTime功能需要的QuickTime 7.6.6软件。

读书笔记

2.3 Adobe Premiere Pro CC 2018的菜单栏

技术速查：Adobe Premiere Pro CC共包含8个主菜单，分别为【文件】【编辑】【剪辑】【序列】【标记】【图形】【窗口】【帮助】菜单。

　　按照功能对Adobe Premiere Pro CC 2018菜单进行了划分，共分为8个菜单。菜单栏如图2-7所示。

文件(F)　编辑(E)　剪辑(C)　序列(S)　标记(M)　图形(G)　窗口(W)　帮助(H)

图2-7

● **文件**：主要是打开、新建项目、存储、素材采集和渲染输出等操作命令。

● **编辑**：主要是对素材进行操作，如复制、清除、查找、编辑原始素材等。

● **剪辑**：主要是对项目进行检索，可以导入素材、创建素材，对素材进行排序、重命名等各种操作。

● **序列**：主要是对时间轴上的影片进行操作，如渲染工作区、提升、分离。

● **标记**：主要是对素材和时间轴面板做标记。

● **图形**：该功能用于新建图层，包括文本、直排文字、矩形、椭圆、来自文件等，是较新的一个功能。

● **窗口**：主要用来切换编辑模式，打开或关闭各个窗口和浮动面板。

● **帮助**：主要提供相关帮助说明文档的索引以及快捷键查阅。

2.3.1 文件菜单

　　【文件】菜单主要包括新建、打开项目、保存、导入和导出等命令，如图2-8所示。

● **新建**：在Premiere中创建子项目，本命令包含以下子菜单，如图2-9所示。

图 2-8 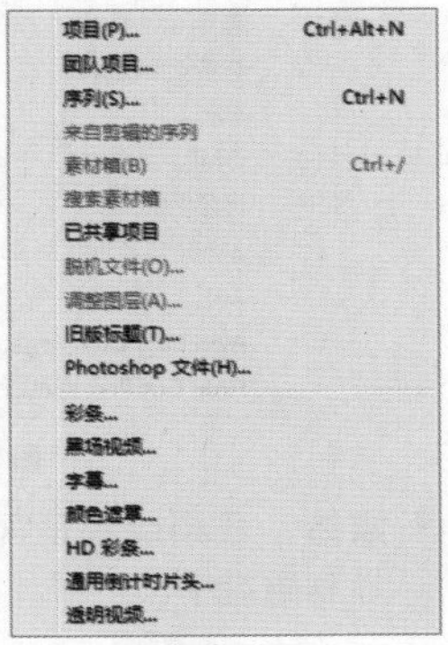　　　　　　图 2-9

- **项目**：新建一个项目文件，用于组织、管理项目中的素材。合并工程文件时需要注意素材的链接位置是否正确。
- **团队项目**：用于新建团队项目。
- **序列**：在项目文件中可以创建多个序列素材，用于复杂的编辑和嵌套。
- **来自剪辑的序列**：将项目面板中的序列素材变成一个音视频素材文件，并在新的序列中打开。
- **素材箱**：创建新的文件夹，主要用于分类管理各类型的素材。
- **搜索素材箱**：创建新的文件夹，主要用于收集管理

各类型的素材。

- **已共享项目**：新建共享项目。
- **脱机文件**：创建新的离线浏览素材，可以代替丢失的素材或在编辑时作为临时素材操作。
- **调整图层**：新建一个调整图层，可以应用在多个轨道上方。对该层进行特效等操作，下面的图层也会起作用。
- **旧版标题**：执行此命令可进行新建字幕。如图2-10所示。

图 2-10

- **Photoshop文件**：在Adobe Premiere Pro CC 2018中新建一个与Adobe Photoshop软件协同工作的PSD工程文件。
- **彩条**：用于新建彩条。
- **黑场视频**：创建新的黑视频素材。
- **字幕**：创建新的默认静态字幕。
- **颜色遮罩**：创建新的彩色蒙版素材。
- **HD彩条**：创建新的HD彩色条和音调素材。

- 通用倒计时器片头：创建片头倒计时画面素材。
- 透明视频：新建一个透明视频素材。

◉ 打开项目：打开已经保存的项目文件。快捷键为【Ctrl+O】。

◉ 打开团队项目：用于打开团队项目。

◉ 打开最近使用的内容：打开其子菜单项下陈列的Premiere最近几次保存过的工程文件。

◉ 转换Premiere Clip项目：选择该命令，可以在Adobe Bridge软件中浏览素材等。快捷键为【Ctrl+Alt+O】。

◉ 关闭：关闭当前选择的面板。快捷键为【Ctrl+W】。

◉ 关闭项目：关闭当前项目，而不关闭Premiere软件。关闭前会提示对文件进行保存。快捷键为【Shift+Ctrl+W】。

◉ 关闭所有项目：关闭当前项目，而不关闭Premiere Pro软件。关闭前会提示对文件进行保存。快捷键为【Shift+Ctrl+W】。

◉ 刷新所有项目：单击即可刷新所有项目。

◉ 保存：保存对当前工程文件所做的修改操作。快捷键为【Ctrl+S】。

◉ 另存为：将当前工程文件另行保存并重新命名。快捷键为【Shift+Ctrl+S】。

◉ 保存副本：将当前工程文件名称进行复制并可以重命名，保存为另一个备份文件。快捷键为【Ctrl+Alt+S】。

◉ 全部保存：单击将当前的项目全部保存。

◉ 还原：返回到文件上一次保存时的状态。

◉ 同步设置：用于执行当前程序设置在用户的云端服务器账户中对应的同步功能。本命令包含以下子菜单，如图2-11所示。

图 2-11

◉ 捕捉：执行视频捕获命令，在弹出的窗口中可以进行视频采集捕获。快捷键为【F5】。

◉ 批量捕捉：开始批处理捕获操作。快捷键为【F6】。

◉ 连接媒体：可帮助用户查找并重新链接脱机媒体。

◉ 设为脱机：可以编辑序列中的某个在线剪辑，将其源设为脱机，并将脱机剪辑连接到其他源文件。新源将显示在原始源所在的序列中。

◉ Adobe Dynamic Link（Adobe动态链接）：可以创建或调用Adobe Effects Composition，使其与Adobe产品整合。

◉ Adobe Story（Adobe脚本）：在其子菜单中可以导入和清除Adobe Story的脚本文件。

 思维点拨：什么是Adobe Story?

Adobe Story是一个由Adobe公司开发的合作脚本开发工具。它可以用来加速创造剧本和使它们转变为最终的媒体的过程。Adobe Story来自于Adobe的集成工具，可以帮助减少前期制作及后期制作时间。

◉ 从媒体浏览器导入：从Adobe Premiere Pro CC 2018的媒体浏览器窗口中导入素材。快捷键为【Ctrl+Alt+I】。

◉ 导入：导入外部各种格式的素材文件。快捷键为【Ctrl+I】。

◉ 导入批处理列表：选择该命令可以批量导入文件。

◉ 导入最近使用的文件：在其子菜单栏中选择最近编辑处理过的素材文件。

◉ 导出：将编辑完成的项目文件渲染输出成为某种格式的成品文件。该命令子菜单如图2-12所示。

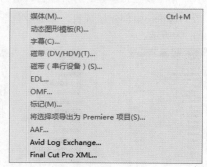

图 2-12

- 媒体：音频或者是视频等根据对话框中的设置将其导到磁盘中。
- 动态图形模板：可以导出动态图形模板。
- 字幕：从【项目】面板中导出字幕。
- 磁带（DV/HDV）：将时间轴导出到录影带中。
- 磁带（串行设备）：连接了串行设备时，可将编辑后的序列直接从计算机导出到录像带，例如，用于创建母带。
- EDL（EDL格式）：导出Edit Decision List（编辑决策表）。
- OMF（OMF格式）：导出Open Media Framework（公开媒体框架）。
- 标记：要编辑标记，可双击标记图标，打开【标记】对话框。

- 将选择项导出为Premiere 项目：将文件导出为Premiere项目。
- AAF（AAF格式）：导出Advanced Authoring Format（高级制作格式）。
- Avid Log Exchange：导出.ALE格式的文件。
- Final Cut Pro XML（XML格式）：导出Extensible Markup Language（可扩展标记语言）。

- 获取属性：得到属性。在获取属性的子菜单中可以选择外部的文件，也可以选择已经导入的文件，可以获取素材图片或视频的属性信息。
- 项目设置：一些项目的基本设置。此命令包含以下子菜单，如图2-13所示。
  - 常规：项目的一些常规设置，如图2-14所示。

图 2-13　　　　　　　图 2-14

- 暂存盘：文件存储路径，如图2-15所示。

- 收录设置：收录的一些基本设置，如图2-16所示。

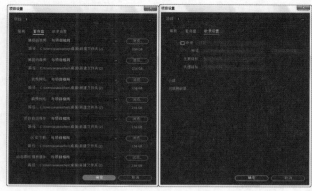

图 2-15　　　　　　　图 2-16

- 项目管理：项目管理器的设置如图2-17所示。

图 2-17

- 退出：退出Adobe Premiere Pro CC 2018程序。

2.3.2　编辑菜单

【编辑】菜单主要针对【项目】面板中选择的素材文件和【时间轴】面板中选择的素材执行相应操作，如图2-18所示。

图 2-18

- 撤销：取消上一步的操作。快捷键为【Ctrl+Z】。
- 重做：重复刚刚的上一步操作。快捷键为【Shift+Ctrl+Z】。

- 剪切：将选定的内容剪切到剪切板中，以供粘贴命令使用。但是有些对象剪切后在其他程序中无法使用，只能在Premiere中使用。快捷键为【Ctrl+X】。
- 复制：将选择的素材等复制到剪切板中。快捷键为【Ctrl+C】。
- 粘贴：将剪切板中的内容粘贴到【时间轴】或者【项目】面板中。快捷键为【Ctrl+V】。
- 粘贴插入：将通过剪切或复制命令保存在剪切板中的内容插入粘贴到指定区域。快捷键为【Shift+ Ctrl+V】。
- 粘贴属性：将一个素材上设置的属性参数复制到另一个素材上，即对该素材进行同样的参数设置。快捷键为【Ctrl+Alt+V】。
- 删除属性：将一个素材上的属性进行删除。
- 清除：在【项目】或者【时间轴】面板中删除选定的素材。快捷键为【Backspace】。

● 波纹删除：在时间轴上删除素材间空白区域，未锁定的素材会自动填补这片间隙，产生连续的视频效果。快捷键为【Shift+Delete】。

● 重复：直接在【项目】面板中复制和粘贴素材，并自动重新命名。快捷键为【Shift+Ctrl +/】。

● 全选：选定激活面板中的所有素材。快捷键为【Ctrl+A】。

● 选择所有匹配项：选择所有匹配剪辑。

● 取消全选：在【项目】面板中取消选择所有已经选择的素材。快捷键为【Shift+Ctrl+A】。

● 查找：查找【项目】面板中的素材。快捷键为【Ctrl+F】。

● 查找下一个：按文件名或者字符进行快速查找。

● 标签：可以定义素材在【项目】面板中的标签颜色。

● 移除未使用资源：可以从【项目】面板中移除未在【时间轴】面板中使用的资源。

● 团队项目：用于设置团队项目的相关参数。

● 编辑原始：执行该命令将启动原始应用程序对【项目】面板或【时间轴】面板轨道中的素材进行打开并编辑。快捷键为【Ctrl+E】。

● 在Adobe Audition中编辑：在Adobe Audition音频软件中编辑【项目】面板或时间轴上的音频素材文件。

● 在Adobe Photoshop中编辑：在Adobe Photoshop图像软件中编辑【项目】面板或时间轴上的图片素材文件。

● 快捷键：为各个命令指定不同的快捷键，如图2-19所示。

图 2-19

● 首选项：可以进行属性的偏好设置。该命令的子菜单共有18个选项，如图2-20所示。

　• 常规：在【首选项】对话框的【常规】窗格中可以设置视频转场默认长度等常规的参数，如图2-21所示。

　• 外观：在【外观】窗格中可以设置外观亮度的参数。

　• 音频：在【音频】窗格中可以设置关于音频自动匹配时间和声道等参数。

　• 音频硬件：在【音频硬件】窗格中可以选择和设置音频硬件。

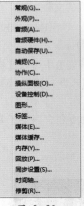

图 2-20　　　　　　　　图 2-21

　• 自动保存：在【自动保存】窗格中可以设置关于自动保存时间等参数。

　• 捕获：在【捕获】窗格中可以设置关于捕获的参数。

　• 协作：用于设置团队的相关参数。

　• 操纵面板：可配置硬件控制设备。

　• 设备控制：在【设备控制】窗格中可以设置关于设备控制的参数。

　• 图形：设置文本引擎等参数。

　• 标签：在【标签】窗格中可以自定义设置标签颜色。

　• 媒体：在【媒体】窗格中可以设置关于媒体的路径和帧数等参数。

　• 媒体缓存：设置媒体缓存文件、媒体缓存数据库、媒体缓存管理。

　• 内存：在【内存】窗格中可以设置关于优化渲染等参数。

　• 回放：在【回放】窗格中可以设置关于播放器设备等参数。

　• 同步设置：编辑同步设置的首选参数，使用【首选参数】对话框，可选择要同步的设置、指定冲突解决设置、启用自动同步或触发按需同步。

　• 时间轴：设置时间轴中的视频过渡持续时间、音频过渡持续时间等参数。

　• 修剪：在【修剪】窗格中可以设置关于修剪的参数。

2.3.3　剪辑菜单

　　【剪辑】菜单主要用来改变素材的运动效果和透明度，适用于在【时间轴】面板中进行的操作，如图2-22所示。

- **重命名**：重新设置所选择的素材的名字。
- **制作子编辑**：根据在素材源监视器中编辑的素材创建附加素材。
- **编辑子剪辑**：对源素材的剪辑副本进行编辑。
- **编辑脱机**：对脱机素材进行注释编辑。
- **源设置**：对素材源进行设置。
- **修改**：对源素材的声频声道、视频参数及时间码进行修改。该命令包含以下子菜单，如图2-23所示。

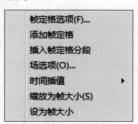

图 2-22 　　　　　　　　图 2-23

- **音频声道**：选择该命令会弹出【修改剪辑】窗口，可以修改音频声道。
- **解释素材**：选择该命令会弹出【修改剪辑】窗口，对素材进行详细解释。
- **时间码**：选择该命令会弹出【修改剪辑】窗口，可以设置编辑素材的时间。
- **视频选项**：调整视频素材属性，该命令包含以下子菜单，如图2-24所示。

图 2-24

- **帧定格选项**：帧保持命令，它最大的优点是可以直接在【时间轴】面板中对要静止的帧进行定位。
- **添加帧定格**：将播放指示器置于要捕捉的所需帧处。
- **插入帧定格分段**：插入帧定格，播放指示器位置的剪辑将被拆分，并插入一个两秒钟的冻结帧。
- **场选项**：解除隔行扫描选项设置，将当前的场颠倒

且设置处理方式。

- **时间插值**：将选定的插值法应用于运动变化。
- **缩放为帧大小**：可以提升播放性能。
- **设为帧大小**：使素材的大小自动调节到项目工程的尺寸大小。
- **音频选项**：调整音频素材属性。该命令包含以下子菜单，如图2-25所示。
- **音频增益**：允许改变音频级别。
- **拆分为单声道**：改变音频为单声道。
- **提取音频**：从选定素材中提取创建新的音频素材。
- **速度/持续时间**：设置素材的播放速度和素材的时间长度。弹出的面板如图2-26所示。快捷键为【Ctrl+R】。

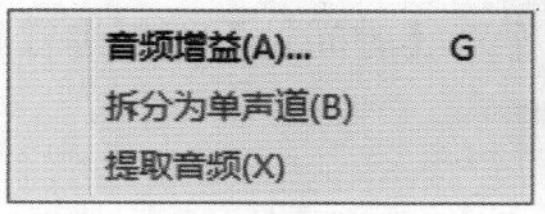

图 2-25　　　　　　图 2-26

- **速度**：通过调整百分比的数值可以更改素材长度和播放速度。
- **持续时间**：调整该数值可以控制素材的时间长度。
- **倒放速度**：选中该复选框时，素材会反向播放。
- **保持音频音调**：选中该复选框时，无论视频如何变化，音频保持不变。
- **波纹编辑，移动尾部剪辑**：选中该复选框时，当使用波纹编辑工具时，后边的素材也会产生相应的变化。
- **捕捉设置**：设置采集捕获时的控制参数。
- **插入**：将一段素材根据需要插入另一段素材中。
- **覆盖**：在【项目】面板中选择素材，并可以将其覆盖到另一段素材上，相交部分保留后添加的覆盖素材，未覆盖部分则保持素材不变。
- **替换素材**：用新素材替换时间轴上指定的素材。
- **替换为剪辑**：为选定的剪辑生成新的素材并对原始素材进行替换。该命令包含以下子菜单，如图2-27所示。

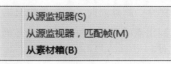

图 2-27

- 从源监视器：可以打开和查看最近的剪辑，也可以在【源】监视器中同时加载多个剪辑，但一次只能查看一个剪辑。
- 从源监视器，匹配帧：可将【源】监视器中的帧与序列的源文件相匹配。
- 从素材箱：从素材箱中替换文件。

◉ 渲染和替换：渲染和替换的源剪辑被置于一个恢复的剪辑容器中。

◉ 恢复为未渲染的内容：恢复原始剪辑。

◉ 生成音频波形：生成音频的波形。

◉ 自动匹配序列：单击自动匹配序列，【时间轴】面板会进行自动匹配素材。

◉ 启用：被启用的素材最终被渲染。未选中启用选项的素材没有被激活，无法在项目中查看并渲染。快捷键为【Shift+E】。

◉ 链接：选择视频素材和音频素材，然后选择该命令，即可将两个素材链接到一起。若是已经链接的视频和音频素材，则单击【不链接】命令，会使视频和音频分开。快捷键为【Ctrl+L】。

◉ 编组：将时间轴中两个或两个以上数量的素材进行选择，然后应用该命令，则会将这些被选择的素材变为一组，可以整体进行移动和拖动素材长度等操作。快捷键为【Ctrl+G】。

◉ 取消编组：将已经变为一组的素材文件进行分离出组。快捷键为【Shift+ Ctrl +G】。

◉ 同步：可以设置素材的起始或结束时间，使素材之间长度同步。

◉ 合并剪辑：该命令可以处理被单独录制（或双系统录制）的音视频同步，可以合并最多到16个轨道的，可以包含单声道、立体声和5.1轨的音频和一个视频轨同步。

◉ 嵌套：将时间轴上的素材进行选择，然后使用该命令，则会将这些素材打包成为一个新的序列。

◉ 创建多机位源序列：创建一个多摄像头的源序列。

◉ 多机位：多模式摄像机素材。

2.3.4　序列菜单

【序列】菜单命令主要是用于对【时间轴】面板进行相关操作，如图2-28所示。

图 2-28

◉ 序列设置：设置序列参数。

◉ 渲染入点到出点的效果：渲染或预览指定工作区域内的素材。快捷键为【Enter】。

◉ 渲染入点到出点：渲染或预览整个工作区域内的素材。

◉ 渲染选择项：只进行渲染首选项。

◉ 渲染音频：对音频轨道上的声音素材进行渲染，可以直接听到经过处理后的声音。

◉ 删除渲染文件：删除当前工程文件的渲染文件。

◉ 删除入点到出点的渲染文件：删除当前面板工作区指定的渲染文件。

◉ 匹配帧：为素材匹配帧。快捷键为【F】。

◉ 反转匹配帧：可以将【源】监视器中加载的视频帧在时间轴中进行倒放或者反转关键帧顺序。

◉ 添加编辑：为素材添加编辑。快捷键为【Ctrl+K】。

◉ 添加编辑到所有轨道：为所有的序列添加编辑。快捷键为【Shift+Ctrl+K】。

◉ 修剪编辑：为素材进行修改编辑。快捷键为【T】。

◉ 将所选编辑点扩展到播放指示器：用来控制所选编辑扩展到播放的开始。快捷键为【E】

◉ 应用视频过渡：在两段素材之间的播放指示器处应用默认视频切换效果。快捷键为【Ctrl+D】。

◉ 应用音频过渡：在两段素材之间的播放指示器处应用默认音频切换效果。快捷键为【Shift+Ctrl+D】。

◉ 应用默认过渡到选择项：将默认的转场效果应用于所选择的素材上。

◉ 提升：移除监视器中设置的从入点到出点的帧，并在时间轴上保留提升间隙。快捷键为【;】。

◉ 提取：移除监视器中设置的从入点到出点的帧，并不在时间轴上保留提取间隙。快捷键为【'】。

◉ 放大：放大时间轴，可以更加精确地显示【时间轴】面板中的剪辑，本质是缩小时间刻度。快捷键为【=】。

◉ 缩小：缩小时间轴，方便从全局查看时间轴中的剪辑，本质是放大时间刻度。快捷键为【-】。

◉ 封闭间隙：可以快速地封闭素材。

● 转到间隔：该命令下的子菜单中包含序列中下一段、序列中上一段、轨道中下一段和轨道中上一段4项，如图2-29所示。

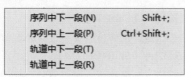

图 2-29

● 对齐：在【时间轴】面板中操作对象时，自动吸附到素材边缘。快捷键为【S】。

● 链接选择项：设置连接选择项。

● 选择跟随播放指示器：当【Lumetri Color】面板打开时，Premiere会从【序列】菜单中自动选择【选择跟随播放指示器】命令。

● 显示连接的编辑点：在【时间轴】面板中，在剪辑中选择要连接的编辑点。然后，右键单击（Windows）或按住Command键（Macos）编辑点指示器即会显示在无关编辑上，这些编辑不会导致剪辑的原始帧序列断开。

● 标准化主轨道：统一主音轨的音量。

● 制作子序列：设置制作子序列。

● 添加轨道：在【时间轴】面板中添加视频或者音频轨道，如图2-30所示。

图 2-30

● 删除轨道：删除【时间轴】面板中的视频或者音频轨道，如图2-31所示。

图 2-31

2.3.5 标记菜单

【标记】菜单命令主要用于对素材和【时间轴】面板进行标记，其目的是精确编辑和提高编辑效率，如图2-32所示。

图 2-32

● 标记入点：选择该命令可以标记开始的部分，如图2-33所示。快捷键为【I】。

● 标记出点：选择该命令可以标记结束的部分，如图2-34所示。快捷键为【O】。

● 标记剪辑：该命令会标记出剪辑的部分，如图2-35所示。快捷键为【Shift+/】。

● 标记选择项：选择该命令，会将选择的图层进行标记。快捷键为【/】。

● 标记拆分：选择该命令，会标记分割的部分。

图 2-33

图 2-34

● 转到入点：选择该命令，会自动跳转到标记开始的位置。快捷键为【Shift+I】。

图 2-35

● 转到出点：选择该命令，会自动跳转到标记结束的位置。快捷键为【Shift+O】。

● 转到拆分：选择该命令，会自动跳转到分割的位置。

● 清除入点：可以将标记的开始点清除。快捷键为【Shift+Ctrl+I】。

● 清除出点：可以将标记的结束点清除。快捷键为【Shift+Ctrl+O】。

● 清除入点和出点：可以将标记的开始点和结束点都取

消。快捷键为【Shift+Ctrl+X】。

● 添加标记：可以用来添加标记。快捷键为【M】。

● 转到下一个标记：选择该命令可以跳转到下一个标记的位置。快捷键为【Shift+M】。

● 转到上一个标记：选择该命令可以跳转到前一个标记的位置。快捷键为【Shift+Ctrl+M】。

● 清除所选标记：选择该命令可以清除当前选择位置的标记。快捷键为【Ctrl+Alt+M】。

● 清除所有标记：选择该命令可以清除在【时间轴】面板中的所有标记。快捷键为【Shift+Ctrl+Alt+M】。

● 编辑标记：可以用来修改标记，并设置标记名称和位置等。

● 添加章节标记：在当前时间标记点处创建一个Eencore章节标记。

● 添加Flash提示标记：添加Flash交互式提示标记。

● 波纹序列标记：选择该命令以便在时间轴中进行裁切或修剪时，让标记波纹上行或下行。

2.3.6 图形菜单

　　【图形】菜单命令主要是用于对素材字幕进行操作，如图2-36所示。

● 从Typekit添加字体：浏览字体并下载所需的字体。

● 安装动态图形模板：单击可以选择.mogrt格式的模板进行安装。

● 新建图层：新建图层类型，包括文本、直排文字、矩形、椭圆和来自文件，如图2-37所示。

图 2-36　　　　　　　　图 2-37

● 选择下一个图层：该图层下层的第一个对象。

● 选择上一个图层：该图层上层的第一个对象。

● 升级为主图：选择该命令，即可将当前文本图层升级为图形。

● 导出为动态图形模板：可将其导出为动态图形模板。

2.3.7 窗口菜单

　　【窗口】菜单命令主要用来切换编辑模式，打开或关闭各个窗口和浮动面板，如图2-38所示。

图2-38

2.3.8 帮助菜单

　　【帮助】菜单命令主要是用于提供联机帮助、产品支持和在线教程等信息，如图2-39所示。

图 2-39

读书笔记

2.4 Adobe Premiere Pro CC 2018的工作窗口

技术速查：要访问Adobe Premiere Pro CC 2018工作窗口中的面板，只需在【窗口】菜单下单击选择其名称即可。

　　Premiere的工作窗口主要分为6个区域，分别为【项目】面板、【监视器】面板、【时间轴】面板、【效果】面板和【音轨混合器】面板，如图2-40所示，以及【字幕】面板，如图2-41所示。

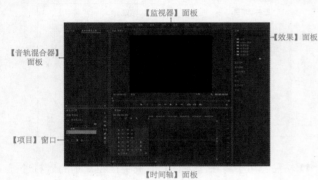

图 2-40

图 2-41

2.4.1 项目面板

技术速查：【项目】面板主要是用于存放和管理导入的素材文件。

　　【项目】面板主要是对素材进行存放和管理。文件导入时存放在【项目】面板中，以便对素材的分类和非线性编辑。【项目】面板主要包括上半部分的预览区和下部分存放素材的文件存放区两个部分，如图2-42所示。

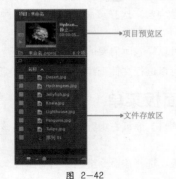

图 2-42

预览区

　　面板上半部分显示了当前选择的视频或图片素材的预览

图，如图2-43所示。如果选定的是声音素材，则显示相应的声音时长和频率等信息，如图2-44所示。

图 2-43

图 2-44

● 📷 （标识帧）：拖动下面的滑块，可以将视频素材的某一帧作为面板预览查看画面。

● 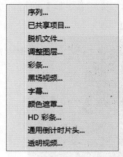 （播放）：单击该按钮，即可播放预览视频和音频素材。

文件存放区

文件存放区主要存放导入的素材文件和序列。在最下方有一排工具栏，可以对【项目】面板中的素材进行整理，如图2-45所示。

项目可写　列表视图　图标视图　　　　自动匹配序列　查找　新建素材箱　新建项　清除

图 2-45

● （项目可写）：在只读与读/写之间切换项目。

● （列表视图）：单击该按钮，文件存放区中的素材会按照列表的方式显示。快捷键为【Ctrl+Page Up】。

● （图标视图）：单击该按钮，文件存放区中的素材会以图标的方式显示。快捷键为【Ctrl+Page Down】，如图2-46所示。

图 2-46

● （自动匹配序列）：单击该按钮，可以将文件存放区中选择的素材按顺序自动添加到【时间轴】面板中。

● （查找）：单击该按钮，在弹出的【查找】对话框中按照条件查找所需的素材文件。快捷键为【Ctrl+F】，如图2-47所示。

● （新建素材箱）：单击该按钮，可以在文件存放区中新建一个文件夹。方便对导入的素材进行归类，将相同性质的素材放在一个文件夹中。

● （新建项）：单击该按钮，可以在弹出的菜单中选

择序列、脱机文件、调整图层和字幕等命令，如图2-48所示。

图 2-47

● （清除）：单击该按钮，可以删除在文件存放区中已经选择的素材，快捷键为【Backspace】。

右键快捷菜单

在【项目】面板中的空白处单击鼠标右键，会弹出如图2-49所示的菜单。

图 2-48 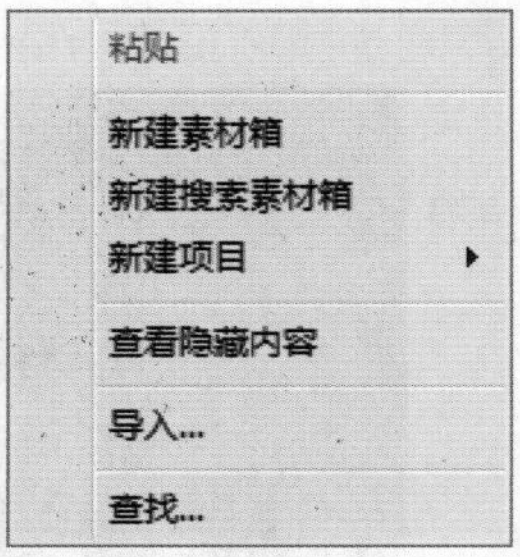　　　　图 2-49

● 粘贴：用于将在【项目】面板中已经复制的素材进行粘贴。

● 新建素材箱：选择该命令，可以新建一个文件夹，相当于 （新建素材箱）工具。

● 新建搜索素材箱：选择该命令，会弹出一个窗口，可在窗口中搜索元数据。

● 新建项目：相当于 （新建项）工具。

● 查找隐藏内容：选择该命令，可以按某种条件来搜寻所需的文件夹素材。

● 导入：可以导入所需要的素材。

● 查找：可以进行文件查找，相当于 （查找）工具。

项目面板菜单

单击【项目】面板右上方的 ，会弹出该面板的菜单，如图2-50所示。

● 关闭面板：选择该命令会删除当前面板。

● 浮动面板：选择该命令，该面板将会变成浮动的独立面板。

● 关闭组中的其他面板：选择该命令会关闭该组中其他面板。

● 面板组设置：该命令包含以下几个子菜单，如图2-51所示。

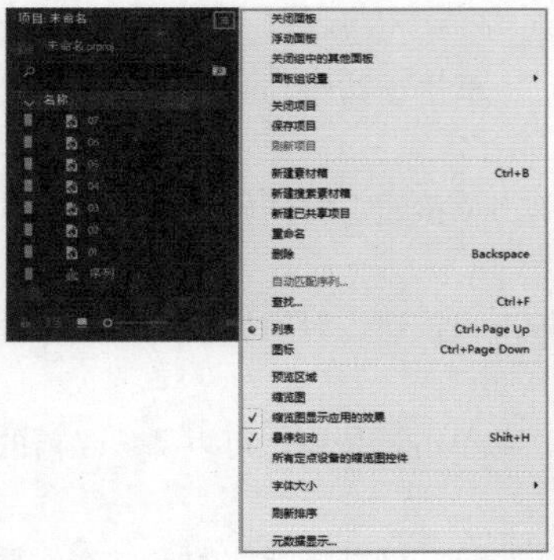

图 2-50 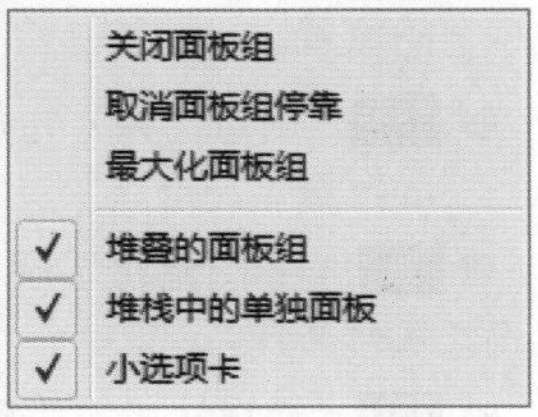 　　　　　　　　　 图 2-51

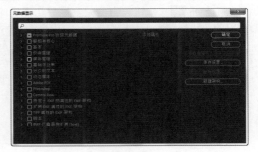

图 2-52

- 关闭项目：选择该命令会关闭当前项目。
- 保存项目：选择该命令会保存当前项目。
- 刷新项目：选择该命令会刷新当前项目。
- 新建素材箱：功能与 ▣（新建素材箱）工具相同。快捷键为【Ctrl+B】。
- 新建搜索素材箱：选择该命令，会弹出一个窗口，可在窗口中搜索元数据。
- 新建已共享项目：对已经共享的项目进行新建操作。
- 重命名：可以重新命名项目素材文件的名字。
- 删除：功能与 ▥（清除）工具相同。
- 自动匹配序列：功能与 ▦（自动匹配序列）工具相同。
- 查找：功能与 ◯（查找）工具相同。
- 列表：功能与 ▤（列表视图）工具相同。
- 图标：功能与 ▣（图标视图）工具相同。
- 预览区域：选中该选项，可以在【项目】面板上部显示素材的预览画面效果。
- 缩览图：将文件存放区中的素材文件以缩览图的方式呈现，如图2-52所示。

- 缩览图显示应用的效果：此设置适用于【图标】和【列表】视图中的缩览图。
- 悬停划动：控制是否处于悬停的状态。快捷键为【Shift+H】。
- 所有定点设备的缩览图控件：可通过在【项目】面板右上角的【设置】菜单中启用【所有定点设备的缩览图控件】，从而可以使用定点设备中的功能。
- 字体大小：设置面板字体大小。
- 刷新排序：对素材文件进行刷新，重新按顺序排列。
- 元数据显示：在弹出的【元数据显示】对话框中对素材进行查看和修改素材属性，如图2-53所示。

图 2-53

2.4.2　监视器面板

【监视器】面板是在进行非线性编辑作品时对它进行预览和编辑的重要窗口，如图2-54所示。

图 2-54

Premiere提供了4种不同模式的监视器，分别是双显示模式、修剪监视器模式、参考监视器模式和多机位监视器模式，可以根据实际情况来切换所需使用的监视器模式。

🔲 双显示模式

双显示模式是【源】监视器和【节目】监视器组成的非线性的编辑工作环境。【源】监视器负责存放和显示待编辑的素材，【节目】监视器则可以快速地预览编辑的效果，如图2-55所示。

图 2-55

文件列表是【监视器】面板中所管理的文件。对于【源】监视器来说，它管理的是单个的待编辑的源素材。如图2-56所示。对于【节目】监视器来说，它是完成的序列，如图2-57所示。

图 2-56

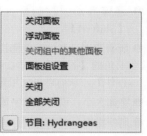

图 2-57

监视器工具栏提供了基本的剪辑工具和播放控制按钮，单击工具栏右侧的 ╋ （按钮编辑器），然后在弹出的面板中选择相应的按钮拖动到工具栏中即可，如图2-58所示。

图 2-58

- ● ｛ （标记入点）：单击该按钮后，当前播放指示器所在的位置将被设置为入点。

- ● ｝ （标记出点）：单击该按钮后，当前播放指示器所在的位置将被设置为出点。

- ● ▼ （添加标记）：单击该按钮，在当前时间轴上的播放指示器处设定一个没有编号的标记。

- ● ｜← （转到入点）：单击该按钮，播放指示器快速跳转到入点。

- ● →｜ （转到出点）：单击该按钮，播放指示器快速跳转到出点。

- ● ｛→｝ （从入点到出点播放视频）：单击该按钮，可以播放入点到出点之间的素材内容。

- ● ▍← （转到上一标记）：单击该按钮，时间轴快速跳转

到上一个标记点处。

- ● →▍ （转到下一标记）：单击该按钮，时间轴快速跳转到下一个标记点处。

- ● ◀ｌ （后退一帧）：单击该按钮，时间轴跳转到上一帧的位置。

- ● ｌ▶ （前进一帧）：单击该按钮，时间轴跳转到下一帧的位置。

- ● ▶ （播放/停止切换）：单击该按钮，可以播放当前的素材文件。

- ● ⟳ （循环）：单击该按钮，可以将当前的素材文件循环播放。

- ● ▢ （安全边框）：单击该按钮，可以在画面中显示安全框，如图2-59所示。

图 2-59

- ● ↴ （插入）：单击该按钮，正在编辑的素材插入当前的播放指示器处。

- ● ↓ （覆盖）：单击该按钮，正在编辑的素材覆盖到当前的播放指示器处。

- ● ▣ （导出帧）：单击该按钮，输出当前编辑帧的画面效果。

修剪监视器模式

在【修剪监视器】模式下，可以使用更加精确的方式更改【时间轴】上的剪辑点，并且双击切点即可在【节目】显示器面板中展现出双画面，如图2-60所示。

图 2-60

【修剪监视器】模式下，当编辑线上的两段视频前后交接后，在前者的结束部分有多余，后者开始部分有多余的前提下，可以通过修剪视图改变二者的交接点，如图2-61所示。

图 2—61

【修剪监视器】模式下通过修剪视图改变二者的交接点,【时间轴】面板也出现相应的变化,如图2-62所示。

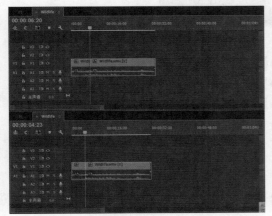

图 2—62

Lumetri范围

在【Lumetri范围】模式下,可以显示素材的波形并与【节目】监视器统调,所以多用于对素材进行颜色和音频的调整,还可以同时在【节目】监视器中查看实时素材,如图2-63所示。

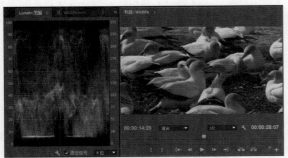

图 2—63

另外,【源】监视器可以设置与【节目】监视器同步播放或统调,也可以设置为不统调。很多情况下,【源】监视

器可以当作是另一个节目监视器。默认情况下是与【节目】监视器统调的,如图2-64所示。

图 2—64

多机位监视器模式

在多机位监视器模式下,可以编辑从不同的机位同步拍摄的视频素材,如图2-65所示。

图 2—65

在多机位监视器模式下,播放视频素材时,可以选定一个场景,将它插入节目序列中。在编辑从不同机位拍摄的事件影片时,最适合使用该模式,因为它可以同时查看4个视频素材,如图2-66所示。

图 2—66

2.4.3 时间轴面板

技术速查:【时间轴】面板是主要的编辑工作窗口,显示组成项目的素材、字幕和转场的临时图形。

【时间轴】面板是视频编辑最为重要的一个窗口。大部分编辑工作都在这里进行，它提供组成项目的视频序列、特效、字幕和转场切换效果的临时图形。Adobe Premiere Pro CC 2018默认3条视频轨道和3条音频轨道。轨道的编辑操作区可以排列和放置剪辑素材，如图2-67所示。

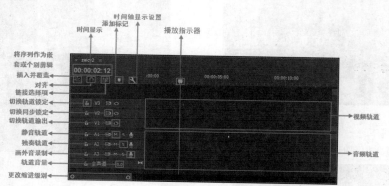

图 2-67

● 00:00:02:11 （时间显示）：显示播放器指示器所在位置。

● ▓▓▓ （播放器指示器）：单击并拖动"播放器指示器"可以移动到项目的任何部分。与此同时，时间轴左上角的时间显示为当前帧的所在位置。

● 🔒 （切换轨道锁定）：单击该按钮，该轨道将无法使用。

● 🔁 （切换同步锁定）：可限制波纹修剪期间转移的轨道。

● 👁 （切换轨道输出）：单击该按钮【节目】监视器和输出文件会显示为黑场视频。

● Ⓜ （静音轨道）：单击该按钮，音频轨道将会消音。

● Ⓢ （独奏轨道）：设置独奏的轨道。

● 🎤 （画外音录制）：单击该按钮可以进行录音。

● 0.0 （轨道音量）：滑动此处，可以调节音轨音量大小。

● ◯━━━━◯ （更改缩进级别）：更改时间轴的时间间隔，越向左缩进级别越大，就会占用较小的时间轴区域。越向右缩进级别越小，就会占用较大的时间轴区域。

● V1 （视频轨道）：可以将视频、图片、序列、PSD等素材放置到视频轨道上进行编辑。

● A1 （音频轨道）：可以将音频素材放置到音频轨道上进行编辑。

2.4.4 字幕面板

技术速查：在【字幕】面板中可以为项目添加各种样式的文字效果。

选择【文件】|【新建】命令，在其子菜单中选择【旧版标题】命令，如图2-68所示。

图 2-68

在弹出的【新建字幕】面板中，可以设置字幕名称及长宽比例。然后单击【确定】按钮即可创建新字幕，如图2-69所示。

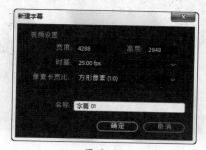

图 2-69

在弹出的【字幕】面板中，其主要组成部分为字幕工作区、【字幕工具】栏、【字幕动作】栏、【字幕样式】面板和【字幕属性】面板，如图2-70所示。

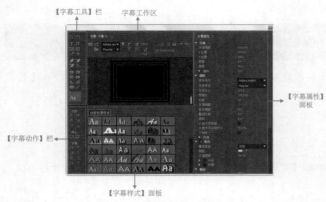

图2—70

在字幕工作区中单击鼠标左键，即可输入文字。在字幕创建完成后，关闭【字幕】面板。所创建的字幕会自动出现在【项目】面板中，如图2-71所示。可以将其拖曳到【时间轴】面板中的轨道上进行应用。

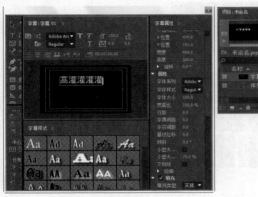

图2—71

2.4.5　效果面板

技术速查：【效果】面板中可以直接应用多种视频特效、音频特效和转场效果，是最为常用的窗口。

【效果】面板提供的主要效果分别为预设、Lumetri预设、音频效果、音频过渡、视频效果和视频过渡6大类，如图2-72所示。

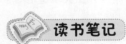 **读书笔记**

图2—72

2.4.6　音轨混合器面板

技术速查：【音轨混合器】面板中可以混合不同的音频轨道和创建音频特效以及录制音频素材。

在【音轨混合器】面板中还可以在伴随视频的同时混合音频轨道以及音频特效的制作，如图2-73所示。

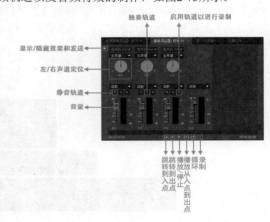

图 2—73

● （跳转到入点）：时间轴跳转到音频的入点。

● （跳转到出点）：时间轴跳转到音频的出点。

● （播放/停止）：控制播放音频和停止播放音频。

● （播放入点到出点）：播放音频的入点到出点的部分。

● （循环）：循环播放音频。

● （录制）：录制音频素材文件。

2.5 Adobe Premiere Pro CC 2018的面板

Adobe Premiere Pro CC 2018的各个面板就是为了更好地应用这些功能而分类及组织起来的，包括【工具】面板、【效果控制】面板、【历史】面板、【信息】面板和【媒体浏览器】面板。

 技巧提示

要打开和隐藏各个Adobe Premiere Pro CC 2018中的面板，单击【窗口】菜单下的各个面板名称即可，已经打开的面板前面会出现已勾选的对号。

2.5.1 工具面板

技术速查：在Adobe Premiere Pro CC 2018的【工具】面板中的工具主要应用于编辑【时间轴】面板中的素材文件。

在【工具】面板中所要应用的工具上单击鼠标左键或者按相应的快捷键即可应用，如图2-74所示。

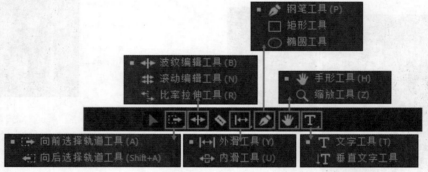

图 2-74

● ▶ （选择工具）：用于选择【时间轴】面板轨道中的素材文件。

● ↦ （向前选择轨道工具）/ ↤ （向后选择轨道工具）：【向前选择轨道工具】和【向后选择轨道工具】可以选择箭头方向的所有素材，可以更加方便地移动或删除。

● ↔ （波纹编辑工具）：可以编辑一个素材文件而不影响相邻的素材文件，而且后面的素材文件会自动移动填补空缺。

● ⇄ （滚动编辑工具）：选择一个素材文件并拖动更改入点或出点时，也会同时改变相邻的素材的入点或出点。

● ↔ （比率拉伸工具）：选择素材文件并拖动边缘可以改变素材文件的长度和速率。

● ◆ （剃刀工具）：用于剪辑【时间轴】面板轨道中的素材文件，按住Shift键可以同时剪辑多条轨道中的素材。

● ⟷ （错落编辑工具）：可以改变在两个素材文件之间

的素材文件的入点和出点并保持原有持续时间不变。

● ⇱ （滑动编辑）：用于两个素材之间的素材，在拖动时只改变相邻素材文件的持续时间。

● ✎ （钢笔工具）：可以在【时间轴】面板轨道中的素材文件上创建关键帧。

● ■ （矩形工具）：可以在【时间轴】面板轨道中的素材文件上绘制矩形形状。

● ● （椭圆工具）：可以在【时间轴】面板轨道中的素材文件上绘制椭圆形形状。

● ✋ （手形工具）：用于左右平移【时间轴】面板轨道。

● 🔍 （缩放工具）：可以放大和缩小【时间轴】面板轨道中的素材。

● T （文字工具）：可以在【时间轴】面板轨道中的素材文件上输入横排文字。

● ⫟T （垂直文字工具）：可以在【时间轴】面板轨道中的素材文件上输入直排文字。

2.5.2　效果控件面板

技术速查： 在【效果控件】面板中可以调整素材文件上所添加的各种效果的参数和各个效果的显示与隐藏，同时可以创建动画关键帧。

在没有选择任何素材文件时，【效果控件】面板显示为空，如图2-75所示。

选择素材文件后，在【效果控件】面板中会显示出默认的【运动】【不透明度】【时间重映射】3栏。【效果控件】面板中右侧有其独立的时间轴和缩放时间轴的滑块，如图2-76所示。

图 2—75　　　　　　图 2—76

2.5.3　历史面板

技术速查： 在【历史】面板中记录了操作的历史步骤，可以单击历史状态返回之前的操作。

在Adobe Premiere Pro CC 2018的【历史】面板中可以无限制地进行撤销操作。在制作中想返回之前的操作，直接在【历史】面板中单击要返回的历史状态即可，如图2-77所示。

若想删除全部历史记录，在【历史】面板中单击鼠标右键，在弹出快捷菜单中选择【清除历史记录】命令。而想要删除某个历史状态时，在【历史】面板中选中它，并且单击 🗑 按钮删除，或者按【Delete】键，如图2-78所示。

 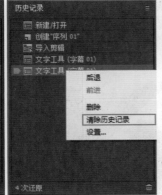

图 2—77　　　　　　图 2—78

2.5.4　信息面板

技术速查： 在Adobe Premiere Pro CC 2018的【信息】面板中显示了当前选择的素材等信息。

在【信息】面板中显示了当前选择的素材和序列等信息。例如，选择了素材文件，【信息】面板中即显示出素材的类型、大小、入点、出点和持续时间，如图2-79所示。

图 2—79

2.5.5　媒体浏览器面板

技术速查： 在【媒体浏览器】面板中可以查看计算机中内容并通过监视器预览。

在Adobe Premiere Pro CC 2018的【媒体浏览器】面板中，选择路径即可查看其内容，如图2-80所示。同时可以在【源】监视器中预览素材文件，如图2-81所示。

图 2—80　　　　　　图 2—81

本章小结

通过Adobe Premiere Pro CC 2018各个面板中的命令，可以导入素材并进行相应的编辑等。通过本章学习，可以了解菜单栏和工作窗口中的面板的各项命令功能和应用领域。灵活掌握各项命令，能够更快捷合理地对素材进行编辑。

第3章

素材的导入与采集

本章内容简介：

在Adobe Premiere Pro CC 2018中制作项目时，很多时候需要导入各类素材文件进行编辑。本章介绍了新建项目、序列和文件夹的基础操作，以及采集素材和导入各类素材文件的方法。

本章学习要点：

- 了解新建项目、序列和文件夹的方法
- 掌握修改文件夹和素材名称的方法
- 掌握素材采集的方法
- 掌握导入各类素材的方法

3.1 大胆尝试——我的第一幅作品

通过Adobe Premiere Pro CC 2018软件，可以制作出各种精美的画面效果。下面就介绍制作一个案例的完整流程。

★ 案例实战——制作锈迹文字效果

案例文件	案例文件\第3章\.prproj
视频教学	视频文件\第3章\.mp4
难度指数	★★★★★
技术要点	导入素材、字幕、粗糙边缘、斜角Alpha和阴影效果的应用

案例效果

很多读者在学习Adobe Premiere Pro CC 2018时，由于知识点比较多，容易造成思维混乱，因此在学各个技术模块之前，可以通过对本案例的学习，了解完整的作品制作流程。

通过Adobe Premiere Pro CC 2018可以添加图像素材和制作文字，并为素材或文字添加多种特效，制作出丰富的画面效果。本例主要是针对"制作锈迹文字效果"的方法进行练习，如图3-1所示。

扫码看视频

3.1 锈迹文字效果

图 3-1

操作步骤

`01` 打开Adobe Premiere Pro CC 2018软件，单击【新建项目】按钮，在弹出对话框的【名称】文本框中设置文件名称，单击【浏览】按钮设置保存路径，接着设置【捕捉格式】，设置完成后单击【确定】按钮，如图3-2所示。选择【文件】|【新建】|【序列】命令，弹出【新建序列】窗口，在【DV-PAL】栏中选择【标准48kHz】选项，再单击【确定】按钮，如图3-3所示。

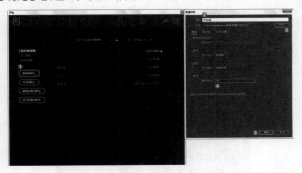

图 3-2

图 3-3

`02` 选择菜单栏中的【文件】|【导入】命令或按【Ctrl+I】快捷键，然后在打开的对话框中选择所需的素材文件，并单击【打开】按钮导入，如图3-4所示。

图 3-4

`03` 将【项目】面板中的【01.jpg】素材文件拖曳到【时间轴】面板中的V1轨道上，如图3-5所示。

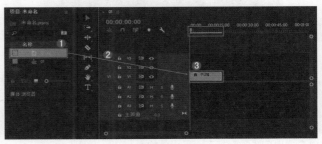

图 3-5

`04` 选择V1轨道上的【01.jpg】素材文件，在【效果控件】面板【运动】栏中设置【缩放】为66，如图3-6所示。此时效果如图3-7所示。

`05` 在菜单栏中选择【文件】|【新建】|【旧版标题】命令，弹出【新建字幕】对话框，单击【确定】按钮，如图3-8所示。

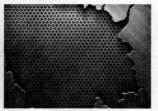

图 3—6　　　　　　　　　图 3—7

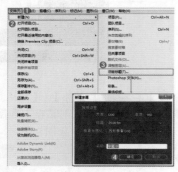

图 3—8

06 在打开的【字幕】面板中选择 **T**（文字工具），然后在字幕工作区中输入文字，并设置【字体】为【Arial】，【字体样式】为【Bold】，【字体大小】为【285】，【行距】为35，【填充类型】为【线性渐变】，【颜色】为浅灰色和深灰色。接着将文字调整到合适的位置，如图3-9所示。

图 3—9

07 关闭【字幕】面板。然后将【项目】面板中的【字幕01】拖曳到【时间轴】面板中的V2轨道上。如图3-10所示。

图 3—10

08 选择V2轨道上的【字幕 01】，打开【效果】面板，再打开【效果】面板中的【视频效果】栏，然后单击【风格化】|【粗糙边缘】选项，并将其拖曳到V2轨道的【字幕01】上，如图3-11所示。

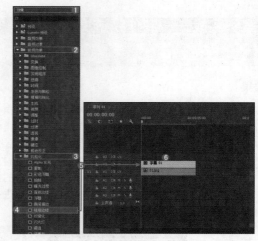

图 3—11

09 在【效果控件】面板中展开【粗糙边缘】栏，设置【边缘类型】为【锈蚀色】，【边框】为35，【边缘锐度】为0.6，如图3-12所示。

图 3—12

10 再打开【效果】面板中的【视频效果】栏，单击【透视】|【斜面Alpha】选项，并将其拖曳到V2轨道的【字幕01】上，如图3-13所示。然后在【效果控件】面板中展开【斜面Alpha】栏，设置【边缘厚度】为5，【光照强度】为0.5，如图3-14所示。

图 3—13

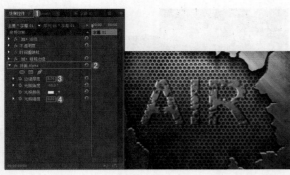

图 3—14

11 在【效果控件】面板中展开【粗糙边缘】栏，设置【边缘类型】为【锈蚀色】，【边框】为35，【边缘锐度】为0.6，如图3-15所示。

图 3—15

12 选择V2轨道上的【字幕 01】，打开【效果】面板，展开【效果】面板中的【视频效果】栏，单击【风格化】|【粗糙边缘】选项，并将其拖曳到V2轨道的【字幕01】上，如图3-16所示。在【效果控件】面板下展开【粗糙边缘】，设置【边缘类型】为【锈蚀色】，【边框】为35，【边缘锐度】为0.6，如图3-17所示。

13 再打开【效果】面板中的【视频效果】栏，单击【透视】|【斜面Alpha】选项，并将其拖曳到V2轨道的【字幕01】上，如图3-18所示。然后在【效果控件】面板中展开【斜面Alpha】栏，设置【边缘厚度】为5，【光照强度】为0.5，如图3-19所示。

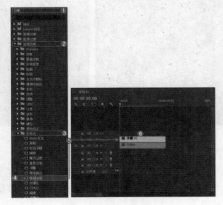

图 3—16

图 3—17

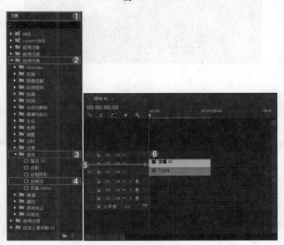

图 3—18

图 3—19

14 参照前面添加【粗糙边缘】步骤再在V2轨道【字幕01】上添加【投影】效果，如图3-20所示。然后在【效果控件】面板中展开【投影】栏，并设置【不透明度】为100%，【方向】为220°，【距离】为10，【柔和度】为50，此时拖动播放指示器查看最终效果，如图3-21所示。

读书笔记

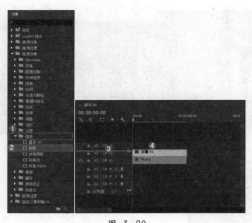

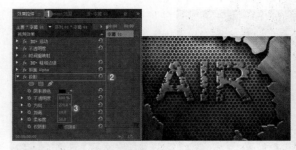

图 3-21

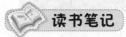

图 3-20

3.2 项目、序列、文件夹管理

项目是包含了序列和相关素材的Premiere的文件，与其中的素材之间存在链接关系。每个项目都包含一个项目调板，其中储存着所有项目中所用的素材。

3.2.1 新建项目

技术速查：在Premiere中选择【文件】|【新建】|【项目】命令，即可创建一个新项目。

如果当前Premiere中正在运行一个项目，可以在菜单栏中选择【文件】|【新建】|【项目】命令，会新建一个项目，并关闭当前项目，如图3-22所示。

扫码看视频

3.2.1 新建
项目文件

图 3-22

个欢迎对话框，此时可以单击【新建项目】按钮。其中【打开项目】按钮可以打开项目，而在【最近使用项目】列表中会列出4个最近使用过的项目，单击项目名称即可将其打开，如图3-23所示。

02 单击【新建项目】按钮后，会出现【新建项目】对话框，接着可以设置项目的保存位置和名称，设置完成后，单击【确定】按钮，如图3-24所示。

案例效果

若要使用Premiere软件编辑素材等，首先要创建一个项目，然后在项目中才能新建序列和编辑。本例主要是针对"新建项目文件"的方法进行练习。

操作步骤

01 启动Adobe Premiere Pro CC 2018后，首先会出现一

图 3-23   图 3-24

03 选择【文件】|【新建】|【序列】命令。此时会出现【新建序列】对话框，单击【DV-PAL】展开该栏，并选择【标准48kHz】，接着设置【序列名称】，如图3-25所示。新建完成后，最终效果如图3-26所示。

图 3-25

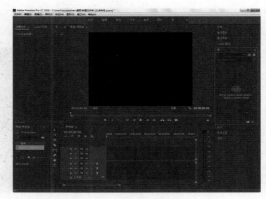
图 3-26

3.2.2　动手学：打开项目

技术速查：在Adobe Premiere Pro CC 2018中，可以通过【文件】|【打开项目】命令打开已经存储的项目。

📷 打开已存储的项目

在菜单栏中选择【文件】|【打开项目】命令，可以查找并打开已经存储的项目，并关闭当前项目，如图3-27所示。

图 3-27

📷 打开最近使用过的项目

在菜单栏中选择【文件】|【打开最近使用的内容】命令，可以在其子菜单中看到最近使用过的4 个项目，选择即可将其打开，如图3-29所示。

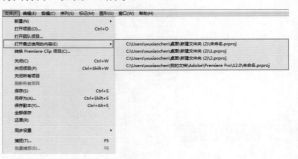
图 3-29

3.2.3　关闭和保存项目

📷 动手学：关闭项目

在菜单栏中选择【文件】|【关闭项目】命令，即可将当前项目关闭，如图3-30所示，回到欢迎屏幕界面，如图3-31所示。

读书笔记

图 3-28

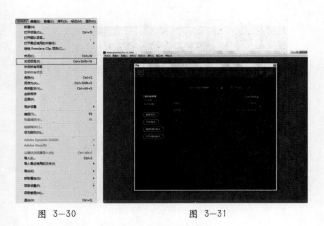

图 3-30   图 3-31

动手学：保存项目

方法一：在菜单栏中选择【文件】|【保存】命令，即可将当前项目进行保存，如图3-32所示。

图 3-32

技巧提示

若已经保存过该项目，那么应用该命令时，会自动覆盖已经存储的项目文件。快捷键为【Ctrl+S】。

方法二：将项目另存为。在菜单栏中选择【文件】|【另存为】命令，如图3-33所示。在弹出的对话框中设置保存的路径和名称，然后单击【保存】按钮即可，如图3-34所示。

图 3-33   图 3-34

方法三：将项目保存副本备份。在菜单栏中选择【文件】|【保存副本】命令，如图3-35所示。在弹出的对话框中即可选择保存路径，并单击【保存】按钮，即可将当前项目保存为一个副本，如图3-36所示。

图 3-35   图 3-36

3.2.4　动手学：新建序列

用Adobe Premier Pro CC 2018新建项目的同时也会新建相应的序列，但是在工作界面中可以新建多个序列。

方法一

在【项目】面板的空白处单击鼠标右键，在弹出的快捷菜单中选择【新项目】|【序列】命令，如图3-37所示。

读书笔记

扫码看视频

3.2.4 新建序列

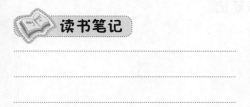

图 3-37

在弹出的【新建序列】对话框中，选择【DV-PAL】栏中的【标准48kHz】选项，然后单击【确定】按钮，如图3-38所示。即可创建新的序列，如图3-39所示。

图 3—38

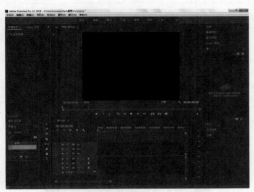

图 3—39

方法二

单击【项目】面板中的【新建项】按钮 ▣，然后选择【序列】命令，如图3-40所示。

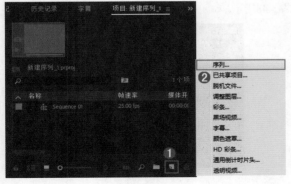

图 3—40

方法三

在菜单栏上选择【文件】|【新建】|【序列】命令或者使用【Ctrl+N】快捷键，如图3-41所示。

图 3—41

★ 案例实战——新建序列

案例文件	案例文件\第3章\新建序列.prproj
视频教学	视频文件\第3章\新建序列.mp4
难易指数	★★★★★
技术要点	新建序列的应用

案例效果

序列是编辑项目的基础，在对素材等进行编辑前，需要新建序列。也可以新建多个序列，并分别进行编辑。本例主要是针对"新建序列"的方法进行练习。

操作步骤

01 打开Adobe Premiere Pro CC 2018软件，然后单击【新建项目】按钮，在弹出的窗口的【名称】文本框中设置文件名称，单击【浏览】按钮设置保存路径，接着设置【捕捉格式】，设置完成后单击【确定】按钮。在菜单栏中选择【文件】|【新建】|【序列】命令，如图3-42所示。

02 在【文件】菜单中选择【新建】|【序列】命令。在弹出的【新建序列】对话框中，选择【DV-PAL】栏中的【宽屏48kHz】选项，然后设置【序列名称】，并单击【确定】按钮，如图3-43所示。

图 3—42

图 3—43

03 此时，在【项目】面板中出现了新建的【序列01】序列，如图3-44所示。

图 3—44

3.2.5　动手学：新建文件夹

在【项目】面板中新建文件夹，是为了方便整理素材文件和进行分类，便于制作项目过程中的使用与查找。新建文件夹的方法有两种。

方法一

01 单击【项目】面板下的【新建素材箱】按钮，即可创建文件夹，如图3-45所示。

图 3—45

02 若要为文件夹继续创建子文件夹，可以先单击选中该文件夹，然后再次单击【项目】面板下的【新建文件夹】按钮即可，如图3-46所示。

图 3—46

技巧提示

若要创建平级的文件夹，则不用选择任何文件夹。直接单击【项目】面板下的【新建文件夹】按钮即可，如图3-47所示。

图 3—47

方法二

在【项目】面板下的空白处单击鼠标右键，然后在弹出的快捷菜单中选择【新建素材箱】命令，即可创建文件夹，如图3-48所示。

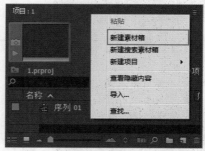

图 3—48

读书笔记

3.2.6 动手学：修改文件夹名称

在创建文件夹后，可以根据素材需要将文件夹进行重命名来分类。修改文件夹名称的方法有两种。

方法一

在创建出文件夹后，可以直接在文件夹上更改名称。或者在创建文件夹结束后，在该文件夹的名称处单击鼠标左键即可进行修改，如图3-49所示。

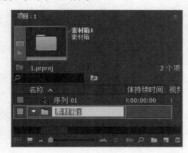

图 3-49

方法二

还可以在文件夹上单击鼠标右键，在弹出的快捷菜单中选择【重命名】命令，如图3-50所示。然后可以对该文件夹的名称进行修改，如图3-51所示。

图 3-50　　　　　　　图 3-51

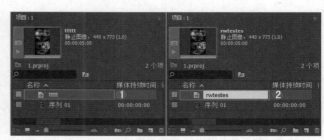

图 3-52

3.2.7 动手学：整理素材文件

01 在【项目】面板中包括多种类型的素材文件，如图3-53所示。此时在【项目】面板空白位置单击鼠标右键，在弹出的快捷菜单中选择【新建素材箱】命令，如图3-54所示。

 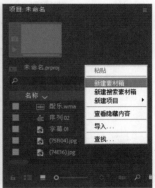

图 3-53　　　　　　　图 3-54

02 命名为【图片】，拖动图片素材到【图片】素材箱中，如图3-55所示。整理后的效果如图3-56所示。

图 3-55　　　　　　　图 3-56

3.3 视频采集

视频采集（Video Capture）是将模拟视频转换成数字视频，并按数字视频文件的格式保存下来。所谓视频采集就是将模拟摄像机、录像机、LD视盘机、电视机输出的视频信号，通过专用的模拟、数字转换设备，转换为二进制数字信息的过程。在视频采集工作中，视频采集卡是主要设备，它分为专业和家用两个级别。专业级视频采集卡不仅可以进行视频采集，并且还可以实现硬件级的视频压缩和视频编辑。家用级的视频采集卡只能做到视频采集和初步的硬件级压缩。

3.3.1 视频采集的参数

项目建立后，需要将拍摄的影片素材采集到计算机中进行编辑。对于模拟摄像机拍摄的模拟视频素材，需要进行数字化采集，将模拟视频转化为可以在计算机中编辑的数字视频；而对于数字摄像机拍摄的数字视频素材，可以通过配有IEEE 1394接口的视频采集卡直接采集到计算机中。

在Premiere中不但可以通过采集或录制的方式获取素材，还可以将硬盘上的素材文件导入其中进行编辑。打开Premiere软件后，选择【文件】|【捕捉】命令，如图3-57所示。

此时弹出【捕捉】面板，主要包括5个部分，分别是预览区域、素材操作区、记录窗格、设置窗格和捕捉面板菜单，如图3-58所示。

图 3-57

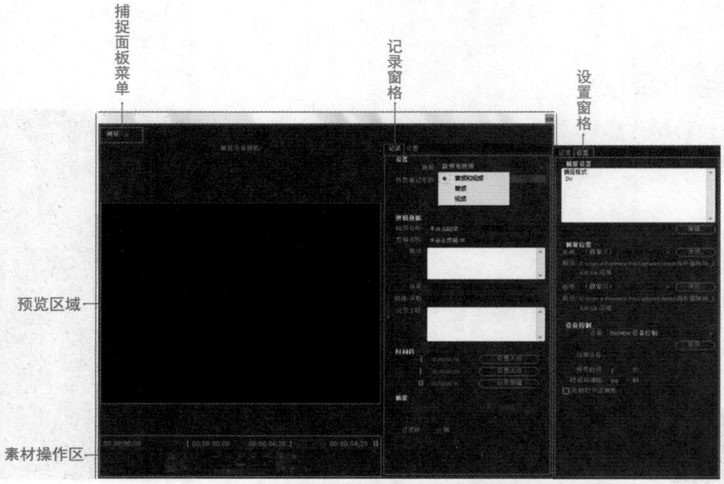

图 3-58

素材操作区

素材操作区中包括了很多按钮，这些按钮可以对采集的素材进行设置和控制预览效果，如图3-59所示。

图 3-59

- **00;00;00;00**（素材起始帧）：设置素材开始采集时的入点位置。

- **{ 00;00;00;00   00;00;04;28 }**（素材入点、出点）：设置素材开始采集时的入点和出点位置，通过鼠标拖动可重设入点、出点时间帧。

- **00;00;04;29**（素材时长）：设置采集素材的时间长度，通过鼠标拖动可重设素材时长。

- （下一场景）：跳转到下一段素材。

- （上一场景）：跳转到上一段素材。

- （设置入点）：设置素材采集的起始帧。

- （设置出点）：设置素材采集的终止帧。

- （转到入点）：单击该按钮，时间帧会直接跳转到入点位置。

- （转到出点）：单击该按钮，时间帧会直接跳转到出点位置。

- （回退）：单击该按钮，可以快速后退素材帧。

- （快进）：单击该按钮，可以快速前进素材帧。

- （逐帧后退）：单击该按钮，即可后退一帧，连续单击可逐帧后退。

- （逐帧前进）：单击该按钮，即可前进一帧，连续单击可逐帧前进。

- ▶（播放）：单击该按钮，即开始播放素材。
- ⏸（暂停）：单击该按钮，即暂时停止播放素材。
- ⏹（停止）：单击该按钮，可以停止播放素材。
- ⏺（录制）：单击该按钮，即可开始采集素材。
- ▬▬▬▬（往复）：向右拖动时磁带快速前进，向左拖动时磁带快速倒退。
- ▬▬▬▬（微调）：可以将视频的开头或结尾进行调整。
- ◀（慢退）：单击该按钮可慢速倒放素材。
- ▶（慢放）：单击该按钮可慢速播放素材。
- ⏺（场景检测）：单击该按钮可查找素材片段。

记录窗格

【记录】窗格主要对采集后的素材的文件名、存储目录、素材描述、场景信息和日志信息等进行设置。其参数面板如图3-60所示。

图 3-60

- 捕捉：在该下拉列表中可设置素材采集的是视频、音频还是视音频素材。
- 将剪辑记录到：指定素材采集后要保存到【项目】面板中的哪一级目录或文件夹。
- 磁带名称：设置磁带的标识名。
- 剪辑名称：设置素材采集后的名称。
- 描述：对采集的素材添加描述说明。
- 场景：注释采集后的素材与源素材场景的关联信息。
- 拍摄/获取：记录说明拍摄信息。
- 记录注释：记录素材的日志信息。
- 设置入点：设置素材开始采集时的入点位置。
- 设置出点：设置素材结束采集时的出点位置。

- 记录剪辑：设置采集素材的时间长度。
- 入点/出点：单击该按钮，开始采集设置了入点和出点范围之间的素材。
- 磁带：单击该按钮，采集整个磁带上的素材内容。
- 场景检测：选中该复选框，在采集素材时会自动侦测场景。
- 过渡帧：设置采集素材入点、出点之外的帧长度。

设置窗格

【设置】窗格主要对视频、音频素材的存储路径和素材的制式、设备控制等选项进行设置。其参数面板如图3-61所示。

图 3-61

- 捕捉设置：用于选择素材采集时的设备，如果安装有模/数捕捉卡，则可使用此功能。单击【编辑】按钮，会弹出【捕捉设置】对话框。如果是DV捕捉，则选择【DV】选项。然后单击【确定】按钮即可，如图3-62所示。

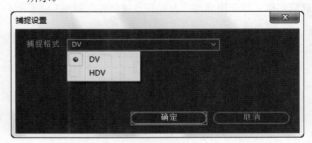

图 3-62

- 捕捉位置：用于单独设置视频、音频素材的存储路径，可通过【视频】后面的 ✓ 按钮来进行选择，如图3-63所示。

图 3—63

● 设备控制：用于设置捕捉设备的控制方式。单击【选项】按钮，会弹出【DV/ HDV设备控制设置】对话框，如图3-64所示。

图 3—64

- 视频标准：该下拉列表中有PAL和NTSC两选项，通常选择PAL制式。
- 设备品牌：该下拉列表中可以选择设备的品牌。
- 设备类型：可以选择通用或根据设备的不同型号来设置。
- 时间码格式：用来设置采集时是否丢帧。
- 检查状态：显示当前链接的设备是否正常。
- 在线了解设备信息：单击该按钮可与设备网站链接，获取更多参考信息。

● 预卷时间：设置录像带开始运转到正式采集素材的时间间隔。

3.3.2 视频采集

01 将装入录像带的数字摄像机用IEEE 1394线缆与计算机连接。打开摄像机，并调到放像状态，如图3-66所示。

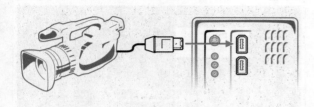

图 3—66

02 在菜单栏中选择【文件】|【捕捉】命令，或使用【F5】快捷键，调出【捕捉】面板。在【记录】窗格中选择【捕捉】素材的种类为【音频和视频、音频或视频】，并在

● 时间码偏移：设置采集到的素材与录像带之间的时间码偏移。此值可以精确匹配它们的帧率，以降低采集误差。

捕捉面板菜单

【捕捉】面板参数可以控制采集的相关参数。在【捕捉】面板的左上角单击 按钮，弹出面板菜单，如图3-65所示。

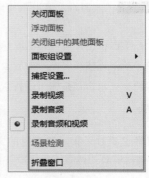

图 3—65

● 捕捉设置：可设置素材捕捉时的设备。
● 录制视频：如果选择该选项，则捕捉时只录制素材的视频部分。
● 录制音频：如果选择该选项，则捕捉时只录制素材的音频部分。
● 录制音频和视频：选择该选项，同时捕捉素材的视频、音频。
● 场景检测：同【记录】面板的【场景检测】功能。如果选中该项，捕捉素材时自动侦测场景。
● 折叠窗口：选择该选项，【捕捉】面板以精简模式显示。

【设置】窗格中，对捕捉素材的保存位置进行设置，如图3-67所示。

图 3—67

03 单击素材操作区的播放按钮，播放并预览录像带。当播放到需要捕捉片段的入点位置时，单击控制面板上的

【录制】按钮，开始捕捉。播放到需要的出点位置时，按【Esc】键，停止捕捉，如图3-68所示。

04 在弹出的保存捕捉文件对话框中输入文件名等相关数据，单击【确定】按钮，素材文件已经被捕捉到硬盘，并出现在【项目】面板中。

图 3-68

3.4 导入素材

在Premiere中可以导入很多素材，包括各种图片、视频、序列、音频、PSD分层文件和文件夹等。掌握每种素材的导入方法，会对我们学习和使用Premiere有很大的帮助。

3.4.1 动手学：导入图片和视频素材

01 新建项目和序列后，在【项目】面板空白处双击鼠标左键，如图3-69所示。此时会弹出【导入】对话框，在该对话框中选择要导入的图片和视频素材，并单击【打开】按钮，如图3-70所示。

图 3-69

图 3-70

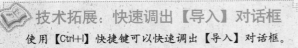
技术拓展：快速调出【导入】对话框

使用【Ctrl+I】快捷键可以快速调出【导入】对话框。

02 此时【项目】面板中已经出现了刚刚导入的图片和视频素材文件，如图3-71所示。

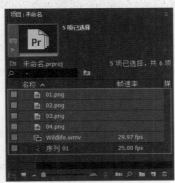

图 3-71

技巧提示

还可以通过菜单命令导入素材。选择菜单栏中的【文件】|【导入】命令，如图3-72所示。也会弹出【导入】对话框，选择要导入的图片或视频素材，并单击【打开】按钮即可，如图3-73所示。

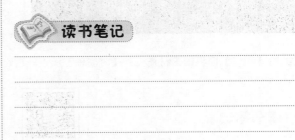
读书笔记

图 3—72　　　　　图 3—73

音频素材文件也可以用同样的方法导入【项目】面板中。

3.4.2　动手学：导入图片

01 新建项目后，在菜单栏中选择【文件】|【导入】命令或使用【Ctrl+I】快捷键。然后在弹出的【导入】对话框中选择要导入的素材，单击【打开】按钮，如图3-74所示。

图 3—74

02 导入后的效果如图3-75所示。

图 3—75

03 将【项目】面板的素材拖曳到【时间轴】面板轨道中，如图3-76所示。

扫码看视频

3.4.2 导入视频素材文件

图 3—76

04 此时效果如图3-77所示。

图 3—77

★ 案例实战——导入视频素材文件

案例文件	案例文件\第3章\导入视频素材文件.prproj
视频教学	视频文件\第3章\导入视频素材文件.mp4
难易指数	★★★★★
技术要点	导入视频文件的方法

案例效果

视频会产生平滑连续的画面视觉效果，视频素材文件在作品制作中是经常应用到的素材文件之一，可以在视频的基础上再次进行编辑。本例主要是针对"导入视频素材文件"的方法进行练习，如图3-78所示。

图 3—78

操作步骤

01 打开Adobe Premiere Pro CC 2018软件，单击【新建项目】按钮，在弹出的单击【浏览】对话框中设置保存路径，在【名称】文本框中修改文件名称，单击【确定】按钮。在【文件】菜单中选择【新建】|【序列】命令。接着选择【DV-PAL】|【标准48kHz】选项，最后单击【确定】按钮，如图3-79所示。

图 3—79

02 方法一：在【项目】面板的空白处双击鼠标左键，然后在弹出的【导入】对话框中选择需要导入的视频素材，接着单击【打开】按钮。如图3-80所示。

方法二：选择【文件】|【导入】命令或使用【Ctrl+I】快捷键，然后在弹出的【导入】对话框中选择需要导入的素材，接着单击【打开】按钮。如图3-81所示。

图 3—80

图 3—81

03 将【项目】面板中视频素材文件按住鼠标左键拖曳到【时间轴】面板的V1轨道上，在弹出的【剪辑不匹配】窗口中选择【更改序列设置】，如图3-82所示。

图 3—82

04 此时拖动播放指示器查看最终效果，如图3-83所示。

图 3—83

技术拓展：添加多个轨道

默认情况下Premiere中有3个视频轨道、3个音频轨道，而很多时候我们制作大型作品时，需要很多轨道来放置素材，那么该如何添加多个轨道呢？

方法一：将【项目】面板中的素材文件按住鼠标左键直接拖曳到空白轨道的位置，如图3-84所示。然后释放鼠标左键，即会出现新的轨道，如图3-85所示。

图 3-84

图 3-85

方法二：在轨道栏上单击鼠标右键，在弹出的快捷菜单中选择【添加轨道】命令，如图3-86所示。然后在弹出的对话框中可以设置各个轨道的数量，设置完成后单击【确定】按钮即可，如图3-87所示。

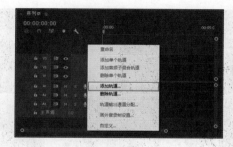

图 3-86

图 3-87

3.4.3 动手学：导入序列素材

静帧序列是按文件名生成的一组有规律的图像文件，每张图像代表一帧，而每一帧连起来就是一段动态的影像。

01 使用【Ctrl+I】快捷键打开【导入】对话框，在该对话框中找到并选择序列素材文件的第一帧图片，接着选中下面的【图像序列】，并单击【打开】按钮，如图3-88所示。

02 此时，在【项目】面板中已经出现了该图像序列素材，如图3-89所示。

图 3-88

扫码看视频

3.4.3 导入序列静帧图像

图 3-89

★ **案例实战——导入序列静帧图像**

案例文件	案例文件\第3章\导入序列静帧图像.prproj
视频教学	视频文件\第3章\导入序列静帧图像.mp4
难易指数	
技术要点	导入序列静帧图像的方法

案例效果

在制作项目时，适当添加一些静帧序列，可以将静帧图像制作出动态影像的效果。本例主要是针对"导入序列静帧图像"的方法进行练习，如图3-90所示。

图 3-90

操作步骤

01 用Adobe Premiere Pre CC 2018新建项目和序列后，在菜单栏中选择【文件】|【导入】命令，然后在弹出的【导入】对话框中选择【01.jpg】，如图3-91所示。

02 选择【文件】|【导入】命令，然后在弹出的【导入】对话框中选择序列图片的第一张图片，接着选中【图像

序列】，最后单击【打开】按钮，如图3-92所示。

图 3-91

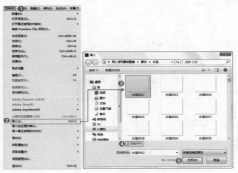

图 3-92

03 将【项目】面板中将01.jpg素材文件拖曳到V1轨道上并在【效果控件】面板中设置【缩放】为85，将水泡0012.png素材文件拖曳到V2轨道，设置它的【缩放】为240，如图3-93所示。

图 3-93

04 此时拖动播放指示器查看最终效果，如图3-94所示。

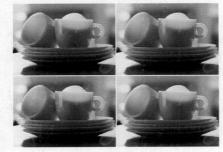

图 3-94

☎ **答疑解惑：序列静帧图像有哪些作用？**

静帧图像是单张静止的图像，连续的序列静帧图像中，每张图像代表一帧，连起来即为一段动态影像。在制作作品时是常常使用的素材之一。

常用的序列静帧图像格式有JPG、BMP、TGA等，且序列静帧图像的排列是按名称的规律排列，例如"气泡001、气泡002、气泡003……"这样的规律名称排列。

3.4.4 动手学：导入PSD素材文件

技术速查： 在Adobe Premiere Pro CC 2018中导入PSD格式的素材文件时，可以选择导入的图层或者整体效果。

使用【Ctrl+I】快捷键打开【导入】对话框，在该对话框中选择PSD素材文件，并单击【打开】按钮，如图3-95所示。

此时，会弹出【导入分层文件】对话框，可以选择导入的类型，接着单击【确定】按钮，如图3-96所示。

扫码看视频

3.4.4 导入PSD
素材文件

图 3-95

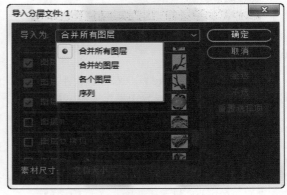

图 3-96

此时，在【项目】面板中已经出现了所选择导入的PSD

文件素材，如图3-97所示。

图 3-97

图 3-99

★ 案例实战——导入PSD素材文件

案例文件	案例文件\第3章\导入PSD素材文件.prproj
视频教学	视频文件\第3章导入PSD素材文件.mp4
难易指数	★★★★★
技术要点	导入PSD文件的方法

案例效果

在Adobe Premiere Pro CC 2018软件中，有些复杂的图案效果不能够制作出来，所以可以在Photoshop或其他软件中制作完成后再导入Adobe Premiere Pro CC 2018软件中。本例主要是针对"导入PSD素材文件"的方法进行练习，如图3-98所示。

图 3-98

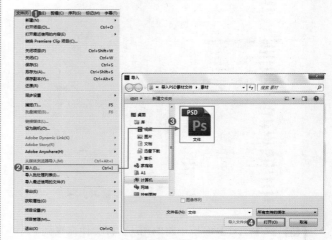

图 3-100

03 在导入过程中，会弹出【导入分层文件】对话框，设置【导入为】为【各个图层】，单击【全选】按钮，再单击【确定】按钮，如图3-101所示。

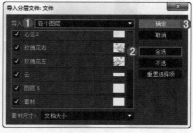

图 3-101

操作步骤

01 打开Adobe Premiere Pro CC 2018软件，单击【新建项目】按钮，在弹出的对话框中单击【浏览】设置保存路径，在【名称】文本框中修改文件名称，单击【确定】按钮。在【文件】菜单中选择【新建】|【序列】命令，接着选择【DV-PAL】|【Standard 48kHz】选项，最后单击【确定】按钮，如图3-99所示。

02 选择【文件】|【导入】命令，在【导入】对话框中选择需要导入的PSD素材文件，接着单击【打开】按钮，如图3-100所示。

 技巧提示

在【导入分层文件】对话框中，设置【导入为】为【合并所有图层】，则PSD的所有图层合并为一个素材导入，如图3-102所示。若设置【导入为】为【合并的图层】，则PSD素材的图层可以选择，然后再导入，如图3-103所示。

图 3—102

图 3—103

设置【导入为】为【序列】，则可以选择导入的PSD图层，导入后每个图层都是独立的，同时生成一个与文件夹相同的序列素材，如图3-104所示。

图 3—104

04 将【项目】面板中的素材文件拖曳到【时间轴】面板轨道中，如图3-105所示。

05 此时拖动播放指示器查看最终效果，如图3-106所示。

图 3—105

图 3—106

☎ **答疑解惑：PSD素材文件的作用有哪些?**

PSD格式的素材文件即分层文件，是Photoshop软件的专用格式，包含各种图层、通道、蒙版等。它是可以分层的文件格式，这是许多格式做不到的。

在Adobe Premiere Pro CC 2018软件中编辑时，利用PSD素材文件可以方便地制作出透明的背景效果，也可以省去在Adobe Premiere Pro CC 2018软件中进行复杂的抠像操作。

📖 **读书笔记**

3.4.5 动手学：导入素材文件夹

有些素材文件已经分类保存在文件夹中，可以直接将整个文件夹导入Adobe Premiere Pro CC 2018中，而不用在【项目】面板中新建文件夹进行分类整理。

使用【Ctrl+I】快捷键打开【导入】对话框，然后在该对话框中选择一个素材文件夹，并单击【导入文件夹】按钮，如图3-107所示。

此时，在【项目】面板中已经出现了所选择导入的文件夹和文件夹内的素材，如图3-108所示。

扫码看视频

3.4.5 导入素材文件夹

图 3—107

图 3—108

★ 案例实战——导入素材文件夹

案例文件	案例文件\第3章\导入素材文件夹.prproj
视频教学	视频文件\第3章\导入素材文件夹.mp4
难易指数	★★★★★
技术要点	导入文件夹的方法

案例效果

将需要导入的素材分类保存好，然后直接导入素材文件夹，可以方便素材文件的分类和整理。本例主要是针对"导入素材文件夹"的方法进行练习，如图3-109所示。

图 3—109

操作步骤

01 打开Adobe Premiere Pro CC 2018软件，单击【新建项目】按钮，新建文件。在弹出的对话框中单击【浏览】按钮更改文件存储路径，在【名称】文本框中修改文件名称，单击【确定】按钮。在【文件】菜单中选择【新建】|【序列】命令。在弹出的【新建序列】对话框中选择【DV-PAL】|【Standard 48kHz】选项，单击【确定】按钮，如图3-110所示。

图 3—110

02 在【项目】面板中双击鼠标左键或使用【Ctrl+I】快捷键，然后在弹出的【导入】对话框中选择要导入的素材文件夹，并单击【导入文件夹】按钮，如图3-111所示。

03 此时，素材文件夹已经导入到【项目】面板中，如图3-112所示。

04 将【项目】面板的素材文件夹拖曳到【时间轴】面板的视频轨道上，如图3-113所示。

图 3—111　　　　　　　图 3—112

图 3—113

05 此时拖动播放指示器查看最终效果，如图3-114所示。

图 3—114

本章小结

在编辑影片之前，需要新建序列和导入素材。这样才能进行下一步的编辑工作，是制作项目的前提和基础。通过本章学习，可以掌握新建项目、序列和文件夹的基础操作，以及各类素材的导入方法。

第4章

Premiere的编辑基础

本章内容简介：

使用Adobe Premiere Pro CC 2018制作项目时，首先要掌握它的编辑基础方法。本章介绍了查看素材属性、设置入点、出点和标记的基础方法，以及与素材编辑相关的菜单命令的使用和编辑操作的方法。

本章学习要点：

- 掌握素材属性的查看、设置入点和出点的方法
- 掌握设置标记点、修改速度、提升和提取、尺寸匹配的方法
- 掌握复制和粘贴、编组和解组、链接和取消链接等基础操作应用
- 掌握帧定格、帧混合、场选项、音频增益、嵌套、替换素材和颜色遮罩的使用方法

4.1 素材属性

在制作项目过程中，我们很多时候需要了解文件中素材的相关属性，如素材的帧速率、媒体开始、媒体结束和媒体时间等。在Adobe Premiere Pro CC 2018中，一般可以通过4种方法查看素材的相关属性。

动手学：查看磁盘目录中的素材属性

01　打开或新建一个项目工程文件，选择【文件】|【获取属性】|【文件】命令，如图4-1所示。

02　选择文件后，会弹出素材属性的分析窗口。如图4-2所示是一张JPG格式的图片属性分析对话框。

图 4—1

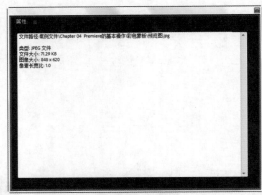

图 4—2

动手学：查看【项目】面板中的素材属性

01　首先选择【项目】面板中的某一素材，然后选择【文件】|【获取属性】|【选择】命令，即可弹出素材文件的属性分析对话框。如图4-3所示为JPGE格式的图片属性分析对话框。

图 4—3

02　同样的方法可以对音频素材属性进行分析。对于音频素材，详细属性有音频采样、时间长度以及速率等。如图4-4所示为一段MP3格式的音频属性分析对话框。

图 4—4

动手学：通过【项目】面板查看素材属性

将素材导入【项目】面板，然后将【项目】面板的右侧向右拖曳，就可以查看所有的素材属性，如图4-5所示。

图 4—5

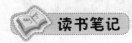

动手学：通过【信息】面板查看属性

01 在菜单栏中选择【窗口】|【信息】命令，如图4-6所示。

02 此时可以调出【信息】面板。在该面板中可以查看很多属性。可以详细到素材的轨道空隙和转场等信息。如图4-7所示分别为*.jpg和*.avi格式的文件属性信息。

 读书笔记

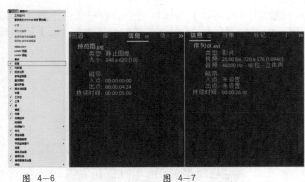

图 4—6　　　　　　　图 4—7

4.2 添加素材到监视器

在Adobe Premiere Pro CC 2018默认编辑界面中，有【源】监视器和【节目】监视器。在每个监视器下面有各个不同作用的工具栏。【源】监视器是负责存放和显示待编辑的素材，如图4-8所示。而【节目】监视器是用于同步预览【时间轴】面板中完成的素材编辑效果，如图4-9所示。

图 4—8

图 4—9

技术速查：在【源】监视器和【节目】监视器中可以添加和删除素材。

动手学：在【节目】监视器中添加素材

01 在【项目】面板中选择单个或多个素材片段，将它们拖曳到【节目】监视器中，如图4-10所示。它们会自动以选择时的顺序排列到【时间轴】面板轨道中。如图4-11所示。

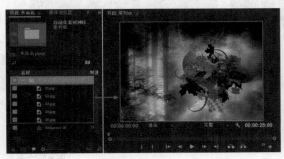

图 4—10

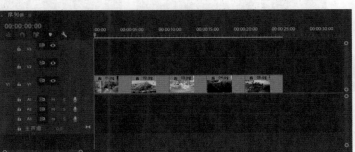

图 4—11

02 在【时间轴】面板轨道中的素材文件上双击鼠标左键，如图4-12所示。此时，该素材被添加到【源】监视器中，并出现在文件列表中，如图4-13所示。

图 4—12

图 4—13

动手学：在【源】监视器中添加素材

01 在【项目】面板中选择多个素材，将其直接拖曳到【源】监视器中，如图4-14所示。此时，【源】监视器中会显示最后导入的素材，而添加的素材也会在文件列表中显示，如图4-15所示。

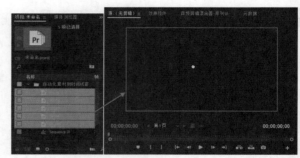

图 4—14

图 4—15

动手学：删除【源】监视器中素材

01 当需要删除【源】监视器中的全部素材时，只需要单击面板菜单中的【关闭全部】命令即可，如图4-16所示。

02 若要删除【源】监视器中的某一素材，需要先选择该素材，如图4-17所示。然后在面板菜单中单击【关闭】命令即可，如图4-18所示。

图 4—16

图 4—17

图 4—18

4.3 动手学：自动化素材到时间轴面板

技术速查： 应用【自动匹配序列】命令，可以快速将素材添加到【时间轴】面板中，并可以随机添加转场效果。

01 首先在【项目】面板中选择需要添加到【时间轴】面板的素材文件，如图4-19所示。然后选择在【项目】面板菜单中的【自动匹配序列】命令，如图4-20所示。

扫码看视频

4.3 自动化素材到时间轴面板

 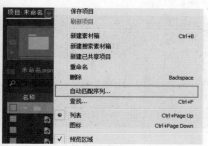

图 4-19   图 4-20

02 此时会弹出【序列自动化】对话框，在该对话框中可以设置素材自动化到【时间轴】面板轨道的排列方式、添加方式和转场时间等，如图4-21所示。

图 4-21

- 顺序：设置自动化素材到【时间轴】面板轨道的排列方式，有以下两种模式。
  - 选择顺序：按照在【项目】面板中选择素材时的顺序进行自动添加。
  - 排序：按素材在【项目】面板中的排列顺序进行自动添加。
- 放置：设置素材在【时间轴】面板轨道上的放置方式，有以下两种方式。
  - 按顺序：将素材无空隙地排放在【时间轴】面板轨道上。
  - 在未编号的标记：素材以无编号的标记点为基准放置到【时间轴】面板轨道中。
- 方法：设置自动化到【时间轴】面板轨道上的添加方式，有以下两种方式。
  - 插入编辑：素材以插入的方式添加到【时间轴】面板轨道上，原有的素材被分割，内容不变，总长度等于插入素材和原有素材的总和。
  - 覆盖编辑：素材以覆盖的方式添加到【时间轴】面板轨道上，原有的素材被覆盖替换。
- 剪辑重叠：设置素材重叠（过渡或转场）的帧长度。默

认为30帧，即两段素材各自15帧的重叠帧。

- 应用默认音频过渡：使用默认的音频过渡效果。在【效果】面板中可以定义一种默认音频过渡效果。
- 应用默认视频过渡：使用默认的视频过渡效果。在【效果】面板中可以定义一种默认视频过渡效果。
- 忽略音频：设置在自动化到【时间轴】面板轨道上时是否忽略素材的音频部分。
- 忽略视频：设置在自动化到【时间轴】面板轨道上时是否忽略素材的视频部分。

★ 案例实战——自动化素材到时间轴面板

案例文件	案例文件\第4章\自动化素材到时间轴面板.prproj
视频教学	视频文件\第4章\自动化素材到时间轴面板.mp4
难易指数	★★★★★
技术要点	自动化素材到时间轴面板

案例效果

将素材文件快速自动化到【时间轴】面板中是常用的高效方式，并且可以自动添加转场效果。本例主要是针对"自动化素材到时间轴面板"的方法进行练习，如图4-22所示。

图 4-22

操作步骤

01 打开Adobe Premiere Pro CC 2018软件，单击【新建项目】按钮，在弹出的对话框中单击【浏览】按钮设置保存路径，在【名称】文本框中设置文件名称，设置完成后单击【确定】按钮。接着选择【文件】|【新建】|【序列】命令，在弹出的对话框中选择【DV-PAL】|【标准48kHz】选项，如图4-23所示。

图 4-23

02 选择菜单栏中的【文件】|【导入】命令或按
【Ctrl+I】快捷键，然后在打开的对话框中选择所需的素材
文件，并单击【打开】按钮导入，如图4-24所示。

图 4-24

03 在【项目】面板中选择需要添加到【时间轴】面板
的素材，然后在【项目】面板菜单中选择【自动匹配序列】
命令，接着在弹出的【序列自动化】对话框中单击【确定】
按钮，如图4-25所示。

图 4-25

技巧提示

单击【项目】面板下方的【自动化匹配到序列】按
钮，可以快速打开【序列自动化】对话框，如图4-26
所示。

图 4-26

04 此时，素材已经自动化到【时间轴】面板中，如
图4-27所示。

图 4-27

05 此时拖动播放指示器查看最终效果，如图4-28
所示。

图 4-28

 **答疑解惑：使用自动化素材到
【时间轴】面板的方法有哪些优点？**

自动化素材到【时间轴】面板是非常实用高效的，
它还可以根据选择的素材来设置添加条件，如排列方式
和转场效果等，还可以利用播放指示器的位置来设置
自动化素材的起始位置，为制作作品节省操作步骤与
时间。

 读书笔记

4.4 设置标记

标记用于标注某些需要编辑的位置。利用标记可以快速查找到这些位置，以方便修改和设置标记的素材文件。在菜单栏的【标记】菜单中，就可以看到有关标记和入点、出点等相关的选项，如图4-29所示。

扫码看视频

4.4 设置标记

图 4-29

4.4.1 动手学：为素材添加标记

技术速查：在【源】监视器中可以为【时间轴】面板中的素材文件添加标记。

01 双击【时间轴】面板中需要标记的素材文件，在【源】监视器中拖动播放指示器来预览素材，预览到需要标记的位置时，单击下面的 【添加标记】按钮为素材添加标记，如图4-30所示。

图 4-30

02 此时，在【时间轴】面板中的该素材文件的相应位置也出现了标记，如图4-31所示。

图 4-31

技巧提示

可以单击监视器下面的 （上一标记）和 （下一标记）按钮来快速查找标记。

★ 案例实战——设置标记

案例文件	案例文件\第4章\设置标记.prproj
视频教学	视频文件\第4章\设置标记.mp4
难易指数	★★★★★
技术要点	设置标记的方法

案例效果

标记点用于标注某些编辑的位置。利用标记点可以快速查找到这些位置，以方便修改和设置标记点的素材文件。本例主要是针对"设置标记"的方法进行练习，案例效果如图4-32所示。

图 4-32

操作步骤

01 打开Adobe Premiere Pro CC 2018软件，单击【新建项目】按钮，在弹出的对话框中单击【浏览】按钮设置保存路径，在【名称】文本框中设置文件名称，设置完成后单

击【确定】按钮。接着选择【文件】|【新建】|【序列】命令，在弹出的对话框中选择【DV-PAL】|【标准48kHz】选项，如图4-33所示。

图 4-33

[02] 选择菜单栏中的【文件】|【导入】命令或按【Ctrl+I】快捷键，然后在打开的对话框中选择所需的素材文件，并单击【打开】按钮导入，如图4-34所示。

图 4-34

[03] 将素材拖入到【时间轴】面板后，选择这两个素材，单击鼠标右键执行【缩放为帧大小】，然后在【效果控件】面板中设置01.jpg素材文件的【缩放】为104，02.jpg素材文件的【位置】为（360,332），【缩放】为137，然后在节目监视器中拖动时间线滑块预览素材，预览到在需要标记

4.4.2 为序列添加标记

动手学：在【节目】监视器中添加标记

[01] 在【节目】监视器中将播放指示器拖到需要添加标记的位置，然后单击下面的 ♥ （添加标记）按钮，即可在当前位置添加一个标记，如图4-37所示。

[02] 此时，在【时间轴】面板中的该序列上也出现了标记，如图4-38所示。

图 4-37

的位置时，单击下方（标记点）来为素材添加标记。如图4-35所示。

图 4-35

[04] 在【时间轴】面板中的素材文件相应的位置出现一个标记，如图4-36所示。

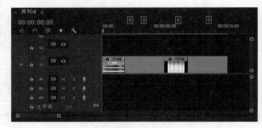

图 4-36

答疑解惑：设置标记的作用有哪些？

设置标记来标记时间轴的位置，方便快速查找和定位时间轴的某一画面位置。这在编辑视频中可以有效地提高编辑工作的效率。

有些时候需要查看某些画面，方便对比制作。此时利用设置的标记点可以快速查看。

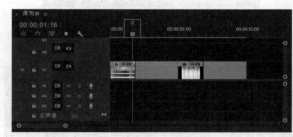

图 4-38

动手学：在【时间轴】面板中设置标记点

在【时间轴】面板中，将播放指示器拖到需要添加标记

的位置,然后单击【时间轴】面板中的📌(添加标记)按钮即可,如图4-39所示。此时,在播放指示器的位置出现一个标记,如图4-40所示。

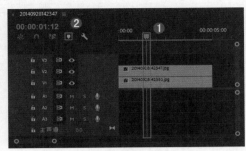
图 4-39

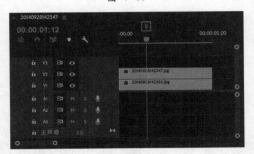
图 4-40

4.4.3 动手学:编辑标记

技术速查:在为素材添加多个标记时,为了防止混乱,可以为素材上的标记进行命名。通过菜单栏中的【标记】|【编辑标记】命令可以对标记进行编辑。

01 在【监视器】面板中选择标记,在标记上单击鼠标右键,在弹出的快捷菜单中选择【编辑标记】命令,如图4-41所示。

02 在弹出的对话框中可以选择标记,并设置该标记的【名称】和【注释】等。设置完成后,如图4-42所示。

图 4-41   图 4-42

03 此时,当鼠标移动到该标记上时,则会出现带有其名称和注释等相关信息的标签,如图4-43所示。

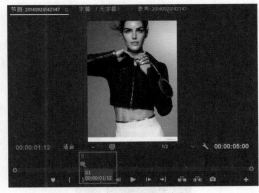
图 4-43

4.4.4 动手学:删除标记

技术速查:通过菜单栏中的【标记】|【清除所选的标记】和【清除所有标记】命令可以删除标记。

在【监视器】面板中选择需要删除的标记,如图4-44所示。然后在标记上单击鼠标右键,在弹出的快捷菜单中选择【清除所选的标记】命令,即可删除该标记,如图4-45所示。

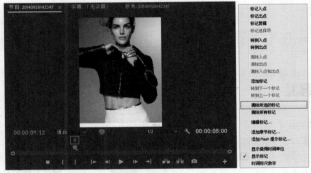
图 4-44   图 4-45

若想删除全部标记,选择该【监视器】面板,直接在菜单栏中选择【标记】|【清除所有标记】命令即可,如图4-46所示。

图 4-46

技巧提示

还可以在编辑标记对话框中删除标记。首先双击
【监视器】面板中的标记，然后在打开的对话框中单击
【删除】按钮即可，如图4-47所示。

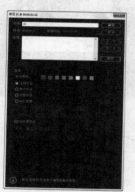

图 4-47

4.5 设置入点和出点

在Premiere中，为源素材和序列设置入点和出点后，可以使用所需要的素材部分。我们把影片的起点称之为入点，影片的结束称之为出点。

4.5.1 动手学：设置序列的入点、出点

技术速查：通过【节目】监视器下的 ▮ （标记入点）和 ▮ （标记出点）按钮可以设置入点和出点。

双击【时间轴】面板中的素材文件，然后在【节目】监视器中拖动播放指示器预览素材，在需要设置入点的位置时，单击 ▮ （标记入点）按钮，设置入点，如图4-48所示。接着在需要设置出点的位置，单击 ▮ （标记出点）按钮，设置出点，如图4-49所示。

扫码看视频

4.5.1 设置序列的入点、出点

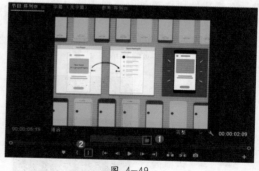

图 4-49

★ 案例实战——设置序列的入点、出点

案例文件	案例文件\第4章\设置序列的入、出点.prproj
视频教学	视频文件\第4章\设置序列的入、出点.mp4
难易指数	★★★★★
技术要点	设置序列的入点、出点

案例效果

在编辑素材时，使用入点和出点来剪辑和截取素材文件是非常方便的方法之一。可以在【监视器】面板中设置入点和出点，也可以在【时间轴】面板中设置入点和出点。本例

图 4-48

主要是针对"设置序列的入点、出点"的方法进行练习，如图4-50所示。

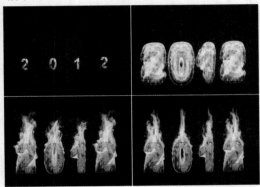

图 4—50

操作步骤

01 打开Adobe Premiere Pro CC 2018软件，单击【新建项目】按钮，在弹出的对话框中单击【浏览】设置保存路径，在【名称】文本框中设置文件名称，设置完成后单击【确定】按钮。接着选择【文件】|【新建】|【序列】命令，在弹出的对话框中选择【DV-PAL】|【标准48kHz】选项，如图4-51所示。

图 4—51

02 选择菜单栏中的【文件】|【导入】命令或按【Ctrl+I】快捷键，然后在打开的对话框中选择所需的素材文件，并单击【打开】按钮导入，如图4-52所示。

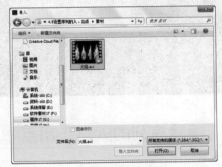

图 4—52

03 双击【时间轴】面板中的素材文件，然后在【节

目】监视器面板中拖动播放指示器预览素材，接着预览到需要设置入点的位置时，在菜单栏选择【标记】|【标记入点】命令，如图4-53所示。

04 在需要设置出点的位置，在菜单栏选择【标记】|【标记出点】命令，如图4-54所示。

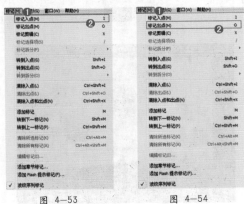

图 4—53   图 4—54

技巧提示

【标记入点】的快捷键为【I】，【标记出点】的快捷键为【O】。

05 此时查看最终序列入点、出点效果，如图4-55所示。

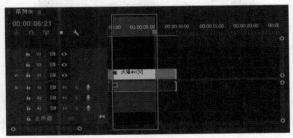

图 4—55

读书笔记

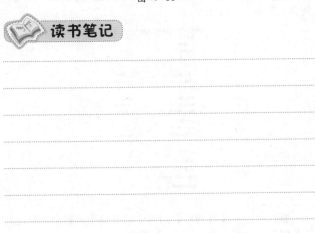

4.5.2 动手学：通过入点、出点剪辑素材

01 双击【时间轴】面板中的素材文件，在【源】监视器中拖动播放指示器预览素材，在需要设置入点的位置，单击 **{** （标记入点）按钮，设置入点，如图4-56所示。接着在需要设置出点的位置单击 **}** （标记出点）按钮，设置出点，如图4-57所示。

图 4-56

图 4-57

4.5.3 动手学：快速跳转到序列的入点、出点

技术速查：使用【标记】|【到入点】和【到出点】命令可以直接跳转到序列的入点和出点。

01 在菜单栏中选择【标记】|【转到入点】命令或【转到出点】命令，如图4-59所示。

图 4-59

02 此时，【时间轴】面板中的播放指示器会自动跳转到素材的入点或出点，如图4-60所示。

02 此时，在【时间轴】轨道中的该素材文件已经按照入点和出点的位置剪辑完成，如图4-58所示。

图 4-58

📞 **答疑解惑**：入点和出点的作用有哪些?

在非线性编辑中，使用入点和出点是剪辑和提取素材最有效的方法之一。利用这种方法截取出来的素材的起始位置即为入点，结束位置即为出点。

 **读书笔记**

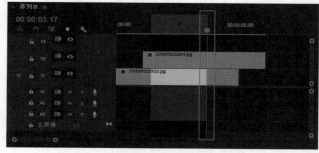

图 4-60

4.5.4 清除序列的入点、出点

💾 **动手学：分别清除入点或出点**

选择【时间轴】或【节目】监视器，在菜单栏中选择

【标记】命令，在其菜单中选择【清除入点】或【清除出点】命令，即可清除序列上的入点或出点，如图4-61所示。

图 4-61

图 4-62

动手学：同时清除入点和出点

若想全部清除序列上的入点和出点，则直接在菜单栏中选择【标记】|【清除入点和出点】命令即可，如图4-62所示。

4.6 速度和持续时间

扫码看视频

4.6 修改素材速度和持续时间

在使用Premiere制作视频或音频时，可能会遇到视频播放速度较快或较慢的问题，因此我们需要将其速度或时间进行修改。这样才会满足我们需要的播放速度和持续时间。

技术速查：通过选择【剪辑】|【速度|持续时间】命令，然后在弹出的【剪辑速度|持续时间】对话框中可以调整相关参数。

01 在【时间轴】面板中选择需要修改速度和时间的视频或音频素材文件，然后在菜单中选择【剪辑】|【速度|持续时间】命令，如图4-63所示。

02 此时在弹出的【剪辑速度|持续时间】对话框中可以调节素材的【速度】或【持续时间】，然后单击【确定】按钮即可，如图4-64所示。

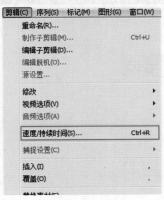

图 4-63

图 4-64

★ 案例实战——修改素材速度和持续时间

案例文件	案例文件\第4章\修改素材速度和持续时间.prproj
视频教学	视频文件\第4章\修改素材速度和持续时间.mp4
难易指数	★★★★★
技术要点	修改素材速度和持续时间

案例效果

通过更改素材的速度和长度可以制作出视频的快进和慢放效果。也可以制作出音频的高音和低音效果。本例主要是针对"修改素材速度和持续时间"的方法进行练习，如图4-65所示。

图 4-65

操作步骤

01 打开Adobe Premiere Pro CC 2018软件，单击【新建项目】按钮，在弹出的对话框中单击【浏览】按钮设置保存路径，在【名称】文本框中设置文件名称，设置完成后单击【确定】按钮。接着选择【文件】|【新建】|【序列】命令，在弹出的对话框中选择【DV-PAL】|【标准48kHz】选项，如图4-66所示。

图 4-66

02 选择菜单栏中的【文件】|【导入】命令或按【Ctrl+I】快捷键，然后在打开的对话框中选择所需的素材文件，并单击【打开】按钮导入，如图4-67所示。

图 4-67

03 在V1轨道上的【花.AVI】素材文件上单击鼠标右键，然后在弹出的快捷菜单中选择【速度|持续时间】命令。接着在弹出的对话框中设置【速度】为200，并单击【确定】按钮，如图4-68所示。

图 4-68

技巧提示

也可以在菜单栏中选择【剪辑】/【速度/持续时间】命令，然后在弹出的对话框中设置【速度】为200，如图4-69所示。

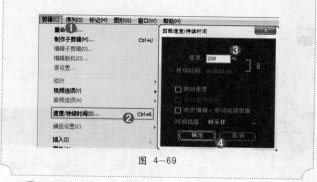

图 4-69

04 此时V1轨道上的【花.AVI】素材文件的长度缩短，播放速度变快，如图4-70所示。

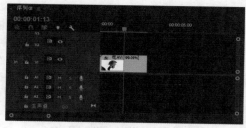

图 4-70

读书笔记

4.7 提升和提取编辑

在Adobe Premiere Pro CC 2018中，可以对素材的某一部分进行提升和提取的处理，这也是一种剪辑的方法。而且也较为方便快捷。

4.7.1 动手学：提升素材

技术速查：使用【提升】命令后，素材中被删除的部分会自动用黑色画面代替。

01 将【时间轴】面板轨道中的素材使用【I】和【O】快捷键设置入点和出点，如图4-71所示。然后在菜单栏中选择【序列】|【提升】命令，如图4-72所示。

图 4—71   图 4—72

02 此时，在【时间轴】面板轨道中的素材从入点到出点的部分已经被删除，如图4-73所示。

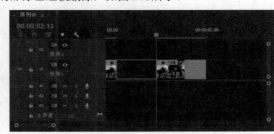

图 4—73

4.7.2 动手学：提取素材

技术速查：使用【提取】命令后，后面的素材片段会自动前移，并自动占据删除的部分。

01 将【时间轴】面板轨道中的素材使用【I】和【O】快捷键设置入点和出点，如图4-74所示。然后在菜单栏中选择【序列】|【提取】命令，如图4-75所示。

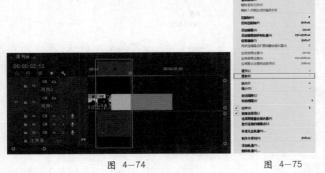

图 4—74   图 4—75

02 此时，在【时间轴】面板轨道中的素材从入点到出点的部分已经被删除，且后面的素材会自动连接，如图4-76所示。

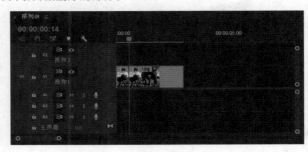
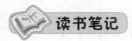

图 4—76

4.8 素材画面与当前序列的尺寸匹配

【缩放为帧大小】可以将导入的素材与【项目】的大小自动匹配。在【时间轴】面板中的素材上单击鼠标右键，在弹出的快捷菜单中即可找到该命令，如图4-77所示。

扫码看视频

4.8 素材与当前
项目的尺寸匹配

图 4-77

★ 案例实战——素材与当前项目的尺寸匹配

案例文件	案例文件\第4章\素材与当前项目的尺寸匹配.prproj
视频教学	视频文件\第4章\素材与当前项目的尺寸匹配.mp4
难易指数	★★★★★
技术要点	素材与当前项目的尺寸匹配

案例效果

当导入的素材大小与当前画幅不符时，可以使用【缩放为帧大小】来调节大小匹配。本例主要是针对"素材与当前项目的尺寸匹配"的方法进行练习，如图4-78所示。

图 4-78

操作步骤

01 打开Adobe Premiere Pro CC 2018软件，单击【新建项目】按钮，在弹出的对话框中单击【浏览】设置保存路径，在【名称】文本框中设置文件名称，设置完成后单击【确定】按钮。接着选择【文件】|【新建】|【序列】命令，在弹出的对话框中选择【DV-PAL】|【标准48kHz】选项，如图4-79所示。

02 选择菜单栏中的【文件】|【导入】命令或按【Ctrl+I】快捷键，然后在打开的对话框中选择所需的素材文件，并单击【打开】按钮导入，如图4-80所示。

03 选择【项目】面板中的【01.jpg】素材文件，按住鼠标左键将其拖曳到【时间轴】面板的V1轨道上，如图4-81所示。

图 4-79

图 4-80

图 4-81

04 在V1轨道的【01.jpg】素材文件上单击鼠标右键，并在弹出的快捷菜单中选择【缩放为帧大小】命令，如图4-82所示。

图 4-82

05 此时画面大小与当前画幅的尺寸相匹配，也可适当调整。最终效果如图4-83所示。

Premiere Pro CC 中文版自学视频教程

图 4-83

☎ 答疑解惑：哪些情况下适宜使用
【缩放为帧大小】命令？

　　当导入的静帧素材或视频素材文件的尺寸过大或过小，不符合视频窗口的大小匹配，且不方便调节大小，可以使用【缩放为帧大小】命令来对素材大小先进行匹配，然后再根据需要进一步在【效果控件】面板中调节大小位置等。

4.9　文字复制和粘贴

　　在Adobe Premiere Pro CC 2018中，【复制】和【粘贴】是最基本的操作。不仅素材本身可以进行复制，素材上面的特效也可以进行复制，熟练掌握【复制】和【粘贴】的操作可以提高工作效率。

4.9.1　动手学：复制和粘贴素材

　　01 选择【时间轴】面板轨道中需要复制的素材文件，如图4-84所示。然后在菜单栏中选择【编辑】|【复制】命令，如图4-85所示。

　　02 将播放指示器拖到需要粘贴素材的位置，并选择粘贴的轨道，如图4-86所示。然后在菜单栏中选择【编辑】|【粘贴】命令，素材便会粘贴到指定位置，如图4-87所示。

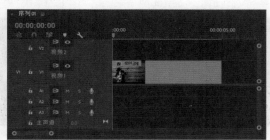

图 4-84

图 4-85

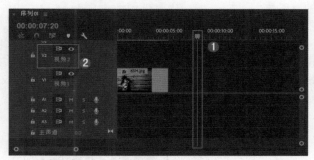

图 4-86

图 4-87

4.9.2 动手学：复制和粘贴素材特效

01 选择【时间轴】面板轨道中已经添加特效的素材文件，在【效果控件】面板中选择需要复制的特效，并使用【Ctrl+C】快捷键进行复制，如图4-88所示。

02 选择需要粘贴特效的【时间轴】面板轨道中的素材文件，在其【效果控件】面板中使用【Ctrl+V】快捷键进行粘贴即可，如图4-89所示。

扫码看视频

4.9.2 素材特效的复制和粘贴

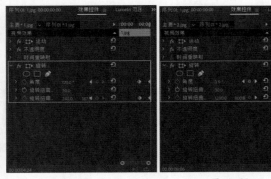

图 4—88　　　　图 4—89

★ 案例实战——素材特效的复制和粘贴

案例文件	案例文件\第4章\素材特效的复制和粘贴 .prproj
视频教学	视频文件\第4章\素材特效的复制和粘贴 .mp4
难易指数	
技术要点	素材特效的复制和粘贴

案例效果

复制和粘贴素材可以方便制作，提高速度。在Adobe Premiere Pro CC 2018软件中可以同时复制和粘贴多个素材，也可以单独复制和粘贴素材中的特效。本例主要是针对"素材和特效的复制和粘贴"的方法进行练习，如图4-90所示。

图 4—90

操作步骤

01 打开Adobe Premiere Pro CC 2018软件，单击【新建项目】按钮，在弹出的对话框单击【浏览】按钮设置保存路径，在【名称】文本框中设置文件名称，设置完成后单击【确定】按钮。接着选择【文件】|【新建】|【序列】命令，在弹出的对话框中选择【DV-PAL】|【标准48kHz】，如图4-91所示。

02 选择菜单栏中的【文件】|【导入】命令或按【Ctrl+I】快捷键，然后在打开的对话框中选择所需的素材文件，并单击【打开】按钮导入，如图4-92所示。

图 4—91

图 4—92

03 将【项目】面板中的【01.jpg】和【02.jpg】素材文件拖曳到V1轨道上，如图4-93所示。

图 4—93

04 选择【效果控件】面板中的【球面化】效果，然后按住鼠标左键将其拖曳到V1轨道的【01.jpg】素材文件上，如图4-94所示。

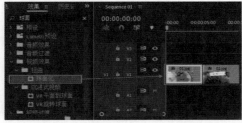

图 4—94

05 选择V1轨道的【01.jpg】素材文件，在【效果控件】面板的【球化面】栏中设置【半径】为403，如图4-95所示。此时效果如图4-96所示。

图 4-95　　　　　　图 4-96

06 复制素材中的特效。选择V1轨道中的【01.jpg】素材文件，然后选择【效果控件】面板中的【球面化】效果，并按【Ctrl+C】快捷键复制，如图4-97所示。

07 选择需要粘贴特效的V1轨道上的【02.jpg】素材文件，在【效果控件】面板中按【Ctrl+V】快捷键粘贴，即可将特效粘贴到【02.jpg】素材文件，如图4-98所示。

图 4-97　　　　　　图 4-98

08 此时拖动播放指示器查看最终效果，如图4-99所示。

图 4-99

 答疑解惑：素材和特效的复制和粘贴有哪些作用？

复制和粘贴是编辑素材中常用的方法之一，可以提高编辑的工作效率。在复制了某个素材后，可以选择另一段素材，然后粘贴来进行替换素材或覆盖素材的某一部分。

若素材添加了特效和动画帧效果，也可以单独复制素材的特效属性。

读书笔记

_____
_____
_____
_____

4.10 编组和取消编组素材

与很多软件一样，Premiere也具有将素材编组和取消编组的功能，该功能虽然简单，但是非常实用。

 答疑解惑：将素材编组和解组后可以进行哪些操作？

将多个素材编组，是快速编辑素材的常用方法之一。编组后的素材即成为一个整体，可以进行统一的移动、裁剪、复制、删除和选择等。

但编组的素材不能统一添加特效。若要添加特效，可以将素材解组，然后对单独的素材文件添加特效。

4.10.1 动手学：编组素材

01 在【时间轴】面板中选择需要编组的素材文件，如图4-100所示。

02 在菜单栏中选择【剪辑】|【编组】命令，选择的素材文件即可成为一组，如图4-101所示。

 **读书笔记**

_____
_____
_____
_____
_____
_____

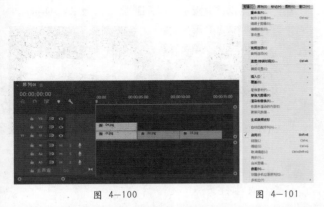

图 4—100　　　　　图 4—101

03　成组后的素材文件可以进行统一操作，例如，整体移动一组素材，如图4-102所示。

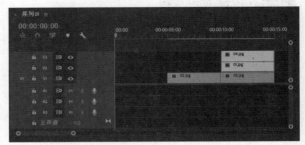

图 4—102

4.10.2　动手学：解组素材

01　选择【时间轴】面板中需要取消编组的素材文件，如图4-103所示。然后在菜单栏中选择【剪辑】|【取消编组】命令，即可取消编组，如图4-104所示。

图 4—103　　　　　图 4—104

02　素材取消编组之后，就可以单一对素材进行操作，如图4-105所示。

图 4—105

技巧提示

【编组】与【取消编组】命令也包括在【时间轴】面板的右键快捷菜单中，所以可以更方便地进行应用，如图4—106所示。

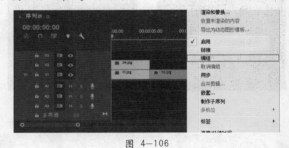

图 4—106

读书笔记

4.11　链接和取消视频、音频链接

在Adobe Premiere Pro CC 2018中，视频和音频必须放于不同的轨道中。例如，一段视频带有原始的声音，但是想把原有的声音删除，更换另一段音乐。或者需要将视频和音频分开，然后进行单独的操作时，将会用到【链接】和【取消链接】命令。

4.11.1　动手学：链接视频、音频素材

技术速查：通过【链接】命令可以将视频和音频素材链接在一起。

扫码看视频

4.11.1 替换视频配乐

01 选择【时间轴】面板中需要链接在一起的视频和音频素材文件，如图4-107所示。然后在菜单栏中选择【剪辑】|【链接】命令，如图4-108所示。

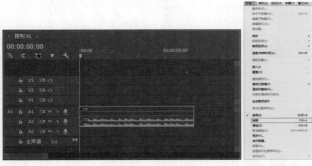

图 4—107   图 4—108

02 此时，在【时间轴】面板中的视频和音频素材文件已经链接在一起了，如图4-109所示。

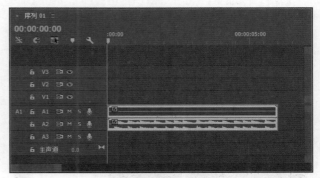

图 4—109

4.11.2   动手学：解除视频、音频素材链接

技术速查：通过【取消链接】命令可以将整体的视频、音频素材分离为两个素材文件。

01 选择【时间轴】面板中需要取消链接的视频、音频素材文件，如图4-110所示。然后在菜单栏中选择【剪辑】|【取消链接】命令，如图4-111所示。

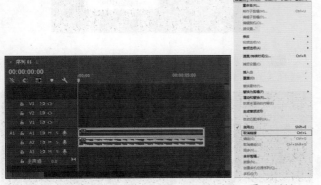

图 4—110   图 4—111

02 此时，在【时间轴】面板中的视频、音频素材文件已经取消链接，可以对其进行单一操作，如图4-112所示。

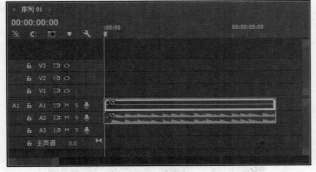

图 4—112

技巧提示

在【时间轴】面板中的右键快捷菜单中也包含【链接】或【取消链接】命令。

★ 案例实战——替换视频配乐

案例文件	案例文件\第4章\替换视频配乐.prproj
视频教学	视频文件\第4章\替换视频配乐.mp4
难易指数	★★★★★
技术要点	取消视频和音频链接

案例效果

在Adobe Premiere Pro CC 2018软件中，视频和音频分放在两个不同的轨道中，而且常常是链接在一起的。在制作视频和音频同步时，可以取消视频和音频链接来制作。本例主要是针对"替换视频配乐"的方法进行练习，如图4-113所示。

图 4—113

操作步骤

01 打开Adobe Premiere Pro CC 2018软件，单击【新建项目】按钮，在弹出的对话框中单击【浏览】按钮设置保存路径，在【名称】文本框中设置文件名称，设置完成后单击【确定】按钮。接着选择【文件】|【新建】|【序列】命令，在弹出的对话框中选择【DV-PAL】|【标准48kHz】选项，如图4-114所示。

图 4—114

02 选择菜单栏中的【文件】|【导入】命令或按【Ctrl+I】快捷键，然后在打开的对话框中选择所需的素材文件，并单击【打开】按钮导入，如图4-115所示。

图 4—115

03 将【项目】面板中的素材文件拖曳到V1轨道上，由于导入的影片自身是带有视频和音频的，因此导入后保持链接的属性，如图4-116所示。

图 4—116

04 选择V1轨道上的【01.wmv】素材文件，然后选择菜单栏中的【剪辑】|【取消链接】命令，如图4-117所示。

图 4—117

05 此时视频和音频链接已经断开，然后选择A1轨道上的【01.wmv】素材文件，并按【Delete】键删除，如图4-118所示。

按Delete键删除

图 4—118

06 将【项目】面板的【配乐.mp3】素材文件按住鼠标左键拖曳到A1轨道上，如图4-119所示。

图 4—119

07 此时拖动播放指示器查看最终效果，如图4-120所示。

图 4—120

答疑解惑：视频和音频链接的
作用是什么？

　　视频和音频一般是链接在一起的，以方便移动和其
他一些统一操作。在编辑过程中，有时需要将素材的视
频和音频分离或者将不同的两个视频和音频链接在一起
以方便制作。例如，视频的画面与音频不同步，就可以
将视频和音频分离开来重新对位。

　　将两个视频和音频进行链接时，必须要选中两个素
材，且【链接】命令只对两个独立的视频和音频素材起
作用。

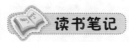
读书笔记

 失效和启用素材

技术速查：通过合理使用失效和启用素材，可以提高工作效果。

　　在制作项目过程中，如果出现因为Premiere的文件过大而导致操作非常慢、预览速度非常慢时，可以将部分素材暂时设
置为失效状态，而最终需要渲染时，可以重新将失效的素材进行启用。

4.12.1　动手学：失效素材

　　01 在【时间轴】面板中选择需要进行失效处理的素材
文件，如图4-121所示。选择菜单栏中的【剪辑】|【启用】
命令，如图4-122所示。

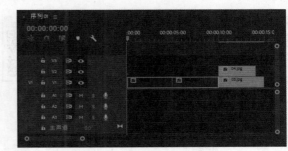

图 4-123

读书笔记

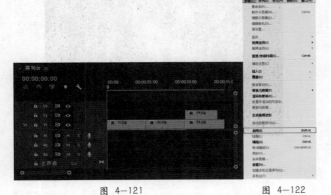

图 4-121　　　　　　　图 4-122

　　02 此时，在【时间轴】面板中被选择的素材文件已经
失效，且颜色也随之发生变化，如图4-123所示。

4.12.2　动手学：启用素材

　　01 在【时间轴】面板中选择需要进行启用的素材文件，如图4-124所示。然后在菜单栏中选择【剪辑】命令，选中【启
用】命令即可，如图4-125所示。

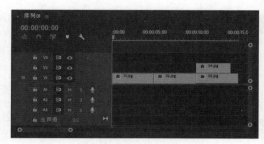

图 4-124　　　　　　　　图 4-125

图 4-126

02 此时，已经失效的素材文件又被启用了，如图4-126所示。

4.13 帧定格选项

技术速查：使用【帧定格选项】命令可以令素材画面的某一时刻静止，产生帧定格的效果。

在【时间轴】面板的右键快捷菜单中可以选择【帧定格选项】命令，如图4-127所示。此时，会弹出【帧定格选项】对话框，可以在该对话框中对帧定格进行设置，如图4-128所示。

扫码看视频

4.13 创建电影帧定格

图 4-127　　　　　　　　图 4-128

● 定格位置：选择帧定格的位置。其选项包括【源时间码】【序列时间码】【入点】【出点】【播放指示器】的位置。

● 定格滤镜：选中该复选框，素材上的滤镜效果也一并保持静止。

★ **案例实战——创建电影帧定格**

案例文件	案例文件＼第4章＼创建电影帧定格.prproj
视频教学	视频文件＼第4章＼创建电影帧定格.mp4
难易指数	★★★★★
技术要点	创建帧定格

案例效果

帧定格是电影镜头运用的技巧之一，表现为活动影像突然停止。常用于突出某一画面，也用在影片结尾时，用来表示结束。本例主要是针对"创建电影帧定格"的方法进行练习，如图4-129所示。

图 4-129

操作步骤

01 打开Adobe Premiere Pro CC 2018软件，单击【新建项目】按钮，在弹出的对话框中单击【浏览】按钮设置保存路径，在【名称】文本框中设置文件名称，设置完成后单击【确定】按钮。接着选择【文件】|【新建】|【序列】命令，在弹出的对话框中选择【DV-PAL】|【标准48kHz】选项，如图4-130所示。

02 选择菜单栏中的【文件】|【导入】命令或按【Ctrl+I】快捷键，然后在打开的对话框中选择所需的素材文件，并单击【打开】按钮导入，如图4-131所示。

图 4—130

图 4—133

图 4—131

03 将【项目】面板中的【视频文件.avi】素材拖曳到【时间轴】面板的V1轨道上，如图4-132所示。

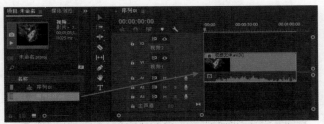

图 4—132

04 在V1轨道的素材文件上单击鼠标右键，在弹出的快捷菜单中选择【帧定格选项】命令。接着在弹出的【帧定格选项】对话框中选择【入点】选项，并单击【确定】按钮，如图4-133所示。

05 此时视频即定格在起始入点的位置。最终效果如图4-134所示。

图 4—134

技巧提示

设置为【入点】，即选择帧定格在入点位置；设置为【出点】，即选择帧定格在出点的位置。

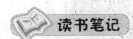

答疑解惑：帧定格可以将素材上的特效也一并定格吗？

可以一并定格，单击帧定格后，在弹出的【帧定格选项】对话框中设置好【定格位置】后再选中【定格滤镜】复选框，然后单击【确定】按钮就可以将素材上应用的滤镜特效也一并定格。

读书笔记

4.14 帧混合

技术速查：使用【帧混合】命令可以使有停顿跳帧的画面变得比较流畅平滑。

快放和慢放会对于视频本身的素材进行拉伸和挤压，这会对视频本身的原像素造成影响。例如，影片播放速度太慢，就会发现画面有停顿或跳帧的现象。而使用帧混合后，可以使场有机地结合一部分，视频就不会有停顿的感觉了。在【时间轴】面板中单击鼠标右键，在弹出的快捷菜单中选择【时间插值】|【帧混合】命令，如图4-135所示。

扫码看视频

4.14 帧混合

第4章 Premiere的编辑基础

75

图 4-135

★ 案例实战——帧混合

案例文件	案例文件\第4章\帧混合.prproj
视频教学	视频文件\第4章\帧混合.mp4
难易指数	★★★★★
技术要点	视频帧混合

案例效果

在观看视频时,有的视频会有一卡一卡的顿促感,这是因为视频出现了跳帧的现象。可以使用帧混合来修复该视频效果。本例主要是针对"帧混合"的方法进行练习,如图4-136所示。

图 4-136

操作步骤

01 打开Adobe Premiere Pro CC 2018软件,单击【新建项目】按钮,在弹出的对话框中单击【浏览】按钮设置保存路径,在【名称】文本框中设置文件名称,设置完成后单击【确定】按钮。接着选择【文件】|【新建】|【序列】命令,在弹出的对话框中选择【DV-PAL】|【标准48kHz】选项,如图4-137所示。

02 选择菜单栏中的【文件】|【导入】命令或按【Ctrl+I】快捷键,然后在打开的对话框中选择所需的素材文件,并单击【打开】按钮导入,如图4-138所示。

图 4-137

图 4-138

03 将【项目】面板中的【车辆.mov】素材文件拖曳到【时间轴】面板的V1轨道上,如图4-139所示。

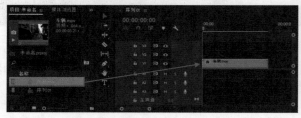

图 4-139

04 在V1轨道上的【车辆.mov】素材文件上单击鼠标右键,在弹出的快捷菜单中选择【速度|持续时间】命令。接着在弹出的对话框中设置【速度】为50%,并单击【确定】按钮,如图4-140所示。

图 4-140

05 在V1轨道上的【车辆.mov】素材文件上单击鼠标右键，在弹出的快捷菜单中选择【时间插值】|【帧混合】命令，如图4-141所示。

图 4-141

06 此时拖动播放指示器查看最终效果，如图4-142所示。

图 4-142

4.15 场选项

技术速查：使用【场选项】命令可以设置素材的扫描方式。主要用来设置交换场序和处理场的工作方式等。

在【时间轴】面板的右键快捷菜单中可以选择【场选项】命令，如图4-143所示。此时，会弹出【场选项】对话框，如图4-144所示。

图 4-143　　图 4-144

思维点拨：为什么有些视频会出现跳帧现象？

当正常视频的时间长度改变了以后，视频会有快进或变慢的视觉效果。当视频的长度增长后，原来的视频帧数就无法满足播放需求，会出现跳帧的现象，从而影像画面流畅度和质量。使用帧混合可以插补原素材中的过渡帧，使视频播放时更加流畅。

读书笔记

- 交换场序：交换场的扫描顺序。
- 处理选项：设置场的工作方式。
  - 无：设置素材为无场。
  - 始终去隔行：对素材设置交错场处理，即隔行扫描。
  - 清除闪烁：清除画面中的水平线闪烁。

读书笔记

4.16 音频增益

技术速查:【音频增益】命令是通过调节分贝增益来改变整个音频的音量。

由于音频素材格式和录制方式的多样,在编辑这些素材时可能会出现声音较杂的情况,因此可以使用【音频增益】命令来编辑音频素材的正常输出。在【时间轴】面板的右键快捷菜单中可以选择【音频增益】命令,如图4-145所示。此时,会弹出【音频增益】对话框,如图4-146所示。

图 4—145   图 4—146

- 🔘 将增益设置为:设置增益的分贝。
- 🔘 调整增益值:【调整增益值】数值的同时声音的分贝也会发生变化。
- 🔘 标准化最大峰值为:设置增益标准化的最大峰值。
- 🔘 标准化所有峰值为:设置所有的标准化峰值。
- 🔘 峰值振幅:峰值的幅度大小。

★ **案例实战——调节音频素材音量**

案例文件	案例文件\第4章\调节音频素材音量.prproj
视频教学	视频文件\第4章\调节音频素材音量.mp4
难易指数	★★★★★
技术要点	音频增益的应用

案例效果

当编辑音频素材出现声音较高或较低的情况时,可以使用【音频增益】来编辑音频素材的高低音量。本例主要是针对"调节音频素材音量"的方法进行练习,如图4-147所示。

图 4—147

操作步骤

01 打开Adobe Premiere Pro CC 2018软件,单击【新建项目】按钮,在弹出的对话框中单击【浏览】按钮设置保存路径,在【名称】文本框中设置文件名称,设置完成后单击【确定】按钮。接着选择【文件】|【新建】|【序列】命令,在弹出的对话框中选择【DV-PAL】|【标准48kHz】选项,如图4-148所示。

02 选择菜单栏中的【文件】|【导入】命令或按【Ctrl+I】快捷键,然后在打开的对话框中选择所需的素材文件,并单击【打开】按钮导入,如图4-149所示。

图 4—148

图 4—149

03 将【项目】面板中的【01.jpg】和【音频素材.mp3】素材文件分别拖曳到V1和A1轨道上,如图4-150所示。

图 4—150

04 本案例中需要将其声音降低。在音频轨道的【音频素材.mp3】上单击鼠标右键，在弹出的快捷菜单中选择【音频增益】命令，如图4-151所示。

05 此时会弹出【音频增益】对话框。选中【调整增益值】单选按钮，并设置为-10，接着单击【确定】按钮，如图4-152所示。

图 4—151 　　　　图 4—152

06 再次播放时，会发现声音降低了，同时声波的起伏也发生了明显改变，如图4-153所示。

图 4—153

读书笔记

4.17 嵌套

技术速查：通过【时间轴】面板的右键快捷菜单中的【嵌套】命令，可以将部分素材片段整合到一起，方便整体管理和操作。

选择部分素材文件，然后使用【嵌套】命令，就可以将选择的素材整合为一个序列。而且双击就可以展开原来的素材。在【时间轴】面板的右键快捷菜单中可以选择【嵌套】命令，如图4-154所示。

扫码看视频

4.17 制作嵌套
序列

图 4—154

★ 案例实战——制作嵌套序列

案例文件	案例文件\第4章\制作嵌套序列 .prproj
视频教学	视频文件\第4章\制作嵌套序列 .mp4
难易指数	★★★★★
技术要点	制作嵌套序列

案例效果

使用嵌套序列可以将嵌套序列内的素材文件作为一个整

体素材来进行统一操作，是一种制作过程中经常使用的方法。本例主要是针对"制作嵌套序列"的方法进行练习，如图4-155所示。

图 4—155

操作步骤

01 打开Adobe Premiere Pro CC 2018软件，单击【新建项目】按钮，在弹出的对话框中单击【浏览】按钮设置保存路径，在【名称】文本框中设置文件名称，设置完成后单击【确定】按钮。接着选择【文件】|【新建】|【序列】命令，在弹出的对话框中选择【DV-PAL】|【标准48kHz】选项，如图4-156所示。

图 4-156

02 选择菜单栏中的【文件】|【导入】命令或按
【Ctrl+I】快捷键，然后在打开的对话框中选择所需的素材
文件，并单击【打开】按钮导入，如图4-157所示。

图 4-157

03 将【项目】面板中需要制作嵌套序列的素材文件拖
曳到V1轨道上，如图4-158所示。

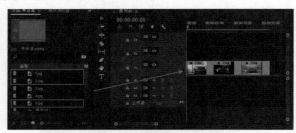

图 4-158

04 选择【效果】面板中的【视频过渡】|【划像】|
【交叉划像】视频效果，将其拖曳到素材【1.jpg】和素材
【2.jpg】之间；再选择【缩放】|【交叉缩放】视频过渡效
果，将其拖曳到【2.jpg】和【5.jpg】之间，如图4-159所示。

图 4-159

05 此时选择V1轨道上的所有素材文件，单击鼠标右
键，在弹出的快捷菜单中选择【嵌套】命令，如图4-160所示。

图 4-160

06 此时V1轨道上的素材文件合成为一个嵌套序列，并
在一条轨道上。查看最终效果，如图4-161所示。

图 4-161

07 此时拖动播放指示器查看最终效果，如图4-162所示。

图 4-162

 技巧提示

在嵌套序列上双击鼠标左键，即可打开嵌套序列，
并可以在嵌套序列内对素材进行编辑，如图4-163
所示。

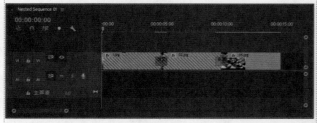

图 4-163

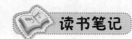

嵌套序列将一些素材文件合并为一个序列，且在时间轴中仅占用一个轨道。节省编辑空间，还可以对嵌套序列内的素材文件进行统一的移动和裁剪等操作。还可以双击打开嵌套序列对嵌套序列内的素材文件进行调整操作。

 替换素材

技术速查：通过【替换素材】命令可以将丢失和错误的素材文件进行替换。

　　在编辑过程中有时会出现素材路径更换和素材丢失等问题，这些问题都会导致打开Premiere源文件会缺失素材文件，这个时候可以使用【素材替换】命令对素材进行替换，同样也可以对导入错误的素材进行替换。

01 在【项目】面板中的素材文件上单击鼠标右键，在弹出的快捷菜单中选择【替换素材】命令，如图4-164所示。

图 4—164

02 此时会弹出【替换素材】对话框，选择用来替换的素材文件，单击【选择】按钮即可，如图4-165所示。

图 4—165

 技巧提示

　　在弹出的【替换素材】对话框中，默认选中【重命名剪辑为文件名】复选框，如图4-166所示。选中该复选框，可以将素材的名称也一并替换。若不选中该复选框，则被替换素材的名称会被保留下来。

图 4—166

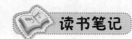

4.19 颜色遮罩

彩色蒙版可以作为视频的背景或部分背景，也可以与其他素材进行混合模式等操作，使其产生特殊的效果。

01 在菜单栏中选择【文件】|【新建】|【颜色遮罩】命令，如图4-167所示。

02 此时，会弹出【新建颜色遮罩】对话框，在该对话框中可以设置彩色蒙版的大小和像素长宽比等参数，接着单击【确定】按钮即可，如图4-168所示。

图 4-170

图 4-171

图 4-167

扫码看视频

4.19 制作颜色遮罩

图 4-168

技术拓展：更改颜色遮罩颜色

在【项目】面板中的【颜色遮罩】上双击鼠标左键，会弹出【拾色器】对话框，可以对该颜色遮罩进行颜色更改。

★ **案例实战——制作颜色遮罩**

案例文件	案例文件\第4章\颜色遮罩.prproj
视频教学	视频文件\第4章\颜色遮罩.mp4
难易指数	★★★★★
技术要点	创建颜色遮罩

案例效果

使用颜色遮罩可以为在素材中添加颜色或制作背景，升华画面的整体效果。本例主要是针对"制作颜色遮罩"的方法进行练习，如图4-172所示。

技巧提示

默认情况下，【新建颜色遮罩】对话框中的参数与该序列参数相同。

03 在弹出的【拾色器】对话框中设置合适的颜色遮罩颜色，单击【确定】按钮，如图4-169所示。接着会弹出【选择名称】对话框，在该对话框中设置颜色遮罩的名称，单击【确定】按钮，如图4-170所示。

图 4-169

04 此时，在【项目】面板中已经出现了颜色遮罩素材，如图4-171所示。

图 4-172

操作步骤

01 打开Adobe Premiere Pro CC 2018软件，单击【新建项目】按钮，在弹出的对话框中单击【浏览】按钮设置保存路径，在【名称】文本框中设置文件名称，设置完成后单击【确定】按钮。接着选择【文件】|【新建】|【序列】命令，在弹出的对话框中选择【DV-PAL】|【标准48kHz】选

项，如图4-173所示。

02 选择菜单栏中的【文件】|【导入】命令或按
【Ctrl+I】快捷键，然后在打开的对话框中选择所需的素材
文件，并单击【打开】按钮导入，如图4-174所示。

图 4—173

图 4—174

03 将【项目】面板中的【背景.jpg】素材文件拖曳到
V1轨道上，如图4-175所示。

图 4—175

04 选择V1轨道上的【背景.jpg】素材文件，在【效果
控件】面板【运动】栏中设置【缩放】为71，如图4-176所
示。此时效果如图4-177所示。

图 4—176   图 4—177

05 创建彩色蒙版。选择【文件】|【新建】|【颜色
遮罩】命令。在弹出的对话框中设置【高度】为170，如
图4-178所示。接着设置颜色为蓝色，如图4-179所示。

图 4—178   图 4—179

06 将【项目】面板中的【颜色遮罩】拖曳到V2轨道
上，如图4-180所示。

图 4—180

07 选择V2轨道上的【颜色遮罩】素材文件，在【效果
控件】面板【运动】栏中设置【位置】为（360,477），在
【不透明度】栏中设置【不透明度】为70%，如图4-181所
示。此时效果如图4-182所示。

图 4—181   图 4—182

08 将【项目】面板中的【01.jpg】【02.jpg】和
【03.jpg】素材文件拖曳到V3、V4和V5轨道上，如图4-183
所示。

读书笔记

图 4—183

09 在【效果控件】面板【运动】栏中设置【01.jpg】【02.jpg】【03.jpg】素材文件的【缩放】都为22，然后适当调整素材位置，如图4-184所示。

图 4—184

10 此时拖动播放指示器查看最终效果，如图4-185所示。

图 4—185

☎ 答疑解惑：彩色蒙版的作用有哪些？

利用彩色蒙版可以制作素材的装饰图案和背景，这样改变彩色蒙版的颜色就可以改变背景的颜色。彩色蒙版的大小可以在创建时根据需求来进行设定。

可以在彩色蒙版上添加渐变效果，来制作渐变背景。也可以添加其他特效和设置混合模式来得到不同的特殊效果

本章小结

制作项目过程中，需要对素材等进行编辑操作。通过本章的学习，可以掌握Premiere的编辑基础方法。包括设置标记点、设置入点和出点、复制和粘贴、制作嵌套序列以及视频和音频链接等基本操作。熟练应用编辑基础的方法，有利于以后的项目制作。

 读书笔记

第5章

视频效果

本章内容简介：

在影视作品中，一般都离不开特效的应用与制作。使用视频效果的目的是为了使作品产生更加丰富多彩的视觉效果，增加画面的冲击力，以及更好地突出作品的主题、情感，从而达到制作的目的。本章介绍了在Adobe Premiere Pro CC 2018中各种视频效果的参数和为素材添加视频效果的方法，以及应用搭配和自定义视频效果参数的方法。

本章学习要点：

- 了解什么是视频效果
- 掌握添加视频效果的方法
- 了解视频效果之间的区别和类型
- 掌握应用和自定义视频效果参数的方法

5.1 初识视频效果

5.1.1 什么是视频效果

在Adobe Premiere Pro CC 2018中，视频效果是一些由它封装好的程序，专门用于处理视频画面，并且可以实现各种视觉效果。Premiere的视频效果集合在【效果】面板中。在Premiere中，除了可以运用自带的视频效果对素材进行处理外，还可以运用外挂效果对素材进行处理。

5.1.2 为素材添加视频效果

技术速查：将【效果】面板中的效果直接拖曳添加到【时间轴】面板中的素材文件上即可。

为素材添加视频效果的方法有两种：一种是可以在【效果】面板中直接查找到相应效果，然后将其添加到素材上；另外一种是搜索查找相应效果，并将其添加到素材上。

🔲 动手学：直接查找，并添加效果

在【效果】面板中，展开相应文件夹，并将需要的视频效果直接按住鼠标左键拖曳到【时间轴】面板中的素材文件上，然后释放鼠标左键即可，如图5-1所示。

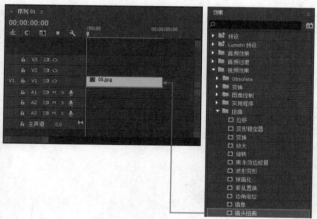

图 5-1

🔲 动手学：搜索查找，并添加效果

在【效果】面板的搜索栏中输入效果的名称，然后软件会自动过滤并查找到所需要的效果。接着将该效果直接拖曳到素材文件上即可，如图5-2所示。

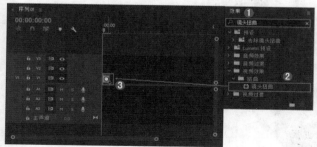

图 5-2

5.1.3 动手学：设置视频效果参数

技术速查：选择已经添加视频效果的视频素材文件，在【效果控件】面板中即可对视频效果的参数进行设置。

首先将【效果】面板中的视频效果添加到【时间轴】面板中的素材文件上，如图5-3所示。然后选择该素材文件，即可在其【效果控件】面板中对视频效果参数进行设置，如图5-4所示。

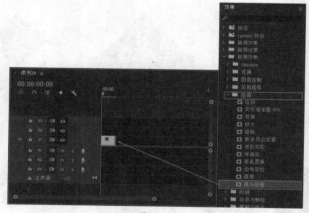

图 5-3

图 5-4

5.2 Obsolete类视频效果

Obsolete类视频效果组只有【快速模糊】效果，如图5-5所示。

图 5—5

技术速查：【快速模糊】是按设定的模糊处理方式，快速对素材进行模糊处理。

选择【效果】面板中的【视频效果】|【Obsolete】|【快速模糊】效果，如图5-6所示。其参数面板如图5-7所示。

图 5—6

图 5—7

● 模糊度：控制模糊的强度。如图5-8所示为设置【模糊度】分别为0和25的对比效果。

图 5—8

● 模糊维度：控制模糊的处理方式。可以选择在水平和垂直的方向模糊，也可选择水平或垂直的方向模糊。

● 重复边缘像素：选中该复选框，对图像的边缘进行像素模糊处理。

 5.3 变换类视频效果

变换类视频效果主要是使素材产生二维或三维的形状，包括【垂直翻转】【水平翻转】【羽化边缘】和【裁剪】4种效果。选择【效果】面板中的【视频效果】|【变换】，如图5-9所示。

 读书笔记

5.3.1 垂直翻转

技术速查：【垂直翻转】效果可以使素材产生垂直翻转的画面效果。

选择【效果】面板中的【视频效果】|【变换】|【垂直翻转】效果，如图5-10所示。

图 5-9　　　　　　　　　图 5-10

该效果没有任何参数，应用该效果前后的对比如图5-11所示。

图 5-11

★ 案例实战——应用垂直翻转效果

案例文件	案例文件\第5章\垂直翻转效果.prproj
视频教学	视频文件\第5章\垂直翻转效果.mp4
难易指数	★★★★★
技术要点	垂直翻转效果的应用

案例分析

在日常生活中常见到报纸、杂志和电视等传播媒体上，会采用垂直翻转过来的图片来创作出各种不同的艺术效果。本例主要是针对"应用垂直翻转效果"的方法进行练习，如图5-12所示。

图 5-12

操作步骤

01 选择【文件】|【新建】|【项目】，在弹出的【新建

项目】对话框中设置【名称】，并单击【浏览】按钮设置保存路径，再单击【确定】按钮，如图5-13所示。

02 选择【文件】|【新建】|【序列】命令，在弹出的【新建序列】对话框中选择【DV-PAL】|【标准48kHz】选项，再单击【确定】按钮，如图5-14所示。

图 5-13

图 5-14

03 选择菜单栏中的【文件】|【导入】命令或按【Ctrl+I】快捷键，然后在打开的对话框中选择所需的素材文件，并单击【打开】按钮导入，如图5-15所示。

04 将【项目】面板中的【01.jpg】素材文件拖曳到V1轨道上，如图5-16所示。

图 5-15

图 5-16

05 选择V1轨道上的【01.jpg】素材文件，在【效果控件】面板【运动】栏中设置【缩放】为62，如图5-17所示。此时效果如图5-18所示。

图 5-17　　　　　　　　图5-18

06 在【效果】面板中搜索【垂直翻转】效果，按住鼠标左键将其拖曳到V1轨道的【01.jpg】素材文件上，如图5-19所示。

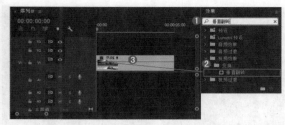

图 5-19

07 此时拖到播放指示器查看最终效果，如图5-20所示。

图 5-20

☎ **答疑解惑：垂直翻转的应用有哪些？**

垂直翻转可以做出很多创造性的效果，是从不同的角度制作出艺术作品的方法之一，可以利用垂直翻转效果制作出素材的倒影效果，还常常与波纹效果一起使用，用来制作水中倒影的效果。

5.3.2　水平翻转

技术速查：【水平翻转】效果可以使素材产生水平翻转的画面效果。

选择【效果】面板中的【视频效果】|【变换】|【水平翻转】效果，如图5-21所示。

图 5-21

该效果没有任何参数，应用其前后的对比如图5-22所示。

图 5-22

5.3.3　羽化边缘

技术速查：【羽化边缘】效果可以对素材边缘进行羽化处理。

选择【效果】面板中的【视频效果】|【变换】|【羽化边缘】效果，如图5-23所示。其参数面板如图5-24所示。

图 5—23

图 5—24

● 数量：设置边缘羽化的程度。如图5-25所示为设置【数量】为0和80时的效果对比。

图 5—25

5.3.4　裁剪

技术速查：【裁剪】效果可以通过设置素材四周的参数对素材进行剪裁。

选择【效果】面板中的【视频效果】|【变换】|【裁剪】效果，如图5-26所示。其参数面板如图5-27所示。

图 5—26

图 5—27

● 左侧：设置左边边线的剪裁程度。

● 顶部：设置顶部边线的剪裁程度。

● 右侧：设置右边边线的剪裁程度。

● 底部：设置底部边线的剪裁程度。如图5-28所示，参数调节【左侧】为0和25，【顶部】为0和20，【右侧】为0和25，【底部】为0和20后的对比效果。

图 5—28

● 缩放：选中该复选框时，在剪裁的同时对素材缩放进行自动处理。

● 羽化边缘：对素材边缘进行羽化处理。

5.4　实用程序类视频效果

实用程序类视频效果主要设置素材颜色的输入和输出。该效果组中只有【Cineon转换器】效果。选择【效果】面板中的【视频效果】|【Cineon转换器】效果，如图5-29所示。

图 5—29

技术速查：【Cineon转换器】效果可以使素材的色调进行对数、线性之间转换，以达到不同的色调效果。

选择【效果】面板中的【视频效果】|【实用程序】|【Cineon转换器】效果，如图5-30所示。其参数面板如图5-31所示。

● 转换类型：设置色调的转换方式。

● 10位黑场：设置10位黑点数值。

● 内部黑场：设置内部黑点的数值。

● 10位白场：设置10位白点数值。

图 5-30

图 5-31

- ⚫ 内部白场：设置内部白点数值。

- ⚫ 灰度系数：调整素材的灰度级数。
- ⚫ 高光滤除：设置高光部分的曝光情况。如图5-32所示为【灰度系数】为0.2和2，【高光滤除】为36和16的对比效果。

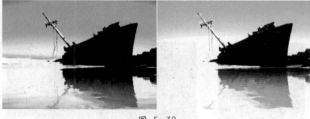

图 5-32

5.5 扭曲类视频效果

扭曲类视频效果组包括【位移】【变形稳定器VFX】【变换】【放大】【旋转】【果冻效应修复】【波形变形】【球面化】【紊乱置换】【边角定位】【镜像】和【镜头扭曲】等效果，如图5-33所示。

图 5-33

5.5.1 位移

技术速查：【位移】效果可以应用不同的形式对素材进行扭曲变形处理。

选择【效果】面板中的【视频效果】|【扭曲】|【位移】效果，如图5-34所示。其参数面板如图5-35所示。

图 5-34

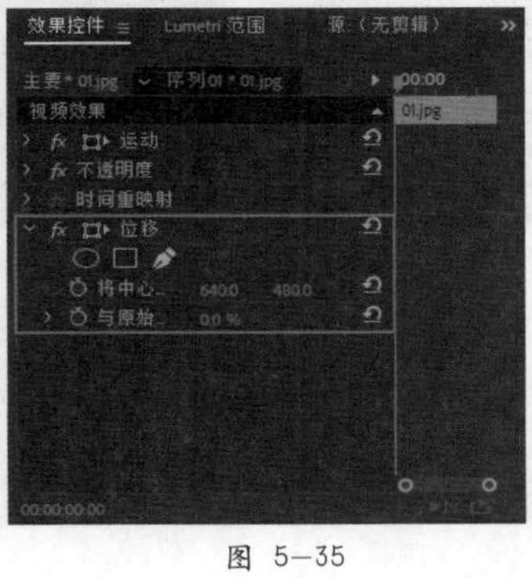

图 5-35

- ⚫ 将中心移位至：调整中心点的坐标位置。
- ⚫ 与原始图像混合：设置效果与原图像间的混合比例。
  如图5-36所示为修改参数前后的对比效果。

图 5-36

5.5.2 变形稳定器VFX

技术速查：【变形稳定器VFX】可有效修复抖动的画面，使画面运动效果更加稳定。

选择【效果】面板中的【视频效果】|【扭曲】|【变形稳定器VFX】效果，如图5-37所示。其参数面板如图5-38所示。

- ⚫ 稳定化：单击该选项将会再次开始剪辑稳定化过程。
  - • 结果：包含【平滑运动】和【不运动】两种效果。
  - • 平滑度：用来控制摄像机移动的平滑程度。
  - • 方法：包含【位置】【位置、缩放、旋转】。
  - • 保持缩放：选中该复选框可以保持缩放。
- ⚫ 边界：对于大于所选序列帧大小的剪辑，在序列帧的边界内不可见的部分将被裁剪。
- ⚫ 帧：包含【仅稳定】【稳定、裁切】【稳定、裁切、自动缩放】和【稳定、合成边缘】选项。

- 自动缩放：调节【自动缩放】下的数值，素材文件会在后期自动调节缩放。

- 附加缩放：调节缩放百分比，素材文件会等比例缩放变大或变小。

- 高级：包含一些对素材文件的高级设计。

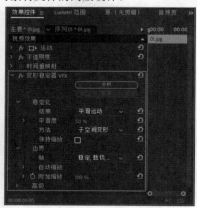

图 5—37　　　　　　　图 5—38

5.5.3　变换

技术速查：【变换】效果可以对图像的锚点、位置、尺寸、透明度、倾斜度和快门角度等进行综合调整。

选择【效果】面板中的【视频效果】|【扭曲】|【变换】效果，如图5-39所示。其参数面板如图5-40所示。

图 5—39　　　　　　　图 5—40

- 锚点：设置图像的定位点中心坐标。
- 位置：设置图像的位置中心坐标。
- 等比缩放：选中该复选框，图像将进行等比例缩放。
- 倾斜：设置图像的倾斜度。如图5-41所示为【倾斜】分别为0和50时的对比效果。
- 倾斜轴：控制倾斜的轴向。

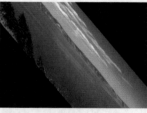

图 5—41

- 旋转：控制素材旋转的度数。
- 不透明度：控制图像的透明程度。如图5-42所示为【不透明度】分别为100和45时的对比效果。

图 5—42

- 使用合成的快门角度：选中该复选框，在运动模糊中使用混合图像的快门角度。
- 快门角度：控制运动模糊的快门角度。

5.5.4　放大

技术速查：【放大】效果可以使素材产生类似放大镜的扭曲变形效果。

选择【效果】面板中的【视频效果】|【扭曲】|【放大】效果，如图5-43所示。其参数面板如图5-44所示。

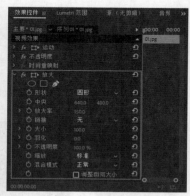

图 5—43　　　　　　　图 5—44

- 形状：放大区域的形状。
- 中央：放大区域的中心点。
- 放大率：调整放大镜倍数。
- 链接：设置放大镜与放大倍数的关系。

- 大小：以像素为单位放大区域的半径。
- 羽化：设置放大镜的边缘模糊程度。如图5-45所示为【羽化】分别为0和300时的对比效果。

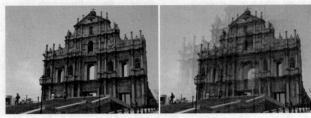

图 5—45

- 不透明度：设置放大镜的透明程度。
- 缩放：选择缩放图像的类型。
- 混合模式：混合模式的使用，结合原有的剪辑放大区域。
- 调整图层大小：如果选中该复选框，放大区域可能超出原剪辑的边界。

读书笔记

5.5.5 旋转

技术速查：【旋转】效果可以使素材产生沿指定中心旋转变形的效果。

选择【效果】面板中的【视频效果】|【扭曲】|【旋转】效果，如图5-46所示。其参数面板如图5-47所示。

图 5—46

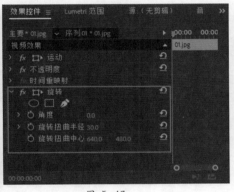

图 5—47

- 角度：设置素材旋转的角度。如图5-48所示为【角度】分别为0和80时的对比效果。

图 5—48

- 旋转扭曲半径：控制素材旋转的半径值。
- 旋转扭曲中心：控制素材旋转的中心点坐标位置。

5.5.6 果冻效应修复

技术速查：【果冻效应修复】效果指定帧速率（扫描时间）的百分比。在变形中执行更为详细的点分析。在使用"变形"方法时可用。

选择【效果】面板中的【视频效果】|【扭曲】|【果冻效应修复】效果，如图5-49所示。其参数面板如图5-50所示。

图 5—49

图 5—50

- 果冻效应比率：指定帧速率（扫描时间）的百分比。
- 扫描方向：控制素材旋转的半径值。

- 高级：包含【果冻效应比率】的【方法】和【详细分析】。
- 方法：包含【变形】和【像素运动】。
- 详细分析：在变形中执行更为详细的点分析。
- 像素运动细节：指定光流矢量场计算的详细程度。

读书笔记

5.5.7 波形变形

技术速查：【波形变形】效果可以使素材产生一种类似水波浪的扭曲效果。

选择【效果】面板中的【视频效果】|【扭曲】|【波形变形】效果，如图5-51所示。其参数面板如图5-52所示。

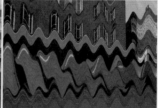

图 5-53

- 波形宽度：设置波浪的宽度。
- 方向：控制波浪的角度方向。
- 波形速度：控制产生波浪速度的大小。
- 固定：可选择固定的形式。
- 相位：设置波浪的位置。
- 消除锯齿：可选择素材的抗锯齿质量。

图 5-51   图 5-52

- 波形类型：可选择波浪的形状。
- 波形高度：设置波浪的高度。如图5-53所示为【波形高度】分别为0和25时的对比效果。

5.5.8 球面化

技术速查：【球面化】效果可以使素材产生球形的扭曲变形效果。

选择【效果】面板中的【视频效果】|【扭曲】|【球面化】效果，如图5-54所示。其参数面板如图5-55所示。

- 球面中心：设置变形球体中心点的坐标。

5.5.9 紊乱置换

技术速查：【紊乱置换】效果可以使素材产生各种凸起、旋转等效果。

选择【效果】面板中的【视频效果】|【扭曲】|【紊乱置换】效果，如图5-57所示。其参数面板如图5-58所示。

图 5-54   图 5-55

- 半径：设置变形球体的半径。如图5-56所示为【半径】分别为0和400时的对比效果。

图 5-56

图 5-57

图 5-58

● 置换：可选择一种置换变形的命令。

● 数量：控制变形扭曲的数量。如图5-59所示为【数量】分别为0和50时的对比效果。

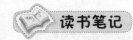

图 5-59

● 大小：控制变形扭曲的大小程度。

● 偏移（湍流）：控制动荡变形的坐标位置。

● 复杂度：控制动荡变形的复杂程度。

● 演化：控制变形的成长程度。

● 演化选项：提供的控件用于在一个短周期内渲染效果，然后在剪辑的持续时间内进行循环。

· 循环演化：创建一个迫使演化状态返回到起点的循环。

· 循环：要反复播放整个剪辑或序列，可单击【循环】按钮，然后单击【播放】按钮。

· 随即植入：使用新的【随机植入】值可以在不干扰演化动画的情况下改变杂色图案。

● 固定：选择【固定到剪辑】选项时，仅显示位于剪辑入点和出点之间的时间轴。

● 调整图层大小：选中该复选框，放大区域可以扩展到原始剪辑的边界之外。

● 消除锯齿最佳品质：可选择图形的抗锯齿质量。

读书笔记

5.5.10 边角定位

技术速查：【边角定位】效果可以利用图像4个边角坐标位置的变化对图像进行透视扭曲。

选择【效果】面板中的【视频效果】|【扭曲】|【边角定位】效果，如图5-60所示。其参数面板如图5-61所示。

图 5-60   图 5-61

图 5-62

★ 案例实战——应用边角定位效果

案例文件	案例文件\第5章\边角定位效果.prproj
视频教学	视频文件\第5章\边角定位效果.mp4
难易指数	★★★★★
技术要点	边角定位效果的应用

● 【左上】【右上】【左下】和【右下】：分别用于4个角的坐标参数设置。

如图5-62所示为【左上】为（0,0）和【左上】为（50,50）的前后对比效果。

案例效果

使用【边角定位】效果可以给图像制作不同角度的透视效果，还可以根据4个顶点来对素材进行不同形状的调整。本例主要是针对"应用边角定位效果"的方法进行练习，如图5-63所示。

扫码看视频

5.5.10 应用边角定位效果

图 5-63

操作步骤

> **01** 选择【文件】|【新建】|【项目】，在弹出的【新建项目】对话框中设置【名称】，并单击【浏览】按钮设置保存路径，再单击【确定】按钮，如图5-64所示。

> **02** 选择【文件】|【新建】|【序列】命令，在弹出的【新建序列】对话框中选择【DV-PAL】|【标准48kHz】选项，再单击【确定】按钮，如图5-65所示。

图 5-64

图 5-65

> **03** 选择菜单栏中的【文件】|【导入】命令或按【Ctrl+I】快捷键，然后在打开的对话框中选择所需的素材文件，并单击【打开】按钮导入，如图5-66所示。

> **04** 将【项目】面板中的【1.jpg】和【2.jpg】素材文件分别拖曳到V1和V2轨道上，如图5-67所示。

图 5-66

图 5-67

> **05** 选择V1轨道上的【1.jpg】素材文件，在【效果控件】面板【运动】栏中设置【缩放】为54，如图5-68所示。此时效果，如图5-69所示。

图 5-68　　　　　　　　　图 5-69

> **06** 在【效果】面板中搜索【边角定位】效果，按住鼠标左键将其拖曳到V2轨道的【2.jpg】素材文件上，如图5-70所示。

图 5-70

07 选择V2上的【2.jpg】素材文件，在【效果控件】面板中展开【运动】栏，设置【缩放】为30。展开【边角定位】栏，设置【左上】为（162,121），【右上】为（1724,84），设置【左下】为（199,1267），【右下】为（1720,1462），如图5-71所示。此时，拖动播放指示器查看最终的效果，如图5-72所示。

技巧提示

除了可以在【效果控件】面板中设置【边角定位】效果，还可以直接在【监视器】面板中拖动控制点进行调节，如图5-73所示。

图 5-71

图 5-72

图 5-73

5.5.11 镜像

技术速查：【镜像】效果可以按照指定的方向和角度将图像沿某一条直线分割为两部分，制作出相反的画面效果。

选择【效果】面板中的【视频效果】|【扭曲】|【镜像】效果，如图5-74所示。其参数面板如图5-75所示。

扫码看视频

★ 案例实战——应用镜像效果

案例文件	案例文件\第5章\镜像效果.prproj
视频教学	视频文件\第5章\镜像效果.mp4
难易指数	★★★★★
技术要点	镜像效果的应用

5.5.11 应用镜像效果

图 5-74

图 5-75

案例效果

【镜像】效果可以将素材图像复制出相反的图像，可以在同一画面中制作出两张相对应的镜像效果。本例主要是针对"应用镜像效果"的方法进行练习，如图5-77所示。

图 5-77

● 反射中心：调整反射中心点的坐标位置。如图5-76所示为修改【反射中心】参数为1024和512后的对比效果。

图 5-76

● 反射角度：调整反射角度。

操作步骤

01 选择【文件】|【新建】|【项目】，在弹出的【新建项目】对话框中设置【名称】，并单击【浏览】按钮设置保存路径，再单击【确定】按钮，如图5-78所示。

02 选择【文件】|【新建】|【序列】命令，在弹出的【新建序列】对话框中选择【DV-PAL】|【标准48kHz】选项，再单击【确定】按钮，如图5-79所示。

图 5—78

图 5—79

03 选择菜单栏中的【文件】|【导入】命令或按【Ctrl+I】快捷键，然后在打开的对话框中选择所需的素材文件，并单击【打开】按钮导入，如图5-80所示。

04 将【项目】面板中的【01.jpg】素材文件拖曳到V1轨道上，如图5-81所示。

图 5—80

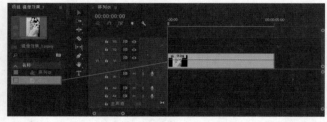

图 5—81

05 选择【时间轴】面板中的素材，单击鼠标右键执行【缩放为帧大小】。选择V1轨道上的【01.jpg】素材文件，在【效果控件】面板【运动】栏中设置【位置】为（230,390），【缩放】为138，如图5-82所示。此时效果如图5-83所示。

图 5—82   图 5—83

06 在【效果】面板中搜索【镜像】效果，按住鼠标左键将其拖曳到V1轨道的【01.jpg】素材文件上，如图5-84所示。

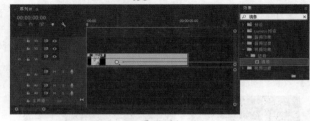

图 5—84

07 选择V1轨道上的【01.jpg】素材文件，展开【效果控件】面板中的【镜像】栏，设置【反射中心】为（1390,1350），如图5-85所示。此时，拖动播放指示器查看最终的效果，如图5-86所示。

图 5—85   图 5—86

 答疑解惑：【镜像】效果可以制作哪些效果？

利用【镜像】效果可以制作出很多有重复图像出现的画面，例如，本案例中制作的相连的人物效果。可以据此扩展思路，将植物、风景、建筑等利用【镜像】效果制作出不同的镜像效果。也可以制作出"三头六臂"的画面效果。

5.5.12 镜头扭曲

技术速查：【镜头扭曲】效果可以使画面沿水平轴和垂直轴扭曲变形。

选择【效果】面板中的【视频效果】|【扭曲】|【镜头扭曲】效果，如图5-87所示。其参数面板如图5-88所示。

图 5-87　　　　　　　图 5-88

- 曲率：设置透镜的弯度。
- 垂直偏移/水平偏移：图像在垂直和水平方向上偏离透镜原点的程度。如图5-89所示为【水平偏移】分别为0和40时的对比效果。

图 5-89

- 垂直棱镜效果/水平棱镜效果：图像在垂直和水平方向上的扭曲程度。
- 填充Alpha：选中该复选框，将填充图像的Alpha通道。
- 填充颜色：图像偏移过度时背景呈现的颜色。

★ 案例实战——应用镜头扭曲效果

案例文件	案例文件＼第5章＼镜头扭曲效果.prproj
视频教学	视频文件＼第5章＼镜头扭曲效果.mp4
难易指数	★★★★★
技术要点	镜头扭曲效果的应用

案例效果

扭曲是物体因外力作用而扭转变形，是改变物体形状的一种方法。利用【镜头扭曲】效果可以在不改变原物体形状的情况下在后期制作时制作出扭曲效果。本例主要是针对"应用镜头扭曲效果"的方法进行练习，如图5-90所示。

扫码看视频

5.5.12 应用镜头扭曲效果

操作步骤

01 选择【文件】|【新建】|【项目】命令，在弹出的

【新建项目】对话框中设置【名称】，并单击【浏览】按钮设置保存路径，再单击【确定】按钮，如图5-91所示。

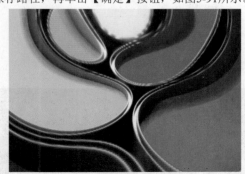

图 5-90

图 5-91

02 选择【文件】|【新建】|【序列】命令，在弹出的【新建序列】对话框中选择【DV-PAL】|【标准48kHz】选项，再单击【确定】按钮，如图5-92所示。

图 5-92

03 选择菜单栏中的【文件】|【导入】命令或按【Ctrl+I】快捷键，然后在打开的对话框中选择所需的素材文件，并单击【打开】按钮导入，如图5-93所示。

04 将【项目】面板中的【01.jpg】素材文件拖曳到V1轨道上，如图5-94所示。

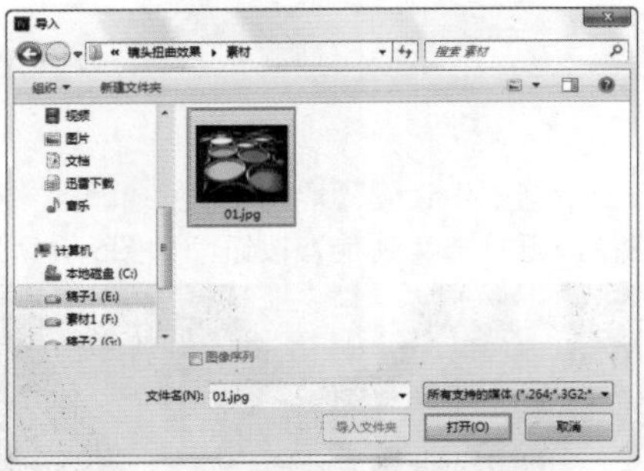

图 5—93

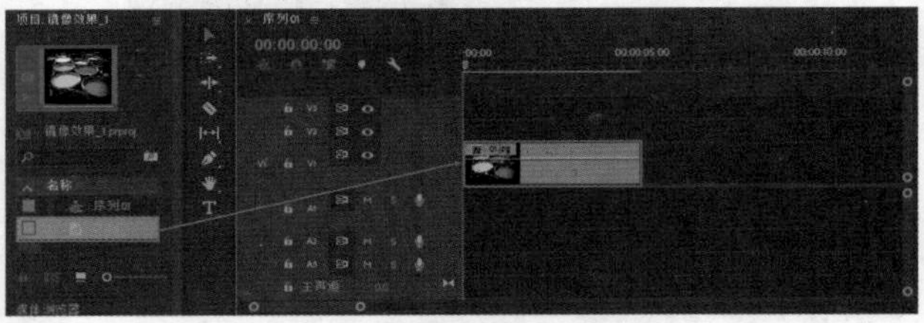

图 5—94

05 在【效果】面板中搜索【镜头扭曲】效果，按住鼠标左键将其拖曳到V1轨道的【01.jpg】素材文件上，如图5-95所示。

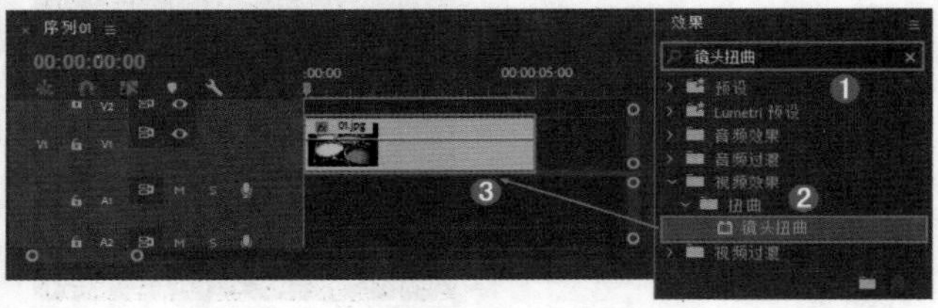

图 5—95

06 选择V1轨道上的【01.jpg】素材文件，在【效果控件】面板中展开【镜头扭曲】栏，设置【曲率】为-70，【水平偏移】为22，【垂直棱镜效果】为12，如图5-96所示。此时，拖动播放指示器查看最终的效果，如图5-97所示。

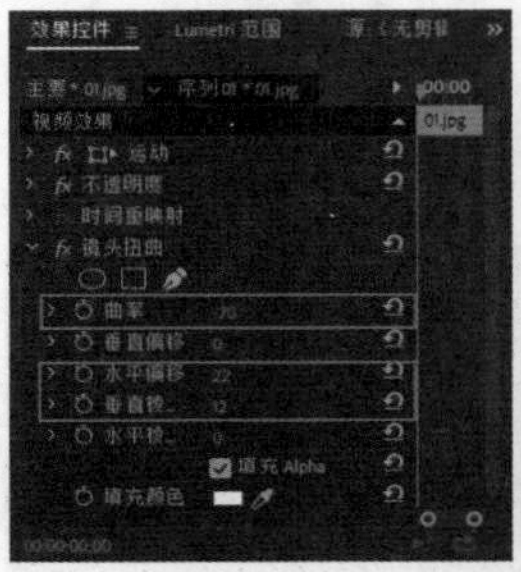

图 5—96

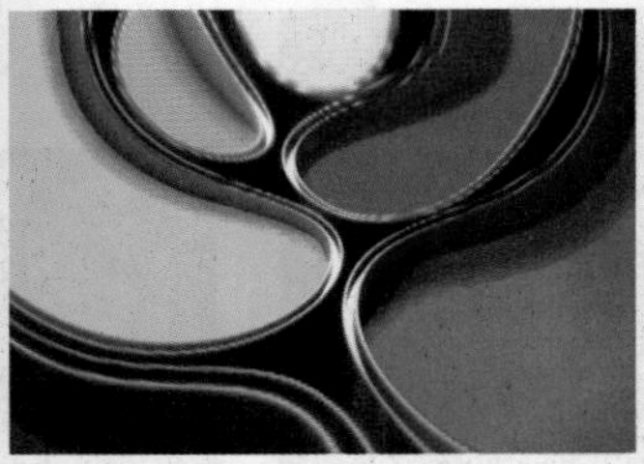

图 5—97

答疑解惑：【镜头扭曲】效果可以应用于哪些方面？

镜头扭曲是产生一种将图像进行旋转的效果。中心的旋转程度比边缘的旋转程度大，而且边扭曲边对图像进行球面化的挤压。可以用于影视转场和针对某一对象制作出类似扭曲旋转消失的效果。

读书笔记

5.6 时间类视频效果

时间类视频效果组中包括【像素运动模糊】【抽帧时间】【时间扭曲】和【残影】4种效果，如图5-98所示。

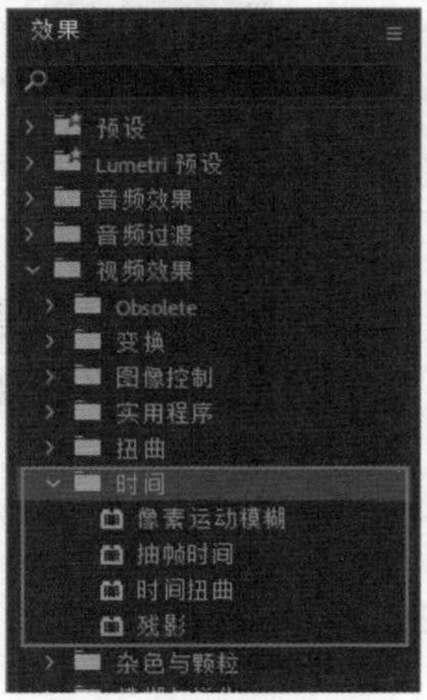

图 5—98

5.6.1 像素运动模糊

技术速查：【像素运动模糊】效果可使画面像素发生不同程度的运动模糊。

选择【效果】面板中的【视频效果】|【时间】|【像素运动模糊】效果，如图5-99所示。其参数面板如图5-100所示。

读书笔记

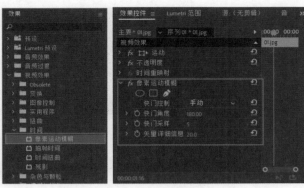

图 5—99　　　　　　　　　图 5—100

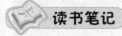
读书笔记

5.6.2　抽帧时间

技术速查：【抽帧时间】效果可以将素材锁定到一个指定的帧率，从而产生"跳帧"的播放效果。

选择【效果】面板中的【视频效果】|【时间】|【抽帧时间】效果，如图5-101所示。其参数面板如图5-102所示。

图 5—101　　　　　　　　图 5—102

● 帧速率：设置帧速度的大小，以便产生跳帧播放效果。如图5-103所示为【帧速率】为1和100时的对比效果。

图 5—103

5.6.3　时间扭曲

技术速查：【时间扭曲】效果可让素材在不同帧的情况下发生扭曲变化。

选择【效果】面板中的【视频效果】|【时间】|【时间扭曲】效果，如图5-104所示。其参数面板如图5-105所示。

图 5—104　　　　　　　　图 5—105

5.6.4　残影

技术速查：【残影】效果可以将素材中不同时间的多个帧组合起来同时播放，产生残影效果，类似于声音中的回音效果，常用于动态视频素材中。

选择【效果】面板中的【视频效果】|【时间】|【残影】效果，如图5-106所示。其参数面板如图5-107所示。

● 残影时间（秒）：设置延时图像的产生时间，以秒为单位。

● 残影数量：设置重影的数量。

● 起始强度：设置延续画面开始强度数值。如图5-108所示为【起始强度】分别为0.8和0.3时的对比效果。

● 衰减：设置延续画面的衰减情况。

● 残影运算符：选择运算时的模式。包括【相加】【最大值】【最小值】【滤色】【从后至前组合】【从前至后组合】和【混合】。

图 5-108

5.7 杂色与颗粒类视频效果

杂色与颗粒类视频效果组中的效果以Alpha通道、HLS为条件，对素材应用不同效果的颗粒和划痕效果。如图5-109所示，该组包括【中间值】【杂色】【杂色Alpha】【杂色HLS】【杂色HLS自动】和【蒙尘与划痕】6种效果。

图 5-109

5.7.1 中间值

技术速查：【中间值】效果可以在素材上添加【中间值】，使画面颜色虚化处理。

选择【效果】面板中的【视频效果】|【杂色与颗粒】|【中间值】效果，如图5-110所示。其参数面板如图5-111所示。

图 5-110　　　　图 5-111

● 半径：设置虚拟化像素的大小。如图5-112所示为设置

【半径】分别为0和15时的对比效果。

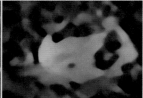

图 5-112

● 在Alpha通道：选中该复选框时，该效果应用于Alpha通道。

5.7.2 杂色

技术速查：【杂色】效果可以使素材画面添加颗粒噪波点。

选择【效果】面板中的【视频效果】|【杂色与颗粒】|【杂色】效果，如图5-113所示。其参数面板如图5-114所示。

图 5-113　　　　图 5-114

● 杂色数量：设置杂色的数量。如图5-115所示为【杂色数量】分别为0和100时的对比效果。

图 5-115

● 杂色类型：选中【使用颜色杂色】复选框时，产生彩色
颗粒噪波。

★ 案例实战——杂色效果的应用

案例文件	案例文件\第5章\杂色效果的应用.prproj
视频教学	视频文件\第5章\杂色效果的应用.mp4
难易指数	★★★★★
技术要点	应用杂色效果

案例效果

在看电视或视频时，有时会看到类似雪花的效果分布在
屏幕上。屏幕上布满细小的糙点使图像看起来就像被弄脏了
一样，这就是杂色效果。本例主要是针对"应用杂色效果"
的方法进行练习，如图5-116所示。

图 5-116

扫码看视频

5.7.2 应用
杂色效果

操作步骤

01 选择【文件】|【新建】|【项目】命令，在弹出的
【新建项目】对话框中设置【名称】，并单击【浏览】按
钮设置保存路径，再单击【确定】按钮，如图5-117所示。
选择【文件】|【新建】|【序列】命令，在弹出的【新建序
列】对话框中选择【DV-PAL】|【标准48kHz】选项，再单
击【确定】按钮，如图5-118所示。

图 5-117

图 5-118

02 选择菜单栏中的【文件】|【导入】命令或按
【Ctrl+I】快捷键，然后在打开的对话框中选择所需的素材
文件，并单击【打开】按钮导入，如图5-119所示。

03 将【项目】面板中的【背景.jpg】【01.jpg】和【电
视.png】素材文件按顺序分别拖曳到V1、V2和V3轨道上，
如图5-120所示。

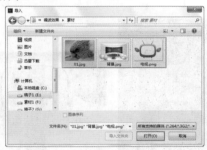

图 5-119

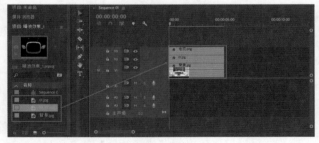

图 5-120

04 选择V1轨道上的【背景.jpg】素材文件，在【效
果控件】面板【运动】栏中设置【位置】为（372,253），
【缩放】为56，如图5-121所示。此时隐藏其他图层查看效
果，如图5-122所示。

图 5-121

图 5-122

05 选择V3轨道上的【电视.png】素材文件，在【效果控件】面板【运动】栏中设置【位置】为（360,240），【缩放】为80，如图5-123所示。此时隐藏其他未编辑图层查看效果，如图5-124所示。

图 5-123　　　　　　　图 5-124

06 选择V2轨道上的【01.jpg】素材文件，在【效果控件】面板【运动】栏中设置【位置】为（354,257），【缩放】为20，如图5-125所示。此时效果如图5-126所示。

图 5-125　　　　　　　图5-126

07 在【效果】面板中搜索【杂色】效果，按住鼠标左键将其拖曳到V2轨道的【01.jpg】素材文件上，如图5-127所示。

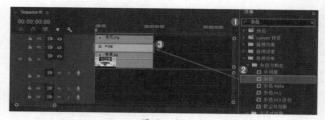

图 5-127

08 选择V2轨道上的【01.jpg】素材文件，在【效果控件】面板展开【杂色】栏，设置【杂色数量】为100%，接着取消选中【杂色类型】的【使用颜色杂色】复选框，如图5-128所示。此时，拖动播放指示器查看最终的效果，如图5-129所示。

图 5-128　　　　　　　图 5-129

☎ **答疑解惑：噪波产生的原因是什么？**

在传播媒介接收信号并输出的过程中受到某些外来因素干扰所产生的图像粗糙效果，泛指图像中不应出现的其他像素，通常因为电子干扰而产生。

拍摄的数码照片如果用计算机将高画质图像缩小查看的话，不容易看出噪点。不过，如果将图像放大，就会出现其他的颜色。

5.7.3　杂色Alpha

技术速查：【杂色Alpha】效果可以对素材应用不同规则的颗粒效果。

选择【效果】面板中的【视频效果】|【杂色与颗粒】|【杂色Alpha】效果，如图5-130所示。其参数面板如图5-131所示。

图 5-130　　　　　　　图 5-131

● 杂色：设置噪波的类型。包含4种，分别是【均匀随机】【随机方形】【均匀动画】和【方形动画】。

● 数量：设置噪波的数量。如图5-132所示为【数量】分别设置为9%和70%时的对比效果。

图 5-132

- 原始Alpha：设置噪波影响素材的方式。共有【相加】【固定】【比例】和【边缘】4种。
- 溢出：设置素材中颗粒溢出后所采取的处理方式。有【剪切】【反绕】和【回绕】3种。
- 随机植入：设置颗粒的随机状态。
- 杂色选项（动画）：设置动画的循环次数。

5.7.4　杂色HLS

技术速查：【杂色HLS】效果可以通过参数的调节设置生成杂色的产生位置和透明度。

选择【效果】面板中的【视频效果】|【杂色与颗粒】|【杂色HLS】效果，如图5-133所示。其参数面板如图5-134所示。

图 5-133　　　　　图 5-134

- 杂色：设置杂色产生方式。包括【均匀】【方形】和【颗粒】。

- 色相：设置杂色在色调中生成的数量，如图5-135所示。

图 5-135

- 亮度：设置杂色在亮度中生成的多少。
- 饱和度：设置杂色饱和度的变化。
- 颗粒大小：设置杂点的尺寸大小。
- 杂色相位：设置杂色的相位，即噪波动画的变化速度。

5.7.5　杂色HLS自动

技术速查：【杂色HLS自动】效果与【杂色HLS】效果基本相同。只是通过参数的调节，可以自动生成噪波动画外效果。

选择【效果】面板中的【视频效果】|【杂色与颗粒】|【杂色HLS 自动】效果，如图5-136所示。其参数面板如图5-137所示。

图 5-136　　　　　图 5-137

- 杂色：设置杂色产生方式。包括【均匀】【方形】和【颗粒】。
- 色相：设置杂色在色调中生成的数量。
- 亮度：设置杂色亮度中生成的数量。如图5-138所示是【杂色HLS自动】中的参数【亮度】分别为20%和100%时的效果对比图。

图 5-138

- 饱和度：设置杂色饱和度的变化。
- 颗粒大小：设置杂点的尺寸大小。
- 杂色动画速度：设置杂点的随机值。

5.7.6　蒙尘与划痕

技术速查：【蒙尘与划痕】效果可以在素材上添加蒙尘与划痕，并通过调节半径和阈值控制视觉效果。

选择【效果】面板中的【视频效果】|【杂色与颗粒】|【蒙尘与划痕】效果，如图5-139所示。其参数面板如图5-140所示。

　读书笔记

图 5-139　　　　　图 5-140　　　　　　　图 5-141

- 半径：设置蒙尘和刮痕颗粒的半径值。如图5-141所示为【半径】分别为0与10的对比效果。

- 阈值：设置蒙尘与划痕颗粒的色调容差值。
- 在Alpha通道上运算：选中该复选框时，效果应用于Alpha通道。

5.8 模糊与锐化类视频效果

模糊与锐化类视频效果组中包括【复合模糊】【方向模糊】【相机模糊】【通道模糊】【钝化蒙版】【锐化】和【高斯模糊】等效果，如图5-142所示。

图 5-142

【最大模糊】分别为0和20时的对比效果。

图 5-145

- 如果图层大小不同：设置如果混合模糊的两个素材尺寸不同，则采取什么措施。
- 伸缩对应图以适合：选中该复选框，素材会自动适配大小。
- 反转模糊：选中该复选框，则反转模糊。

5.8.1 复合模糊

技术速查：【复合模糊】效果可以指定一个轨道层，然后与当前素材进行混合模糊处理，产生模糊效果。

选择【效果】面板中的【视频效果】|【模糊与锐化】|【复合模糊】效果，如图5-143所示。其参数面板如图5-144所示。

图 5-143　　　　　图 5-144

- 模糊图层：指定混合模糊的轨道层。
- 最大模糊：设置混合模糊的程度。如图5-145所示为

5.8.2 方向模糊

扫码看视频
5.8.2 应用方向模糊效果

技术速查：【方向模糊】效果，按特定的方向进行模糊。

选择【效果】面板中的【视频效果】|【模糊与锐化】|【方向模糊】效果，如图5-146所示。其参数面板如图5-147所示。

图 5-146　　　　　图 5-147

- 方向：设置模糊的方向。
- 模糊长度：设置模糊的程度。如图5-148所示为【模糊长度】分别为0和20时的对比效果。

图 5-148

★ **案例实战——应用方向模糊效果**

案例文件	案例文件\第5章\方向模糊效果.prproj
视频教学	视频文件\第5章\方向模糊效果.mp4
难易指数	★★★★★
技术要点	方向模糊效果的应用

案例效果

【方向模糊】效果可以使侧重对象产生不确定性，是留给人们一个可供领悟、体会、选择的弹性空间的一种方法，也可以是侧重表现某一个对象的一种方式，并可适当设置模糊的级别和角度。本例主要是针对"应用方向模糊效果"的方法进行练习，如图5-149所示。

图 5-149

操作步骤

01 选择【文件】|【新建】|【项目】命令，在弹出的【新建项目】对话框中设置【名称】，并单击【浏览】按钮设置保存路径，再单击【确定】按钮，如图5-150所示。选择【文件】|【新建】|【序列】命令，在弹出的【新建序列】对话框中选择【DV-PAL】|【标准48kHz】选项，再单击【确定】按钮，如图5-151所示。

02 选择菜单栏中的【文件】|【导入】命令或按【Ctrl+I】快捷键，然后在打开的对话框中选择所需的素材文件，并单击【打开】按钮导入，如图5-152所示。

03 将【项目】面板中的【背景.jpg】和【人物.png】素材文件分别拖曳到V1和V2轨道上，如图5-153所示。

图 5-150

图 5-151

图 5-152

图 5-153

04 选择V2轨道上的【人物.png】素材文件，在【效果控件】面板【运动】栏中设置【位置】为（360,311），【缩放】为67，如图5-154所示。此时效果如图5-155所示。

图 5-154　　　　　　　图 5-155

05 在【效果】面板中搜索【方向模糊】效果，按住鼠标左键将其拖曳到V2轨道的【人物.png】素材文件上，如图5-156所示。

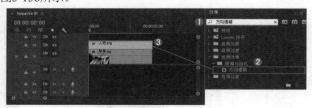

图 5-156

06 选择V2轨道上的【人物.png】素材文件，在【效果控件】面板将播放指示器拖到起始帧的位置，单击【方向模糊】栏中【方向】和【模糊长度】前面的🕙按钮，开启自动关键帧。接着将播放指示器拖到第1秒10帧的位置，设置【方向】为45°，【模糊长度】为20，如图5-157所示。此时效果如图5-158所示。

图 5-157　　　　　　　图 5-158

07 继续将播放指示器拖到第2秒10帧的位置，设置【方向】为-45°，【模糊长度】为10。最后将播放指示器拖到第3秒10帧的位置，设置【方向】为0°，【模糊长度】为0，如图5-159所示。此时，拖动播放指示器查看最终的效

 读书笔记

果，如图5-160所示。

图 5-159

图 5-160

☎ **答疑解惑：【方向模糊】常用于制作什么效果？**

【方向模糊】效果可以在添加了动画关键帧后调整产生出动态模糊的效果，这个效果就类似于用固定照相机来给一个移动的对象进行拍照的效果。可以适当地调节模糊的角度和级别，制作出对象在飞驰的效果和镜头对焦的效果等。

5.8.3　相机模糊

技术速查：【相机模糊】效果可以模拟摄像机变焦拍摄时产生的图像模糊效果。

选择【效果】面板中的【视频效果】|【模糊与锐化】|【相机模糊】效果，如图5-161所示。其参数面板如图5-162所示。

图 5-161　　　　　　　图 5-162

○ 百分比模糊：设置摄影机的模糊程度。如图5-163所示为【百分比模糊】分别为0和15时的对比效果。

图 5-163

读书笔记

5.8.4　通道模糊

技术速查：【通道模糊】效果可以对单独的红、绿、蓝和Alpha通道进行模糊处理，使素材产生特殊的效果。

选择【效果】面板中的【视频效果】|【模糊与锐化】|【通道模糊】效果，如图5-164所示。其参数面板如图5-165所示。

图 5-164　　　　　　　图 5-165

○ 红色模糊度：控制红色通道的模糊程度。如图5-166所示为【红色模糊度】分别为0和127时的对比效果。

图 5-166

○ 绿色模糊度：控制绿色通道的模糊程度。如图5-167所示为【绿色模糊度】分别为0和15时的对比效果。

○ 蓝色模糊度：控制蓝色通道的模糊程度。如图5-168所示为【蓝色模糊度】分别为0和127时的对比效果。

○ Alpha模糊度：控制Alpha通道的模糊程度。如图5-169所示为【Alpha模糊度】分别为0和400时的对比效果。

图 5-167

图 5-168

图 5-169

○ 边缘特性：选中其后面的【重复边缘像素】复选框，可以对材料的边缘进行像素模糊处理。

○ 模糊维度：设置模糊的处理方式。可以选择【水平】或者【垂直】的方向模糊，也可选择在【水平和垂直】的方向模糊。

5.8.5　钝化蒙版

技术速查：【钝化蒙版】效果，减小定义边缘的颜色之间的对比。

　　选择【效果】面板中的【视频效果】|【模糊与锐化】|【钝化蒙版】效果，如图5-170所示。其参数面板如图5-171所示。

图 5-170　　　　　图 5-171

● 数量：控制钝化的强度。如图5-172所示为【数量】分别为0和300的前后对比效果。

图 5-172

● 半径：控制锐化处理的像素半径。

● 阈值：控制钝化的容量差。

5.8.6　锐化

技术速查：【锐化】效果增加相邻色彩像素的对比度，从而提高清晰度。

　　选择【效果】面板中的【视频效果】|【模糊与锐化】|【锐化】效果，如图5-173所示。其参数面板如图5-174所示。

图 5-173　　　　　图 5-174

● 锐化量：控制素材锐化的强度。如图5-175所示为【锐化量】数值分别为0和100时的对比效果。

图 5-175

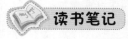
读书笔记

5.8.7　高斯模糊

技术速查：【高斯模糊】效果模糊和柔化图像，消除了噪点。

　　选择【效果】面板中的【视频效果】|【模糊与锐化】|【高斯模糊】效果，如图5-176所示。其参数面板如图5-177所示。

图5-176 　　　　　　　　图 5-177

图 5-178

- 模糊度：控制高斯模糊的强度。如图5-178所示为【模糊度】分别为0和20的效果。

- 模糊尺寸：控制模糊的处理方式。可以选择在【水平】或者【垂直】的方向模糊，也可选择在【水平和垂直】的方向模糊。

- 重复边缘像素：选中该复选框，可以对图像的边缘进行像素模糊处理。

 5.9　沉浸式视频类效果

　　沉浸式视频类效果组包括【VR分形杂色】【VR发光】【VR平面到球面】【VR投影】【VR数字故障】【VR旋转球面】【VR模糊】【VR色差】【VR锐化】【VR降噪】和【VR颜色渐变】等效果，如图5-179所示。

图 5-179

5.9.1　VR分形杂色

技术速查：用于VR沉浸式的分形杂色效果。

　　选择【效果】面板中的【视频效果】|【沉浸式视频】|【VR分形杂色】效果，如图5-180所示。其参数面板如图5-181所示。

 **读书笔记**

图 5-180 　　　　　　　图 5-181

5.9.2　VR发光

技术速查：用于VR沉浸式的发光效果。

　　选择【效果】面板中的【视频效果】|【沉浸式视频】|【VR发光】效果，如图5-182所示。其参数面板如图5-183所示。

图 5-182 　　　　　　　图 5-183

 111

5.9.3　VR平面到球面

技术速查：用于VR沉浸式的从平面到球面处理效果。

选择【效果】面板中的【视频效果】|【沉浸式视频】|【VR平面到球面】效果，如图5-184所示。其参数面板如图5-185所示。

图 5-184　　　　　　　　图 5-185

5.9.4　VR 投影

技术速查：用于VR沉浸式的投影效果。

选择【效果】面板中的【视频效果】|【沉浸式视频】|【VR投影】效果，如图5-186所示。其参数面板如图5-187所示。

图 5-186　　　　　　　　图 5-187

5.9.5　VR 数字故障

技术速查：用于VR沉浸式的数字故障效果。

选择【效果】面板中的【视频效果】|【沉浸式视频】|【VR数字故障】效果，如图5-188所示。其参数面板如图5-189所示。

读书笔记

图 5-188　　　　　　　　图 5-189

5.9.6　VR旋转球面

技术速查：用于VR沉浸式的旋转球面效果。

选择【效果】面板中的【视频效果】|【沉浸式视频】|【VR旋转球面】效果，如图5-190所示。其参数面板如图5-191所示。

图 5-190　　　　　　　　图 5-191

5.9.7　VR模糊

技术速查：用于VR沉浸式的模糊效果。

选择【效果】面板中的【视频效果】|【沉浸式视频】|【VR模糊】效果，如图5-192所示。其参数面板如图5-193所示。

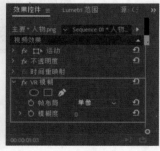

图 5-192　　　　　　　　图 5-193

5.9.8　VR色差

技术速查：用于VR沉浸式效果的色差校正。

选择【效果】面板中的【视频效果】|【沉浸式视频】|【VR色差】效果，如图5-194所示。其参数面板如图5-195所示。

图 5-194　　　　　　图 5-195

5.9.9　VR锐化

技术速查：用于VR沉浸式效果的锐化处理。

选择【效果】面板中的【视频效果】|【沉浸式视频】|【VR锐化】效果，如图5-196所示。其参数面板如图5-197所示。

图 5-196　　　　　　图 5-197

5.9.10　VR降噪

技术速查：用于VR沉浸式效果的降噪处理。

选择【效果】面板中的【视频效果】|【沉浸式视频】|【VR降噪】效果，如图5-198所示。其参数面板如图5-199所示。

图 5-198　　　　　　图 5-199

5.9.11　VR颜色渐变

技术速查：用于VR沉浸式效果的颜色渐变。

选择【效果】面板中的【视频效果】|【沉浸式视频】|【VR颜色渐变】效果，如图5-200所示。其参数面板如图5-201所示。

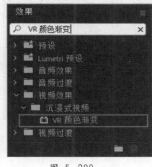

图 5-200　　　　　　图 5-201

5.10　生成类视频效果

生成类视频效果组中的效果主要是对素材进行效果处理，渲染生成镜头光晕、闪电等效果。该组中共有12种效果。选择【效果】面板中的【视频效果】|【生成】，如图5-202所示。

 读书笔记

图 5-202

5.10.1 书写

技术速查：【书写】效果可以制作出画笔的笔迹和绘制动画效果。

选择【效果】面板中的【视频效果】|【生成】|【书写】效果，如图5-203所示。其参数面板如图5-204所示。

图 5-203   图 5-204

- 画笔位置：设置画笔的位置。
- 颜色：设置画笔的颜色。
- 画笔大小：设置画笔的粗细。
- 画笔硬度：设置笔刷的硬度。
- 画笔不透明度：设置笔刷的不透明度。
- 描边长度（秒）：设置笔触在素材上停留的时长。
- 画笔间隔（秒）：设置笔触之间的时间间隔。
- 绘制时间属性：设置笔触间的色彩模式。
- 画笔时间属性：设置笔触间的硬度模式。
- 绘制样式：设置笔触与原素材的混合模式。

5.10.2 单元格图案

技术速查：【单元格图案】效果可以在素材上添加单元格图案，通过调节其参数控制静态或动态的背景纹理和图案。

选择【效果】面板中的【视频效果】|【生成】|【单元格图案】效果，如图5-205所示。其参数面板如图5-206所示。

图 5-205

图 5-206

- 单元格图案：设置【单元格图案】的样式，包括【气泡】【晶体】【印版】【静态版】【晶格化】【枕状】【晶体HQ】【印版HQ】【静态板HQ】【晶格化HQ】【混合晶体】和【管状】12种样式，如图5-207所示。

图 5-207

如图5-208所示为【单元格图案】样式设置为【气泡】和【晶体】时的对比效果。

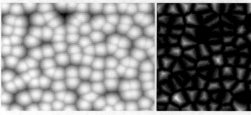

图 5-208

- 反转：选中该复选框时，蜂巢颜色间转换。
- 对比度：设置锐化值。
- 溢出：设置蜂巢图案溢出部分的方式。
- 分散：设置蜂巢图案的分散程度。

- 大小：设置蜂巢图案的大小。如图5-209所示为【单元格图案】样式设置为【晶格】，【分散】分别设置为1与1.5，【大小】分别设置为95和30时的对比效果。

图 5-209

- 偏移：设置蜂巢图案的坐标位置。
- 平铺选项：设置蜂巢图案水平与垂直的单元数量。

- 启用平铺：选中该复选框可创建由重复平铺构成的图案。
- 水平单元格/垂直单元格：【水平单元格】和【垂直单元格】确定每个平铺的宽度有多少个单元格以及高度有多少个单元格。
- 演化：设置蜂巢图案的运动角度。
- 演化选项：设置蜂巢图案的运动参数。
  - 循环演化：创建一个迫使演化状态返回到起点的循环。
  - 循环（旋转次数）：图案在重复之前循环【演化】设置的旋转次数。
  - 随机植入：指定用于生成单元格图案的基础值。

5.10.3 吸管填充

技术速查：【吸管填充】效果可以利用素材中的颜色，对素材进行填充修改，可调整素材的整体色调。

选择【效果】面板中的【视频效果】|【生成】|【吸管填充】效果，如图5-210所示。其参数面板如图5-211所示。

图 5-210
图 5-211

- 采样点：设置颜色的取样点。
- 采样半径：设置颜色的取样半径。
- 平均像素颜色：设置平均像素半径的方式。
- 保持原始Alpha：选中该复选框，保持原素材的Alpha。
- 与原始图像混合：设置填充色和原素材的不透明度。如图5-212所示为【采样点】分别设置为（-207,4455）和（249,3372），【采样半径】分别设置为200和55，【与原始图像混合】分别为100%和60%的对比效果。

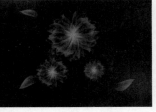

图 5-212

5.10.4 四色渐变

技术速查：【四色渐变】效果可以在素材上通过调节透明度和叠加的方式，产生特殊的四色渐变的效果。

选择【效果】面板中的【视频效果】|【生成】|【四色渐变】效果，如图5-213所示。其参数面板如图5-214所示。

图 5-213
图 5-214

添加【四色渐变】效果前后的对比实例如图5-215所示。

图 5-215

- 位置和颜色：设置渐变点位置和RGB值。不同的数值会产生不同的效果。

- 混合：设置渐变的4种颜色的混合百分比。如图5-216所示是设置【混合】为5和500的效果对比。

图 5-216

- 抖动：设置颜色变化的百分比。
- 不透明度：设置渐变层的不透明度。如图5-217所示为【抖动】和【不透明度】设置为0与100%的对比效果。

图 5-217

- 混合模式：设置渐变层与素材的混合方式。如图5-218所示为【混合模式】为【强光】和【柔光】的对比效果。

图 5-218

★ 案例实战——应用四色渐变效果

案例文件	案例文件\第5章\四色渐变效果.prproj
视频教学	视频文件\第5章\四色渐变效果.mp4
难易指数	★★★★★
技术要点	四色渐变效果的应用

案例效果

颜色渐变是柔和晕染开来的色彩，或从明到暗，或由深转浅，或是从一个颜色到另一个颜色的过渡，充满无尽的变换气息。本例主要是针对"应用四色渐变效果"的方法进行练习，如图5-219所示。

扫码看视频
5.10.4 应用
四色渐变效果

 读书笔记

图 5-219

操作步骤

Part01 制作四色渐变颜色

01 选择【文件】|【新建】|【项目】命令，在弹出的【新建项目】对话框中设置【名称】，并单击【浏览】按钮设置保存路径，再单击【确定】按钮如图5-220所示。选择【文件】|【新建】|【序列】，在弹出的【新建序列】对话框中选择【DV-PAL】|【标准48kHz】选项，再单击【确定】按钮，如图5-221所示。

图 5-220

图 5-221

02 选择菜单栏中的【文件】|【导入】命令或按【Ctrl+I】快捷键，然后在打开的对话框中选择所需的素材文件，并单击【打开】按钮导入，如图5-222所示。

03 将【项目】面板中的【01.jpg】素材文件拖曳到V1

轨道上，如图5-223所示。

图 5-222

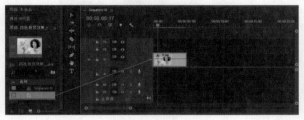

图 5-223

04 选择V1轨道上的【01.jpg】素材文件，在【效果控件】面板【运动】栏中设置【缩放】为21，如图5-224所示。此时效果如图5-225所示。

图 5-224　　　　　　图 5-225

05 在【效果】面板中搜索【四色渐变】效果，按住鼠标左键将其拖曳到V1轨道的【01.jpg】素材文件上，如图5-226所示。

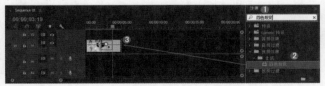

图 5-226

06 选择V1轨道上的【01.jpg】素材文件，在【效果控件】面板展开【四色渐变】栏，设置【不透明度】为70%，【混合模式】为【强光】，如图5-227所示。此时效果如图5-228所示。

图 5-227　　　　　　图 5-228

07 展开【四色渐变】栏中的【位置和颜色】，设置【点1】为（681,364），【颜色1】为黄色。设置【点2】为（2033,1598），【颜色2】为绿色，如图5-229所示。此时效果如图5-230所示。

图 5-229　　　　　　图 5-230

08 继续设置【点3】为（3607,467），【颜色3】为粉色。设置【点4】为（3859,2563），【颜色4】为蓝色，如图5-231所示。此时效果如图5-232所示。

图 5-231　　　　　　图 5-232

Part02 制作文字

01 为素材创建字幕。选择【文件】|【新建】|【旧版标题】命令，在弹出的【新建字幕】对话框中单击【确定】按钮，如图5-233所示。

02 在【字幕】面板中，单击【横排文字工具】按钮
T，在字幕工作区中输入文字【We Heart】，接着设置合
适的字体，【字体颜色】为白色。最后选中【阴影】复选
框，设置【不透明度】为40%，【距离】为13，【扩展】为
29。如图5-234所示。

图 5-233

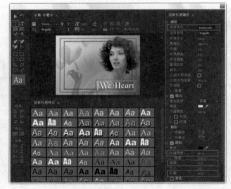

图 5-234

03 关闭【字幕】面板，将【项目】面板中的【字幕
01】素材文件拖曳到V2轨道上，如图5-235所示。

04 此时拖动播放指示器查看，最终的效果如图5-236
所示。

图 5-235

图 5-236

📞 **答疑解惑：如何使用【四色渐变】效果？**

　　【四色渐变】效果可以在图像和视频素材上通过调
节透明度和叠加的方式，产生特殊的四色渐变的效果。
但是也只能最多有4个颜色的渐变。可以利用四色渐变来
制作渐变玻璃色彩和Lomo风格，再为素材添加模糊和自
然光等效果，制作出自然舒适的色彩感觉。

5.10.5　圆形

技术速查：【圆形】效果可以在素材上通过添加一个圆形，并对其半径、羽化、混合模式等参数进行调节产生特殊的效果。

　　选择【效果】面板中的【视频效果】|【生成】|【圆
形】效果，如图5-237所示。其参数面板如图5-238所示。

图 5-237　　　　图 5-238

- 🔘 中心：设置圆形的中心坐标位置。
- 🔘 半径：设置圆形的半径。
- 🔘 边缘：设置并联的【边缘半径】【厚度】【厚度*半
  径】【厚度和羽化*半径】参数是否捆绑在一起。
- 🔘 未使用：当【边缘】下面显现【未使用】，说明【边
  缘】类型为【无】。
- 🔘 羽化：设置边缘的柔化程度。
- 🔘 反转圆形：选中该复选框，反转圆形在素材中的区域。
- 🔘 颜色：设置圆形颜色。
- 🔘 不透明度：设置圆形的不透明度。
- 🔘 混合模式：设置圆形和素材的混合模式。如图5-239所
  示是【覆盖】混合模式下【半径】分别为150和450的
  对比效果。

图 5-239

5.10.6 棋盘

技术速查：【棋盘】效果可以在素材上添加、产生特殊的矩形的棋盘效果。

　　选择【效果】面板中的【视频效果】|【生成】|【棋盘】效果，如图5-240所示。其参数面板如图5-241所示。

图 5-240

图 5-241

● **锚点：**设置棋盘格的坐标位置。

● **大小依据：**设置棋盘格的大小。包括棋盘格的【边角点】【宽度滑块】【宽度和高度滑块】，此3项并联使

用时，分别产生【边角】【宽度】和【高度】这3个并联的选项。

● **边角：**设置棋盘格的边角位置和大小。

● **宽度：**设置棋盘格的宽度。

● **高度：**设置棋盘格的高。如图5-242所示为【宽度】分别设置为25和130，【高度】分别设置为10和130的对比效果。

图 5-242

● **羽化：**设置格子之间的羽化值。

● **颜色：**设置格子填充的颜色。如图5-243所示为【颜色】分别设置为黄色和蓝色的对比效果。

图 5-243

● **不透明度：**设置棋盘格的不透明度。

● **混合模式：**设置棋盘格和原素材的混合程度。

5.10.7 椭圆

技术速查：【椭圆】效果是在素材上添加一个椭圆，透过调节它的大小、透明度、混合程度等参数产生特殊的效果。

　　选择【效果】面板中的【视频效果】|【生成】|【椭圆】效果，如图5-244所示。其参数面板如图5-245所示。

图 5-244

图 5-245

● **中心：**设置椭圆的坐标位置。

● **宽度：**设置椭圆的宽度。如图5-246所示为【宽度】分别设置为450和750的对比效果。

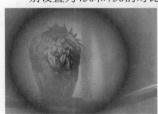

图 5-246

● **高度：**设置椭圆的高度。

● **厚度：**设置椭圆的厚度。

- 柔和度：设置椭圆边缘的柔化程度。
- 内部颜色：设置线条内边的颜色。
- 外部颜色：设置线条外边的颜色。

- 在原始图像上合成：选中该复选框，在制作椭圆时是在素材文件上制作。

5.10.8 油漆桶

技术速查：【油漆桶】效果可以为素材指定的区域填充颜色。

选择【效果】面板中的【视频效果】|【生成】|【油漆桶】效果，如图5-247所示。其参数面板如图5-248所示。

图 5-247   图 5-248

- 填充点：用来设置填充颜色的区域。
- 填充选取器：设置颜色填充的形式。包括【颜色和Alpha】【直接颜色】【透明度】【不透明度】和【Alpha通道】。

- 容差：设置填充区域颜色的容差度。
- 查看阈值：选中该复选框，可以查看当前填充颜色后的黑白阈值效果。如图5-249所示为选中【查看阈值】复选框前后的对比效果。

图 5-249

- 描边：设置画笔的类型。
- 未使用：当【描边】下面显现【未使用】，说明【描边】类型为【无】。
- 反转填充：选中该复选框则会反向填充。
- 颜色：设置填充的颜色。
- 不透明度：设置填充颜色的不透明度。
- 混合模式：设置填充的颜色和原素材的混合模式。

5.10.9 渐变

技术速查：【渐变】效果可以令素材按照线性或径向的方式产生颜色渐变效果。

选择【效果】面板中的【视频效果】|【生成】|【渐变】效果，如图5-250所示。其参数面板如图5-251所示。

图 5-250   图 5-251

- 渐变起点：设置渐变开始的位置。
- 起始颜色：设置渐变开始时的颜色。

- 渐变终点：设置渐变结束时的位置。
- 结束颜色：设置渐变结束的颜色。
- 渐变形状：设置渐变的形式。包括【线性渐变】和【径向渐变】两种形式。如图5-252所示为【线性渐变】和【径向渐变】的对比效果。

图 5-252

- 渐变扩散：设置渐变的扩散程度。
- 与原始图像混合：设置渐变和原素材的混合程度。

5.10.10 网格

技术速查：【网格】效果可以为素材添加不同大小和混合模式的网格效果。

选择【效果】面板中的【视频效果】|【生成】|【网格】效果，如图5-253所示。其参数面板如图5-254所示。

图 5-253

图 5-254

- 锚点：设置水平和垂直方向的网格数量。
- 大小依据：设置并联的3个选项，包括【边角点】【宽度滑块】【宽度和高度滑块】，并产生不同的并联选项。如图5-255所示为【大小依据】分别设置为【边角点】和【宽度滑块】的对比效果。

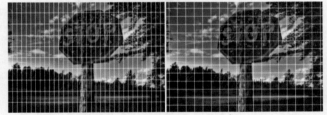
图 5-255

- 边角：设置网格的边角位置及网格数量。
- 宽度：设置网格的宽度。
- 高度：设置网格的高度。
- 边框：设置网格的粗细。
- 羽化：设置水平和垂直网格的柔化程度。
- 反转网格：选中该复选框，反转网格效果。如图5-256所示为【边框】为15时，是否选中【反转网格】复选框的对比效果。

图 5-256

- 颜色：设置网格的颜色。
- 不透明度：设置网格的不透明度。

- 混合模式：设置网格和素材的混合模式。如图5-257所示为【颜色】分别设置为白色和蓝色，【不透明度】分别设置为100%和90%，【混合模式】分别设置为【正常】和【柔光】的对比效果。

图 5-257

★ 案例实战——应用网格效果

案例文件	案例文件\第5章\网格效果.prproj
视频教学	视频文件\第5章\网格效果.mp4
难易指数	★★★★★
技术要点	网格效果的应用

扫码看视频

5.10.10 应用网格效果

案例效果

使用【网格】效果，可以制作出不同的画面混合效果，使画面更加多样和丰富。本例主要是针对"应用网格效果"的方法进行练习，如图5-258所示。

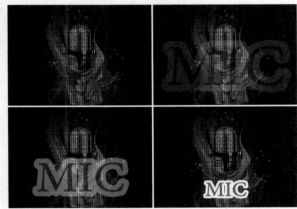
图 5-258

操作步骤

Part01 制作网格的素材效果

01 选择【文件】|【新建】|【项目】命令，在弹出的【新建项目】对话框中设置【名称】，并单击【浏览】按钮设置保存路径，再单击【确定】按钮，如图5-259所示。选择【文件】|【新建】|【序列】命令，在弹出的【新建序列】对话框中选择【DV-PAL】|【标准48kHz】选项，再单击【确定】按钮，如图5-260所示。

图 5-259

图 5-260

02 选择菜单栏中的【文件】|【导入】命令或按【Ctrl+I】快捷键,然后在打开的对话框中选择所需的素材文件,并单击【打开】按钮导入,如图5-261所示。

03 将【项目】面板中的【背景.jpg】素材文件拖曳到V1轨道上,如图5-262所示。

图 5-261

图 5-262

04 选择V1轨道上的【01.jpg】素材文件,在【效果控件】面板【运动】栏中设置【缩放】为61,如图5-263所示。此时效果如图5-264所示。

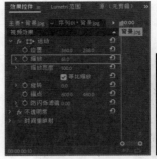

图 5-263

图 5-264

05 在菜单栏中选择【文件】|【新建】|【黑场视频】命令,在弹出的【新建黑场视频】对话框中单击【确定】按钮,如图5-265所示。

图 5-265

技巧提示

也可以单击【项目】面板下面的【新建项】按钮,在弹出的菜单中选择【黑场视频】命令,然后在弹出的【新建黑场视频】对话框中单击【确定】按钮,如图5-266所示。

图 5-266

06 将【项目】面板中的【黑场视频】素材文件拖曳到V2轨道上,如图5-267所示。

图 5-267

07 在【效果】面板中搜索【网格】效果，按住鼠标左键将其拖曳到V2轨道的【黑场视频】素材文件上，如图5-268所示。

图 5-268

08 选择V2轨道上的【黑场视频】素材文件，在【效果控件】面板展开【网格】栏，设置【边角】为（370,295），【边框】为4，如图5-269所示。此时效果如图5-270所示。

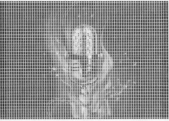

图 5-269　　　　图 5-270

09 在【效果】面板中搜索【轨道遮罩键】效果，按住鼠标左键将其拖曳到V1轨道的【背景.jpg】素材文件上，如图5-271所示。

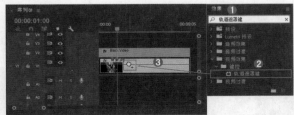

图 5-271

10 选择V1轨道上的【背景.jpg】素材文件，在【效果控件】面板展开【轨道遮罩键】栏，设置【遮罩】为【视频2】，如图5-272所示。此时效果如图5-273所示。

　　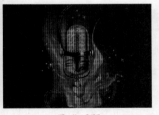

图 5-272　　　　图 5-273

Part02　制作文字动画

01 为素材创建字幕。选择【文件】|【新建】|【旧版标题】命令，在弹出的【新建字幕】对话框中单击【确定】按钮，如图5-274所示。

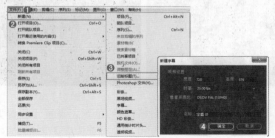

图 5-274

02 在【字幕】面板中，单击【横排文字工具】按钮【T】，在字幕工作区中输入文字【MIC】，并设置合适的字体，【字体大小】为270，【字体颜色】为红色。接着单击【外部描边】后面的【添加】超链接，然后设置【大小】为53，【颜色】为白色，如图5-275所示。

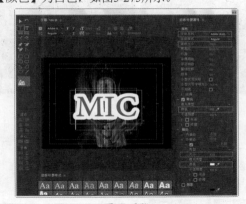

图 5-275

03 关闭【字幕】面板，将【项目】面板中的【字幕01】素材文件拖曳到V3轨道上，如图5-276所示。

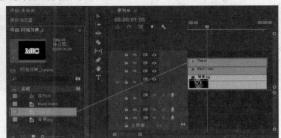

图 5-276

04 选择V3轨道上的【字幕01】素材文件，在【效果控件】面板将播放指示器拖到起始帧的位置，在【运动】栏中单击【位置】、【缩放】和【不透明度】前面的按钮，开启自动关键帧。接着设置【缩放】200，【不透明度】为0，如图5-277所示。此时效果，如图5-278所示。

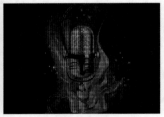

图 5-277　　　　　　　　图 5-278

05 将播放指示器拖到第1秒的位置，设置【位置】为（360,462），【缩放】为60，【不透明度】为100%，如图5-279所示。此时，拖动播放指示器查看最终的效果，如图5-280所示。

图 5-279　　　　　　　　图 5-280

答疑解惑：【轨道遮罩键】效果的作用是什么？

使用【轨道遮罩键】效果时，要指定一个作为蒙版的轨道，然后利用这个轨道上的素材图案作为蒙版来与使用该效果的素材文件进行图像合成。

本案例中作为蒙版的是添加了【网格】效果的黑场素材文件，所以经过合成后，呈现在背景上的即为网格状的效果。

读书笔记

扫码看视频

5.10.11 应用
镜头光晕效果

5.10.11　镜头光晕

技术速查：【镜头光晕】效果可以模拟摄像机在强光照射下，产生的镜头光晕效果。

选择【效果】面板中的【视频效果】|【生成】|【镜头光晕】效果，如图5-281所示。其参数面板如图5-282所示。

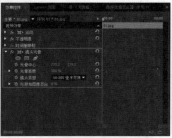

图 5-281　　　　　　　　图 5-282

- 光晕中心：设置镜头光晕中心的坐标位置。
- 光晕亮度：设置镜头光晕的亮度。如图5-283所示为【光晕中心】分别设置为（1267,128）和（1107,108），【光晕亮度】分别设置为79%和160%的对比效果。
- 镜头类型：设置镜头类型，包括3种透镜焦距：50～300毫米变焦、35毫米定焦和105毫米定焦。

- 与原始图像混合：设置镜头光晕效果和原始素材的混合比例。

图 5-283

★ **案例实战——应用镜头光晕效果**

案例文件	案例文件\第5章\镜头光晕效果.prproj
视频教学	视频文件\第5章\镜头光晕效果.mp4
难易指数	★★★★★
技术要点	镜头光晕效果

案例效果

【镜头光晕】效果可以模拟摄影机在强光下拍摄时所产生的光晕效果，并且可以调节镜头和光晕中心位置。本例主要是针对"应用镜头光晕效果"的方法进行练习，如图5-284所示。

图 5-284

操作步骤

01 选择【文件】|【新建】|【项目】命令，在弹出的【新建项目】对话框中设置【名称】，并单击【浏览】按钮设置保存路径，再单击【确定】按钮，如图5-285所示。选择【文件】|【新建】|【序列】命令，在弹出的【新建序列】对话框中选择【DV-PAL】|【标准48kHz】选项，再单击【确定】按钮，如图5-286所示。

图 5-285

图 5-286

02 选择菜单栏中的【文件】|【导入】命令或按【Ctrl+I】快捷键，然后在打开的对话框中选择所需的素材文件，并单击【打开】按钮导入，如图5-287所示。

03 将【项目】面板中的【01.jpg】素材文件拖曳到V1轨道上，如图5-288所示。

图 5-287

图 5-288

04 选择V1轨道上的【01.jpg】素材文件，在【效果控件】面板【运动】栏中设置【缩放】为49，如图5-289所示。此时效果如图5-290所示。

图 5-289

图 5-290

05 在【效果】面板中搜索【镜头光晕】效果，按住鼠标左键将其拖曳到V1轨道的【01.jpg】素材文件上，如图5-291所示。

图 5-291

06 选择V1轨道上的【01.jpg】素材文件，展开【效果控件】面板中的【镜头光晕】栏，设置【光晕中心】为（867,431），如图5-292所示。此时，拖动播放指示器查看最终的效果，如图5-293所示。

图 5-292

图 5-293

答疑解惑：【镜头光晕】效果的应用有哪些？

　　【镜头光晕】效果除了可以模拟摄影机在强光下拍摄的效果，还可以用于各种效果制作中。例如，可以为光晕制作动画，对某一对象进行跟随，产生类似的发光效果等。

扫码看视频

5.10.12 制作
闪电效果

5.10.12　闪电

技术速查：【闪电】效果可以在素材画面上模拟闪电划过的视觉效果。

　　选择【效果】面板中的【视频效果】|【生成】|【闪电】效果，如图5-294所示。其参数面板如图5-295所示。

图 5-294

图 5-295

- 起始点：设置闪电起始发散的坐标位置。
- 结束点：设置闪电结束的位置。
- 分段：设置闪电主干上的分段数。分段数的多少和闪电的曲折成正比。
- 振幅：设置闪电的分布范围。振幅越大，分布范围越广。
- 细节级别：设置闪电的粗细。值越大，越粗。
- 细节振幅：设置闪电在每个段上的复杂度。
- 分支：设置主干上的分支数量。
- 再分支：设置分支上的在分支数量。
- 分支角度：设置闪电分支的角度。
- 分支段长度：设置闪电各分支的长度。
- 分支段：设置闪电分支的线段数。
- 分支宽度：设置闪电分支的粗细。
- 速度：设置闪电变化的速度。
- 稳定性：设置闪电稳定的程度。
- 固定端点：选中该复选框时，闪电的结束点固定在某一坐标上。取消选中该复选框时，闪电产生随机摇摆。

- 宽度：设置主干和分支的整体的粗细。
- 宽度变化：设置闪电的粗细的宽度随机变化。
- 核心宽度：设置闪电的中心宽度。
- 外部颜色：设置闪电的外边缘的发光颜色。
- 内部颜色：设置闪电的内部的填充颜色。
- 拉力：设置闪电的推拉力的强度。
- 拖拉方向：设置闪电的拉力方向。
- 随机植入：设置闪电的随机变化。
- 混合模式：设置闪电特效和原素材的混合模式。
- 模拟：设置闪电的变化。

★ 案例实战——制作闪电效果

案例文件	案例文件\第5章\闪电效果.prproj
视频教学	视频文件\第5章\闪电效果.mp4
难易指数	★★★★★
技术要点	动画关键帧、亮度与对比度和闪电效果的应用

案例效果

　　闪电是一种自然现象，是云与云之间、云与地之间或者云体内各部位之间的强烈放电现象。多在下雨前后发生。通常表现为一条巨大的电流产生出一道明亮夺目的闪光。本例主要是针对"制作闪电效果"的方法进行练习，如图5-296所示。

图 5-296

操作步骤

01 选择【文件】|【新建】|【项目】命令，在弹出的【新建项目】对话框中设置【名称】，并单击【浏览】按钮设置保存路径，再单击【确定】按钮，如图5-297所示。选择【文件】|【新建】|【序列】命令，在弹出的【新建序列】对话框中选择【DV-PAL】|【标准48kHz】选项，再单击【确定】按钮，如图5-298所示。

图 5-297

图 5-298

02 选择菜单栏中的【文件】|【导入】命令或按【Ctrl+I】快捷键，然后在打开的对话框中选择所需的素材文件，并单击【打开】按钮导入，如图5-299所示。

图 5-299

03 将【项目】面板中的【01.jpg】素材文件拖曳到V1轨道上，如图5-300所示。

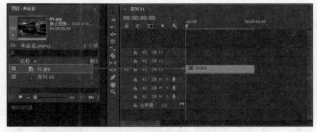

图 5-300

04 选择V1轨道上的【01.jpg】素材文件，在【效果控件】面板【运动】栏中设置【缩放】为57。接着将播放指示器拖到第2秒15帧的位置，设置【不透明度】为100。然后将播放指示器拖到第3秒20帧的位置，设置【不透明度】为0，如图5-301所示。此时效果如图5-302所示。

图 5-301　　　　　　　　图 5-302

05 在【效果】面板中搜索【闪电】效果，按住鼠标左键将其拖曳到V1轨道的【01.jpg】素材文件上，如图5-303所示。

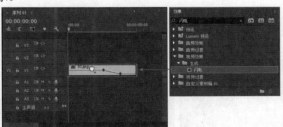

图 5-303

06 选择V1轨道上的【01.jpg】素材文件，在【效果控件】面板展开【闪电】栏，设置【起始点】为（817.3，-20），【结束点】为（605.2,562.6），【分段】为6，【振幅】为3，【细节振幅】为1，【分支】为1，【再分支】为0.4，如图5-304所示。此时效果如图5-305所示。

读书笔记

图 5-304

图 5-305

07 继续设置【分支角度】为60，【分支段长度】为0.5，【分支段】为8，【速度】为3，如图5-306所示。此时效果如图5-307所示。

图 5-306

图 5-307

08 设置【外部颜色】为蓝色，【内部颜色】为灰色，【拉力】为28，【拖拉方向】为15°。选中【模拟】后面的复选框，如图5-308所示。此时效果如图5-309所示。

图 5-308

图 5-309

09 将播放指示器拖到第1秒的位置，单击【结束点】前面的按钮，开启自动关键帧，并设置【结束点】为（820.2,-50）。接着将播放指示器拖到第1秒14帧的位置，

并设置【结束点】为（605.2,562.6），如图5-310所示。此时效果如图5-311所示。

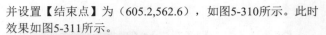

图 5-310

图 5-311

10 在【效果】面板中搜索【亮度与对比度】效果，按住鼠标左键将其拖曳到V1轨道上，如图5-312所示。

图 5-312

11 选择V1轨道上的【01.jpg】素材文件，在【效果控件】面板中展开【亮度与对比度】栏，并设置【对比度】为40。接着将播放指示器拖到第1秒的位置，单击【亮度】前面的，开启自动关键帧，并设置【亮度】为-10，如图5-313所示。此时效果如图5-314所示。

图 5-313

图 5-314

12 将播放指示器拖到第1秒14帧的位置，设置【亮度】为20。最后将播放指示器拖到第2秒15帧的位置，设置【亮度】为-10，如图5-315所示。最终效果如图5-316所示。

 读书笔记

图 5-315

图 5-316

 答疑解惑：闪电的效果有哪些？

闪电主要分为线形闪电和球形闪电，最常见的闪电是线形闪电，通常是非常明亮的白色、粉红色或蓝色的耀眼亮线，类似地面上的不断分支的河流，也像一棵蜿蜒曲折、枝权纵横的树。

因为闪电在出现的时候会照亮周围的物体。所以制作闪电在空中出现效果时，要将闪电周围的物体提亮。

 5.11 视频类视频效果

视频类视频效果组中包括【SDR遵从情况】【剪辑名称】【时间码】和【简单文本】等效果。选择【效果】面板中的【视频效果】|【视频】，如图5-317所示。

图 5-317

读书笔记

_____

_____

_____

_____

_____

5.11.1 SDR遵从情况

技术速查：【SDR遵从情况】效果位于【导出】设置的【效果】选项卡中。

选择【效果】面板中的【视频效果】|【视频】|【SDR遵从情况】效果，如图5-318所示。其参数面板如图5-319所示。

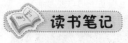

- 亮度：调解亮度数值可以改变素材的明亮度。
- 对比度：调整对比度数值主要影响视频中的颜色中间调。
- 软阈值：控制完整压缩模式的过渡。

5.11.2 剪辑名称

技术速查：【剪辑名称】效果会让素材文件在【节目】监视器中显现素材名称。

选择【效果】面板中的【视频效果】|【视频】|【剪辑名称】效果，如图5-320所示。其参数面板如图5-321所示。

图 5-318

图 5-319

图 5-320　　　　　　　　图 5-321

● 位置：调整剪辑名称的水平和垂直位置。

● 对齐方式：分为3个选项，分别是【左】【中】和【右】。

● 大小：指定文字大小。

● 不透明度：指定时间码后面的黑盒的不透明度。

● 显示：指定是显示序列剪辑名称，还是显示项目剪辑名称或剪辑文件名。

● 源轨道：如果已禁用源轨道指示器，则滑动该指示器可将其启用。

5.11.3　时间码

技术速查：【时间码】效果可以在素材上添加与摄像机同步的时间码，以精准对位与编辑。

选择【效果】面板中的【视频效果】|【视频】|【时间码】效果，如图5-322所示。其参数面板如图5-323所示。

图 5-322　　　　　　　　图 5-323

● 位置：设置时间码在素材上现实的位置。

● 大小：设置时间在素材上的显示大小。

● 不透明度：设置时间码的背景在素材上显示时的不透明度。

● 场符号：选中该复选框时，可显示素材上的【场符号】。

● 格式：设置时间码的显示方式。

● 时间码源：设置时间码的产生方式。

● 时间显示：设置时间码的显示制式。

● 位移：设置时间码的位移帧数。

● 标签文本：为时间码添加标签文字。如图5-324所示为【位移】设置为-139和90，【标签文本】设置为相机9和相机2时的对比效果。

图 5-324

★ 案例实战——应用时间码效果

案例文件	案例文件\第5章\时间码效果.prproj
视频教学	视频文件\第5章\时间码效果.mp4
难易指数	★★★★★
技术要点	时间码效果的应用

案例效果

时间码是记录拍摄时间的，每一个画面所对应的时间码是唯一的，而且时间码的显示是无法清零的。本例主要是针对"应用时间码效果"的方法进行练习，如图5-325所示。

图 5-325

扫码看视频

5.11.3 应用时间码效果

操作步骤

01 选择【文件】|【新建】|【项目】命令，在弹出的【新建项目】对话框中设置【名称】，并单击【浏览】按钮设置保存路径，再单击【确定】按钮，如图5-326所示。

然后在【项目】面板空白处单击鼠标右键，在弹出的快捷菜单中选择【新建项目】|【序列】命令，在弹出的【新建序列】对话框中选择【DV-PAL】|【标准48kHz】选项，再单击【确定】按钮，如图5-327所示。

图 5-326

图 5-327

02 选择菜单栏中的【文件】|【导入】命令或按【Ctrl+I】快捷键，然后在打开的对话框中选择所需的素材文件，并单击【打开】按钮导入，如图5-328所示。

03 将【项目】面板中的【01.jpg】素材文件拖曳到V1轨道上，如图5-329所示。

图 5-328

图 5-329

04 选择V1轨道上的【01.jpg】素材文件，在【效果控件】面板【运动】栏中设置【缩放】为80，如图5-330所示。此时效果如图5-331所示。

图 5-330　　　　　　　图 5-331

05 在【效果】面板中搜索【时间码】效果，按住鼠标左键将其拖曳到V1轨道的【01.jpg】素材文件上，如图5-332所示。

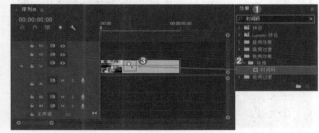

图 5-332

06 选择V1轨道上的【01.jpg】素材文件，在【效果控件】面板中展开【时间码】栏，设置【位置】为（747，90），【大小】为13.5%，【不透明度】为50%，接着选中【场符号】复选框，设置【时间显示】为25，如图5-333所示。此时，拖动播放指示器查看最终的效果，如图5-334所示。

图 5-333　　　　　　　图 5-334

 读书笔记

答疑解惑：为什么要添加【时间码】
效果？

　　时间码是摄像机在记录图像信号时，针对每一幅图
像记录的唯一的时间编码。一种应用于流的数字信号。
该信号为视频中的每个帧都分配一个数字，用以表示小
时、分钟、秒钟和帧数。因为模拟摄像机基本没有这个
功能，所以通过后期制作添加【时间码】效果。

读书笔记

5.11.4　简单文本

技术速查：【简单文本】效果会让素材文件在【节目】监视器中显现该文本。

　　选择【效果】面板中的【视频效果】|【视频】|【简单
文本】效果，如图5-335所示。其参数面板如图5-336所示。

图 5-335

图 5-336

　　● 位置：调节位置数值可以改变文字的摆放位置。如
图5-337所示为文字【位置】分别为（800,1056）和
（500,800）时的效果。

图 5-337

5.12　调整类视频效果

　　调整类视频效果组效果中包括【ProcAmp】【光照效果】【卷积内核】【提取】【色阶】等效果。选择【效果】面板中
的【视频效果】|【调整】，如图5-338所示。

图 5-338

5.12.1　ProcAmp

技术速查：【ProcAmp】效果可以调整素材的亮度、对比
度、色相、饱和度。

　　选择【效果】面板中的【视频效果】|【调整】|
【ProcAmp】效果，如图5-339所示。其参数面板如图5-340
所示。

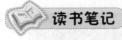

读书笔记

图 5-339　　　　　　图 5-340

图 5-341

（右侧竖排）第 5 章　视频效果

- 亮度：控制素材的明亮程度。如图5-341所示为【亮度】分别为0和25时的对比效果。

- 色相：调整图像的色彩。
- 饱和度：调整图像的色彩饱和度。
- 拆分屏幕：进行屏幕拆分。
- 拆分百分比：调整分割屏幕的百分比。

5.12.2　光照效果

技术速查：【光照效果】效果可以为素材模拟出灯光效果。

选择【效果】面板中的【视频效果】|【调整】|【光照效果】效果，如图5-342所示。其参数面板如图5-343所示。

所示为【环境照明强度】分别为0和20时的对比效果。

图 5-342　　　　　　图 5-343

图 5-344

- 光照1：添加灯光效果。同样光照2、3、4、5也是添加灯光效果，即同时可添加多盏灯光。灯效参数设置均相同，这里以灯光1为例。
  - 光照类型：可选择的灯光类型。
  - 光照颜色：可改变灯光颜色。
  - 中央：改变灯光的中心位置。
  - 主要半径：控制主光的半径值。
  - 次要半径：控制辅助光的半径值。
  - 角度：控制灯光的角度。
  - 强度：控制灯光的强烈程度。
  - 聚焦：控制灯光边缘羽化程度。
- 环境光照颜色：调整周围环境的颜色。
- 环境光照强度：控制周围环境光的强烈程度。如图5-344

- 表面光泽：控制表面的光泽强度。
- 表面材质：设置表面的材质效果。
- 曝光：控制灯光的曝光大小。
- 凹凸层：设置产生浮雕的轨道。
- 凹凸通道：设置产生浮雕的通道。
- 凹凸高度：控制浮雕的大小。
- 白色部分凸起：反转浮雕的方向。

扫码看视频

5.12.1 应用
光照效果

★ 案例实战——应用光照效果

案例文件	案例文件＼第5章＼光照效果.prproj
视频教学	视频文件＼第5章＼光照效果.mp4
难易指数	★★★★★
技术要点	光照效果的应用

案例效果

照明就是利用各种光源照亮工作和生活场所或个别物体。太阳和自然环境中的光叫作自然光。由人工光源产生光叫作人工照明。照明的主要目的就是制造出舒适的可见度和愉快的环境。本例主要是针对"应用光照效果"的方法进行练习，如图5-345所示。

图 5-345

操作步骤

01 选择【文件】|【新建】|【项目】命令，在弹出的【新建项目】对话框中，设置【名称】，并单击【浏览】按钮设置保存路径，再单击【确定】按钮，如图5-346所示。选择【文件】|【新建】|【序列】命令，在弹出的【新建序列】对话框中选择【DV-PAL】|【标准48kHz】选项，再单击【确定】按钮，如图5-347所示。

图 5-346

图 5-347

02 选择菜单栏中的【文件】|【导入】命令或按【Ctrl+I】快捷键，然后在打开的对话框中选择所需的素材文件，并单击【打开】按钮导入，如图5-348所示。

03 将【项目】面板中的【01.jpg】素材文件拖曳到V1轨道上，如图5-349所示。

图 5-348

图 5-349

04 选择V1轨道上的【01.jpg】素材文件，在【效果控件】面板【运动】栏中设置【缩放】为77，如图5-350所示。此时效果如图5-351所示。

图 5-350

图 5-351

05 在【效果】面板中搜索【光照效果】效果，按住鼠标左键将其拖曳到V1轨道的【01.jpg】素材文件上，如图5-352所示。

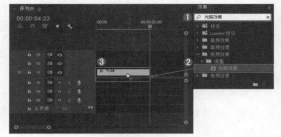

图 5-352

06 选择V1轨道上的【01.jpg】素材文件，在【效果控件】面板展开【光照效果】栏中的【光照1】。设置【光照颜色】为浅黄色，【中央】为（439,322），【主要半径】为34，【次要半径】为21，【角度】为84°，【强度】为27，如图5-353所示。此时效果如图5-354所示。

图 5-353　　　　　　　　图 5-354

07 展开【光照2】，设置【光照类型】为【点光源】，【光照颜色】为浅黄色，【中央】为（579,384），【主要半径】为36，【角度】为37°，【强度】为27，如图5-355所示。此时效果如图5-356所示。

图 5-355　　　　　　　　图 5-356

08 在【效果控件】面板中展开【光照效果】栏，设置【环境光照颜色】为浅黄色，【环境光照强度】为50，如图5-357所示。此时，拖动播放指示器查看最终的效果，如图5-358所示。

图 5-357　　　　　　　　图 5-358

☎ 答疑解惑：还可以制作出哪些不同的光照效果？

　　根据光照效果，通过添加不同的照明光源和参数的调节可以制作出各式各样的光照效果，例如，射灯效果、舞台追光效果和房间里的不同灯光效果等。不断地调整尝试，就可以制作出各种不同的光照效果。

5.12.3　卷积内核

技术速查：【卷积内核】效果可以根据特定的数学公式对素材进行处理。

选择【效果】面板中的【视频效果】|【调整】|【卷积内核】效果，如图5-359所示。其参数面板，如图5-360所示。

图 5-359　　　　　　　　图 5-360

● M11、M12、M13：1级调节素材像素的明暗、对比度。

● M21、M22、M23：2级调节素材像素的明暗、对比

度。如图5-361所示为M21分别为0和5的对比效果。

图 5-361

● M31、M32、M33：3级调节素材像素的明暗、对比度。

● 偏移：控制混合的偏移程度。

● 缩放：控制混合的对比比例程度。

● 处理Alpha：选中该复选框，素材的Alpha通道也被计算在内。

5.12.4 提取

技术速查：【提取】效果可消除视频剪辑的颜色，创建一个灰度图像。

选择【效果】面板中的【视频效果】|【调整】|【提取】效果，如图5-362所示。其参数面板如图5-363所示。

图 5-362

图 5-363

- 输入黑色阶：控制图像中黑色的比例。
- 输入白色阶：控制图像中白色的比例。
- 柔和度：控制图像的灰度。

如图5-364所示为添加【提取】效果的对比效果。

图 5-364

5.12.5 色阶

技术速查：【色阶】效果可将亮度、对比度、色彩平衡等功能相结合，对图像进行明度、阴暗层次和中间色的调整、保存和载入设置等。

选择【效果】面板中的【视频效果】|【调整】|【色阶】效果，如图5-365所示。其参数面板如图5-366所示。

图 5-365

图 5-366

- 输入黑色阶：控制图像中黑色的比例。
- 输入白色阶：控制图像中白色的比例。
- 输出黑色阶：控制图像中黑色的亮度。
- 输出白色阶：控制图像中白色的亮度。
- 灰度系数：控制灰度级。

如图5-367所示为【（G）输入黑色阶】分别为0和100时的对比效果。

图 5-367

★ 案例实战——制作夜视仪效果

案例文件	案例文件\第5章\夜视仪效果.prproj
视频教学	视频文件\第5章\夜视仪效果.mp4
难易指数	★★★★★
技术要点	动画关键帧、黑色过渡、亮度与对比度和光照效果的应用

案例效果

夜视仪，即夜间瞄准具，其利用微弱光照下目标所反射光线通过夜视设备在荧光屏上增强为人眼可感受的可见图像，用来观察和瞄准目标。本例主要是针对"制作夜视仪效果"的方法进行练习，如图5-368所示。

图 5-368

扫码看视频

5.12.5 制作
夜视仪效果

制作步骤

Part01 制作素材的转场动画

01 选择【文件】|【新建】|【项目】命令，在弹出的【新建项目】对话框中设置【名称】，并单击【浏览】按钮设置保存路径，再单击【确定】按钮，如图5-369所示。选择【文件】|【新建】|【序列】命令，在弹出的【新建序列】对话框中选择【DV-PAL】|【标准48kHz】选项，再单击【确定】按钮，如图5-370所示。

图 5-369

图 5-370

02 选择菜单栏中的【文件】|【导入】命令或按【Ctrl+I】快捷键，然后在打开的对话框中选择所需的素材文件，并单击【打开】按钮导入，如图5-371所示。

图 5-371

03 将【项目】面板中的【01.jpg】素材文件拖曳到V1轨道上，并设置结束时间为第2秒的位置，如图5-372所示。

图 5-372

04 选择V1轨道上的【01.jpg】素材文件，单击【效果控件】面板【运动】栏中【缩放】前面的按钮，开启自动关键帧，并设置【缩放】为263。将播放指示器拖到第2秒，设置【缩放】为54，如图5-373所示。此时效果如图5-374所示。

图 5-373

图 5-374

05 在【效果】面板中搜索【渐隐为黑色】效果，按住鼠标左键将其拖曳到V1轨道的【01.jpg】素材文件的末尾处，如图5-375所示。

图 5-375

技巧提示

除了使用【渐隐为黑色】视频过渡效果，还可以在【效果控件】面板中利用【不透明度】属性制作黑场过渡动画效果。

06 再次将【项目】面板中的【01.jpg】素材文件拖曳到V1轨道上的素材文件后面，并重命名为【02.jpg】，然后设置结束时间为第7秒的位置，在【效果控件】面板中设置该素材的【缩放】为54，如图5-376所示。

图 5-376

07 在【效果】面板中搜索【渐隐为黑色】效果，按住鼠标左键将其拖曳到V1轨道的【02.jpg】素材文件末尾处，如图5-377所示。

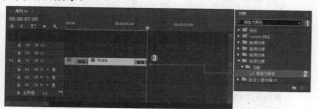

图 5-377

08 在【效果】面板中搜索【亮度与对比度】效果，按住鼠标左键将其拖曳到V1轨道的【02.jpg】素材文件上，如图5-378所示。

图 5-378

09 选择V1轨道上的【02.jpg】素材文件，在【效果控件】面板中展开【亮度与对比度】栏，设置【亮度】为24，【对比度】为20，如图5-379所示。此时效果如图5-380所示。

图 5-379

图 5-380

▌Part02 制作照明动画效果

01 在【效果】面板中搜索【光照效果】，按住鼠标

左键将其拖曳到V1轨道的【02.jpg】素材文件上。选择V1轨道上的【02.jpg】素材文件，在【效果控件】面板中展开【光照效果】栏，展开【光照1】，并设置【光照颜色】为绿色，【主要半径】为10，【次要半径】为10，【强度】为25，【聚焦】为100，如图5-381所示。此时效果如图5-382所示。

图 5-381

图 5-382

02 继续设置【光照效果】栏中的【环境光照强度】为10，【表面光泽】为40，如图5-383所示。此时效果如图5-384所示。

图 5-383

图 5-384

03 选择V1轨道上的【02.jpg】素材文件，在【效果控件】面板将播放指示器拖到第2秒的位置，单击【光照1】下【中央】前面的 按钮，开启自动关键帧，并设置【中央】为（541,313）。接着将播放指示器拖到第3秒的位置，设置【中央】为（1544,536），如图5-385所示。

图 5-385

04 将播放指示器拖到第4秒的位置，设置【中央】为（1284,999）。然后将播放指示器拖到第5秒的位置，设置【中央】为（1014,317）。最后将播放指示器拖到第6秒的位

置，设置【中央】为（595,759），如图5-386所示。

图 5-386

05 此时，拖动播放指示器查看最终的效果，如图5-387所示。

图 5-387

📞 **答疑解惑**：制作夜视仪效果需要注意哪些问题？

夜视仪是在夜晚观察时使用的，所以要降低周围物体的亮度。而且利用【光照效果】模拟夜视仪效果时，光照边缘要清晰，且形状规律。

夜视成像图以其诡异的绿色光泽而著称。这是因为电子的能量会使磷光质释出光子。这些磷光质会在屏幕上生成绿色图像。绿色的图像是夜视仪的一大特色。所以制作夜视仪效果时还要注意照明颜色的调节等。

📖 **读书笔记**

5.13 过渡类视频效果

过渡类视频效果主要是用来制作素材间的过渡效果，此类效果和视频编辑中的转场效果相似，但用法不同，该类效果可以单独对素材进行效果转场，而视频转场是在两个视频素材的连接处制造转场效果。【过渡】包含5种效果，分别为【块溶解】【径向擦除】【渐变擦除】【百叶窗】和【线性擦除】，选择【效果】面板中的【视频效果】|【过渡】，如图5-388所示。

图 5-388

5.13.1 块溶解

技术速查：【块溶解】效果可以使素材图像产生随机板块溶解的效果。

选择【效果】面板中的【视频效果】|【过渡】|【块溶

解】效果，如图5-389所示。其参数面板如图5-390所示。

图 5-389   图 5-390

⚫ **过渡完成**：设置素材过渡完成的百分比。

⚫ **块宽度**：设置块的宽度。如图5-391所示为【过渡完成】设置为2和41，【块宽度】设置为1和80时的对比图效果。

图 5—391

- 块高度：设置块的高度。
- 羽化：设置块的边缘羽化程度。

- 边缘柔化（最好品质）：选中该复选框，块边缘更柔和。如图5-392所示为【羽化】设置为0和54，不选中与选中【边缘柔化（最好品质）】复选框时的对比效果。

图 5—392

5.13.2　径向擦除

技术速查：【径向擦除】效果可以使素材产生按某一中心位置进行径向擦除的效果。

选择【效果】面板中的【视频效果】|【过渡】|【径向擦除】效果，如图5-393所示。其参数面板如图5-394所示。

图 5—393　　　　　图 5—394

- 过渡完成：设置素材擦除的百分比。如图5-395所示为【羽化】设置为400时，【过渡完成】为3和50时的对比

效果。

图 5—395

- 起始角度：设置径向擦除的角度。
- 擦除中心：设置径向擦除中心位置。
- 擦除：设置径向擦除类型，包括【顺时针】【逆时针】和【都选】3种。
- 羽化：设置边缘羽化数值。

5.13.3　渐变擦除

技术速查：【渐变擦除】效果可以使素材产生梯状渐变擦除的效果。

选择【效果】面板中的【视频效果】|【过渡】|【渐变擦除】效果，如图5-396所示。其参数面板如图5-397所示。

图 5—396　　　　　图 5—397

- 过渡完成：设置素材过渡的百分比。如图5-398所示为【过渡完成】分别为0和50的对比效果。

图 5—398

- 过渡柔和度：设置边缘柔和程度。
  - 渐变图层：选择渐变图层。

- 渐变放置：设置擦除的方式。包括【平铺渐变】【中心渐变】和【伸缩渐变以适合】3种。

- 反转渐变：选中该复选框时，可以使素材产生相反方向的渐变擦除。

5.13.4　百叶窗

技术速查：【百叶窗】效果可以使素材产生百叶窗过渡的效果。

选择【效果】面板中的【视频效果】|【过渡】|【百叶窗】效果，如图5-399所示。其参数面板如图5-400所示。

扫码看视频

5.13.4 应用
百叶窗效果

图 5-402

图 5-399　　　　　图 5-400

- 过渡完成：设置素材擦除的百分比。

- 方向：设置百叶窗过渡的方向。如图5-401所示为【过渡完成】设置为6和70，【方向】设置为5和45时的对比效果。

操作步骤

01　选择【文件】|【新建】|【项目】命令，在弹出的【新建项目】对话框中设置【名称】，并单击【浏览】按钮设置保存路径，再单击【确定】按钮，如图5-403所示。然后在【项目】面板空白处单击鼠标右键，在弹出的快捷菜单中选择【新建项目】|【序列】命令，在弹出的【新建序列】对话框中选择【DV-PAL】|【标准48kHz】选项，再单击【确定】按钮，如图5-404所示。

图 5-401

- 宽度：设置百叶窗宽度。

- 羽化：设置边缘羽化程度。

★ 案例实战——应用百叶窗效果

案例文件	案例文件\第5章\百叶窗效果.prproj
视频教学	视频文件\第5章\百叶窗效果.mp4
难易指数	★★★★★
技术要点	百叶窗效果的应用

案例效果

【百叶窗】效果拥有能够灵活调节的叶片，可以制作反转叶片效果来转换画面。本例主要是针对"应用百叶窗效果"的方法进行练习，如图5-402所示。

图 5-403

图 5-404

02 选择菜单栏中的【文件】|【导入】命令或按【Ctrl+I】快捷键，然后在打开的对话框中选择所需的素材文件，并单击【打开】按钮导入，如图5-405所示。

图 5-405

03 将【项目】面板中的【01.jpg】和【02.jpg】素材文件拖曳到V1和V2轨道上，如图5-406所示。

图 5-406

04 分别在【效果控件】面板中展开【运动】栏，设置【01.jpg】和【02.jpg】素材文件的【缩放】为50，如图5-407所示。此时效果如图5-408所示。

图 5-407　　　　　　　　图 5-408

05 在【效果】面板中搜索【百叶窗】效果，按住鼠标左键将其拖曳到V1轨道的【01.jpg】素材文件上，如图5-409所示。

图 5-409

06 选择V2轨道上的【02.jpg】素材文件，在【效果控制】面板中将播放指示器拖到起始帧的位置，展开【百叶窗】栏，单击【过渡完成】前面的按钮，开启自动关键帧。接着将播放指示器拖到第4秒的位置，设置【过渡完成】为100%，如图5-410所示。此时拖到播放指示器查看效果，如图5-411所示。

图 5-410　　　　　　　　图 5-411

07 继续设置【百叶窗】栏中的【方向】为90，【宽度】为80，如图5-412所示。此时，拖动播放指示器查看最终的效果，如图5-413所示。

图 5-412　　　　　　　　图 5-413

☎ **答疑解惑：【百叶窗】效果的优势有哪些？**

【百叶窗】效果可以逐渐地翻转画面，而且可以控制叶片的数量与角度。还可以将翻转的素材更换为各种不同的材质效果，更能表现出接近真实的百叶窗效果。

5.13.5　线性擦除

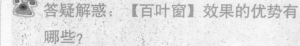

技术速查：【线性擦除】效果可以使素材产生线性擦除的效果。

选择【效果】面板中的【视频效果】|【过渡】|【线性擦除】效果，如图5-414所示。其参数面板如图5-415所示。

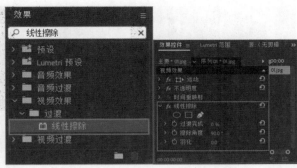

图 5-414　　　　　　　図 5-415

● 过渡完成：设置素材擦除的百分比。

● 擦除角度：设置线性擦除角度。 如图5-416示为【过渡完成】设置为0和20，【擦除角度】设置为90°和195°时的对比效果。

图 5-416

● 羽化：设置边缘羽化数值。

5.14 透视类视频效果

　　透视类视频效果主要是给视频素材添加各种透视效果，包括【基本 3D】【投影】【放射阴影】【斜角边】和【斜面Alpha】5种效果。选择【效果】面板中的【视频效果】|【透视】，如图5-417所示。

图 5-417

读书笔记

5.14.1　基本 3D

技术速查：【基本 3D】效果可以对素材进行三维变换，绕水平轴或垂直轴进行旋转，可以产生图像运动的效果，并且可以将图片进行拉近或推远。

　　选择【效果】面板中的【视频效果】|【透视】|【基本3D】效果，如图5-418所示。其参数面板如图5-419所示。

图 5-418　　　　　　　図 5-419

● 旋转：设置素材水平旋转的角度。

● 倾斜：设置素材垂直旋转的角度。 如图5-420所示是【倾斜】设置为0和30时的对比效果。

图 5-420

● 与图像的距离：设置素材拉近或推远的距离。

- 镜面高光：设置阳光照在素材上产生的光晕效果，模拟其真实效果。

- 预览：选中【绘制预览线框】复选框时，在预览时素材会以线框的形式显示，这样可以加快素材的显示速度。如图5-421所示是【与图像的距离】设置为0和30，不选中与选中【显示镜面高光】时的对比效果。

图 5-421

5.14.2 投影

技术速查：【投影】效果可以为素材添加阴影的效果，一般应用于多轨道文件中。

选择【效果】面板中的【视频效果】|【透视】|【投影】效果，如图5-422所示。其参数面板如图5-423所示。

图 5-422　　　　图 5-423

- 阴影颜色：设置阴影的颜色。

- 不透明度：设置阴影的不透明度。

- 方向：设置阴影产生的方向。

- 距离：设置阴影和原画面的距离。如图5-424所示为【距离】分别为0和40后的对比效果。

图 5-424

- 柔和度：设置阴影的柔和度值。

- 仅阴影：画面中仅显示阴影。

★ 案例实战——应用投影效果

案例文件	案例文件\第5章\投影效果.prproj
视频教学	视频文件\第5章\投影效果.mp4
难易指数	
技术要点	投影效果的应用

扫码看视频

5.14.2 应用
投影效果

案例效果

在有光线照射的空间里，由于物体挡住了光线的传播，而光线不能穿过不透明物体而形成的较暗区域，就是投影，即一种光学现象。本例主要是针对"应用投影效果"的方法进行练习，如图5-425所示。

图 5-425

操作步骤

01 选择【文件】|【新建】|【项目】，在弹出的【新建项目】对话框中设置【名称】，并单击【浏览】按钮设置保存路径，再单击【确定】按钮，如图5-426所示。选择【文件】|【新建】|【序列】命令，在弹出的【新建序列】对话框中选择【DV-PAL】|【标准48kHz】选项，再单击【确定】按钮，如图5-427所示。

图 5-426

图 5-427

02 选择菜单栏中的【文件】|【导入】命令或按【Ctrl+I】快捷键，然后在打开的对话框中选择所需的素材文件，并单击【打开】按钮导入，如图5-428所示。

图 5-428

03 将【项目】面板中的【01.jpg】和【02.png】素材文件分别拖曳到V1和V2轨道上，如图5-429所示。

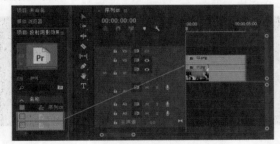

图 5-429

04 选择V1轨道上的【01.jpg】素材文件，在【效果控件】面板【运动】栏中设置【缩放】为23，如图5-430所示。此时效果如图5-431所示。

图 5-430

图 5-431

05 选择V2轨道上的【02.png】素材文件，在【效果控件】面板【运动】栏中设置【位置】为（360,226），【缩放】为92，如图5-432所示。此时效果如图5-433所示。

图 5-432

图 5-433

06 在【效果】面板中搜索【投影】，按住鼠标左键将其拖曳到V2轨道的【02.png】素材文件上，如图5-434所示。

图 5-434

07 选择V2轨道的【02.png】素材文件，在【效果控件】面板展开【投影】栏，设置【不透明度】为85%，【方向】为203°，【距离】为45，【柔和度】为14，如图5-435所示。此时，拖动播放指示器查看最终的效果，如图5-436所示。

图 5-435

图 5-436

 答疑解惑：投影分为哪些类别？

投影分为平行投影、中心投影、正投影和斜投影。

由平行光线形成的投影是平行投影。由同一点形成的投影叫作中心投影。投影线垂直于投影面产生的投影叫作正投影。投影线不垂直于投影面产生的投影叫作斜投影。物体正投影的形状、大小与它相对于投影面的位置和角度有关。

5.14.3 放射阴影

技术速查：【放射阴影】效果与【投影】效果类似。但比【投影】在控制上变化多一些，它可以使一个三维层的影子投射到一个二维层。

选择【效果】面板中的【视频效果】|【透视】|【放射阴影】效果，如图5-437所示。其参数面板如图5-438所示。

图 5-437　　　　　图 5-438

- 阴影颜色：设置阴影的颜色。
- 不透明度：设置阴影的不透明度。
- 光源：设置光源的位置。
- 投影距离：设置阴影的投影距离。
- 柔和度：设置阴影的柔和度值。
- 渲染：设置阴影的渲染方式。包括【常规】和【玻璃边缘】。
- 颜色影响：设置颜色对阴影的影响度。
- 仅阴影：只显示阴影模式。
- 调整图层大小：调整图层的尺寸大小。

5.14.4 斜角边

技术速查：【斜角边】效果可以使素材的边缘产生立体的效果。但边缘斜切只能对矩形的图像形状应用，不能应用在带有Alpha通道的图像上。

选择【效果】面板中的【视频效果】|【透视】|【斜角边】效果，如图5-439所示。其参数面板如图5-440所示。

图 5-439　　　　　图 5-440

- 边缘厚度：设置边缘厚度。如图5-441所示是【边缘厚度】设置为0.1和0.5的效果对比图。

图 5-441

- 光照角度：设置光照角度，即阴影所产生的方向。

- 光照颜色：设置光照的颜色。
- 光照强度：设置光照的强度值。如图5-442所示为【光照强度】设置为绿色和黄色，【光照强度】为0.2和0.5的对比效果。

图 5-442

5.14.5 斜面 Alpha

技术速查：【斜面Alpha】效果可以使素材出现分界，是通过二维的Alpha通道效果形成三维立体外观。斜切效果特别适合包含文本的图像。

选择【效果】面板中的【视频效果】|【透视】|【斜面Alpha】效果，如图5-443所示。其参数面板如图5-444所示。

- 边缘厚度：设置边缘的厚度值。如图5-445所示为【边缘厚度】分别为0和12的对比效果。
- 光照角度：设置光照的角度，即阴影所产生的方向。
- 光照颜色：设置光照的颜色。
- 光照强度：设置光照的强度值。

图 5-443　　　　　　　图 5-444

图 5-445

★ 案例实战——应用斜面Alpha效果

案例文件	案例文件\第5章\斜面Alpha效果.prproj
视频教学	视频文件\第5章\斜面Alpha效果.mp4
难易指数	★★★★★
技术要点	横排文字工具、阴影和斜面Alpha效果的应用

案例效果

　　在平面构图中经常会出现一些具有立体感效果的图案。这是由于给图案添加了斜角效果，使其边缘产生了一定的斜角，从而形成类似立体的效果。本例主要是针对"应用斜面Alpha效果"的方法进行练习，如图5-446所示。

扫码看视频

5.14.5 应用斜面Alpha效果

图 5-446

操作步骤

　　01 选择【文件】|【新建】|【项目】命令，在弹出的【新建项目】对话框中设置【名称】，并单击【浏览】按钮设置保存路径，再单击【确定】按钮，如图5-447所示。选择【文件】|【新建】|【序列】命令，在弹出的【新建序列】对话框中选择【DV-PAL】|【标准48kHz】选项，再单击【确定】按钮，如图5-448所示。

图 5-447

图 5-448

　　02 选择菜单栏中的【文件】|【导入】命令或按【Ctrl+I】快捷键，然后在打开的对话框中选择所需的素材文件，并单击【打开】按钮导入，如图5-449所示。

　　03 将【项目】面板中的【01.jpg】素材文件拖曳到V1轨道上，如图5-450所示。

图 5-449

图 5-450

　　04 选择V1轨道上的【01.jpg】素材文件，在【效果控件】面板【运动】栏中设置【缩放】为66，如图5-451所示。此时效果如图5-452所示。

图 5-451　　　　　　　　图 5-452

05 为素材创建字幕。选择【文件】|【新建】|【旧版标题】命令，在弹出的【新建字幕】对话框中单击【确定】按钮，如图5-453所示。

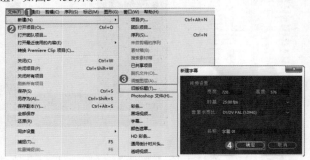

图 5-453

06 在【字幕】面板中，单击【横排文字工具】按钮T，在字幕工作区输入文字【Peace】，并设置【字体系列】为【Futura Bk BT】，【字体大小】为227，【颜色】为"绿色"。接着选中【阴影】复选框，设置【距离】为17，【扩展】为49，如图5-454所示。

图 5-454

技巧提示

制作文字的阴影效果也可以在将文字拖曳到【时间轴】面板中后，将【效果】面板中的【投影】效果添加到文字上，再加以调整。最终效果是一样的。

07 关闭【字幕】面板，将【项目】面板中的【字幕01】素材文件拖曳到V2轨道上，如图5-455所示。

图 5-455

08 在【效果】面板中搜索【斜面Alpha】效果，然后按住鼠标左键将其拖曳到V2轨道的【字幕01】素材文件上，如图5-456所示。

图 5-456

09 选择V2轨道上的【字幕01】素材文件，打开【效果控件】面板中的【斜面Alpha】栏，并设置【边缘厚度】为6.8，【光照角度】为-70°，如图5-457所示。此时，拖动播放指示器查看最终的效果，如图5-458所示。

图 5-457　　　　　　　　图 5-458

答疑解惑：【斜角边】效果有哪些作用?

【斜角边】效果即将物体的棱角制作成一定的斜面效果。为素材添加斜角边效果，可以使素材看起来有一定的立体感。根据素材的内容，斜角的厚度可以进行适当调整来表现不同的效果。

例如，单独的二维效果给人孤独单薄的感觉，添加【斜角边】效果加以调整，可以使其看起来更加具有力量和厚重感。

5.15 通道类视频效果

通道类视频效果组包括【反转】【复合运算】【混合】【算术】【纯色合成】【计算】和【设置遮罩】等效果，如图5-459所示。

图 5-459

5.15.1 反转

技术速查：【反转】效果可以反转素材的通道。

选择【效果】面板中的【视频效果】|【通道】|【反转】效果，如图5-460所示。其参数面板如图5-461所示。

图 5-460   图 5-461

● 声道：设置要反转的颜色声道。

● 与原始图像混合：设置反转通道后与原素材的混合百分比。

如图5-462所示为添加【反转】效果前后的对比效果。

图 5-462

★ 案例实战——应用反转效果

案例文件	案例文件\第5章\反转效果.prproj
视频教学	视频文件\第5章\反转效果.mp4
难易指数	★★★★★
技术要点	反转效果的应用

案例效果

反转效果可以反转当前所选择的通道，制作出原来颜色对应补色的画面效果。本例主要是针对"应用反转效果"的方法进行练习，如图5-463所示。

图 5-463

扫码看视频

5.15.1 应用
反转效果

操作步骤

01 选择【文件】|【新建】|【项目】命令，在弹出的【新建项目】对话框中设置【名称】，并单击【浏览】按钮设置保存路径，再单击【确定】按钮，如图5-464所示。选择【文件】|【新建】|【序列】命令，在弹出的【新建序列】对话框中选择【DV-PAL】|【标准48kHz】选项，再单击【确定】按钮，如图5-465所示。

图 5-464

读书笔记

图 5-465

02 选择菜单栏中的【文件】|【导入】命令或按【Ctrl+I】快捷键，然后在打开的对话框中选择所需的素材文件，并单击【打开】按钮导入，如图5-466所示。

图 5-466

03 将【项目】面板中的【01.jpg】素材文件拖曳到V1轨道上，如图5-467所示。

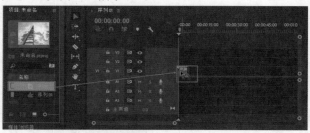

图 5-467

04 选择【时间轴】面板中的素材，单击鼠标右键执行【缩放为帧大小】。选择V1轨道上的【01.jpg】素材文件，在【效果控件】面板【运动】栏中设置【缩放】为104，如图5-468所示。此时效果，如图5-469所示。

图 5-468

图 5-469

05 在【效果】面板中搜索【反转】效果，按住鼠标左键将其拖曳到V1轨道的【01.jpg】素材文件上，如图5-470所示。

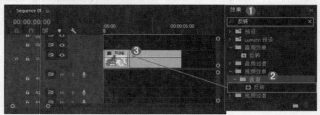

图 5-470

06 选择V1轨道上的【01.jpg】素材文件，展开【效果控件】面板中的【反转】栏，设置【声道】为【明亮度】，【与原始图像混合】为15%，如图5-471所示。此时，拖动播放指示器查看最终的效果，如图5-472所示。

图 5-471

图 5-472

答疑解惑：【反转】效果的主要作用是什么？

【反转】效果的主要作用是调整反转图像中的颜色。在对图像进行反转时，通道中每个像素的亮度值都会翻转。即将某个颜色替换成它的补色，一张图像上有很多颜色，每个颜色都会转换成各自的补色，相当于将图像的色相旋转了180度，原来黑色变白色，绿色变红色。

5.15.2 复合运算

技术速查：【复合运算】效果用于一个指定的视频轨道与原素材的通道进行混合。

选择【效果】面板中的【视频效果】|【通道】|【复合运算】效果，如图5-473所示。其参数面板如图5-474所示。

 读书笔记

图 5-473　　　　　　　　　　图 5-474

● 第二个源图层：指定要混合的第二个素材。

● 运算符：设置混合的计算方式。

● 在通道上运算：指定通道的应用效果。

● 溢出特性：设置混合失败后，所采取的处理方式。

● 伸缩第二个源以适合：二级源素材自动调整大小，以适配。

● 与原始图像混合：这是第二素材与原素材的混合百分比。如图5-475所示为【与原始图层混合】分别为0和70%时的对比效果。

图 5-475

5.15.3　混合

技术速查：【混合】效果可以指定一个轨道与原素材进行混合，产生效果。

选择【效果】面板中的【视频效果】|【通道】|【混合】效果，如图5-476所示。其参数面板如图5-477所示。

图 5-476　　　　　　　　　　图 5-477

● 与图层混合：指定要混合的第二个素材。

● 模式：设置混合的计算方式。

● 与原始图像混合：控制透明度。如图5-478所示为【与原始图像混合】分别为100%和50%时的对比效果。

图 5-478

● 如果图层大小不同：设置指定的素材层与原素材层大小不同时，所采取的处理方式。

5.15.4　算术

技术速查：【算术】效果可以调节RGB通道值，而产生素材混合效果。

选择【效果】面板中的【视频效果】|【通道】|【算术】效果，如图5-479所示。其参数面板如图5-480所示。

图 5-479　　　　　　　　　　图 5-480

● 运算符：指定混合运算的数学方式。

● 红色值：控制红色通道的混合程度。如图5-481所示为【红色值】分别为0和40时的对比效果。

图 5-481

- 绿色值：控制绿色通道的混合程度。如图5-482所示为【绿色值】分别为0和40时的对比效果。

图 5-482

- 蓝色值：控制蓝色通道的混合程度。如图5-483所示为

【蓝色值】分别为0和100时的对比效果。

图 5-483

- 剪切：选中该选项后面的【剪切结果值】复选框，剪切多余的混合信息。

5.15.5 纯色合成

技术速查：纯色综合效果提供了一种快速的方式将原素材的通道与指定的一种颜色值进行混合。

选择【效果】面板中的【视频效果】|【通道】|【纯色合成】效果，如图5-484所示。其参数面板如图5-485所示。

图 5-484

图 5-485

- 源不透明度：控制原素材的不透明度。如图5-486所示为【源不透明度】分别为100%和50%时的对比效果。

图 5-486

- 颜色：指定一种颜色与原素材进行合成。
- 不透明度：控制指定颜色的不透明度。
- 混合模式：设置指定颜色与原素材的混合模式。

5.15.6 计算

技术速查：【计算】效果可以指定素材的通道与原素材的通道进行混合。

选择【效果】面板中的【视频效果】|【通道】|【计算】效果，如图5-487所示。其参数面板如图5-488所示。

图 5-487

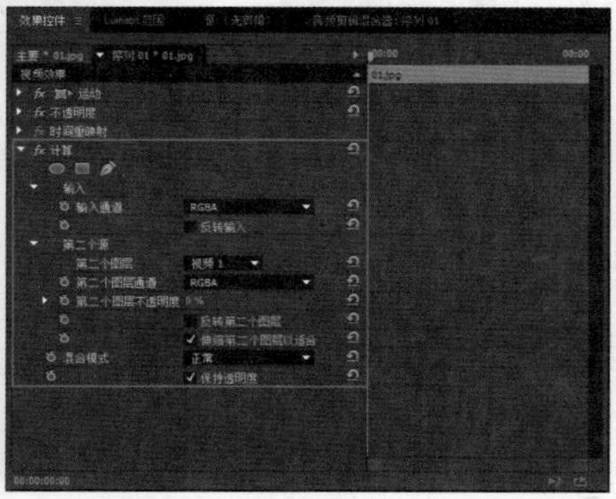

图 5-488

- 输入通道：作为输入，混合操作的提取和使用的通道。
- 反转输入：反转剪辑效果之前提取指定通道信息。
- 第二个源：视频轨道与计算融合了原始剪辑。如图5-489所示为未选中【反转输入】且【第二个源】为0与选中【反转输入】且【第二个源】为10的对比效果。

图 5-489

- 第二个图层：第二个图层在效果提取指定的通道信息之前反转第二个视频轨道。

- 第二个图层通道：混合输入通道的通道。
- 第二个图层不透明度：第二个视频轨道的透明度。
- 反转第二个图层：将反转指定素材的通道。
- 伸缩第二个图层以适合：当指定素材层与原素材层大小

不同时，可用拉伸适配方式处理。
- 混合模式：设置混合的运算模式。
- 保持透明度：确保不修改原图层的Alpha通道。

5.15.7　设置遮罩

技术速查：【设置遮罩】效果可以指定素材的通道作为遮罩与原素材进行混合。

　　选择【效果】面板中的【视频效果】|【通道】|【设置遮罩】效果，如图5-490所示。其参数面板如图5-491所示。

图 5-490

图 5-491

- 从图层获取遮罩：指定遮罩的获取层。

- 用于遮罩：伸展作为遮罩的混合通道。
- 反转遮罩：反转指定的遮罩。如图5-492所示是选中与未选中【反转遮罩】的对比效果。

图 5-492

- 如果图层大小不同：设置指定的素材层与原素材层大小不同时，所采取的处理方式。
- 伸展遮罩以适合：如果蒙版与素材层大小不同，则可以拉伸至适合。
- 将遮罩与原始图像合成：用指定的蒙版与原素材混合。
- 预乘遮罩图层：将遮罩图层正片叠加。

5.16　风格化类视频效果

　　风格化类视频效果是一组风格化效果，用来模拟一些实际的绘画效果，使图像产生丰富的视觉效果。包括【Alpha发光】【复制】【彩色浮雕】【抽帧】【曝光过度】【查找边缘】【浮雕】【画笔描边】【粗超边缘】【纹理化】【闪光灯】【阈值】和【马赛克】13种效果，如图5-493所示。

图 5-493

5.16.1　Alpha发光

技术速查：【Alpha发光】效果可以对含有通道的素材起作用，在通道的边缘部分产生一圈渐变的辉光效果，也可以在单独的图像上应用，制作发光的效果。

　　选择【效果】面板中的【视频效果】|【风格化】|【Alpha发光】效果，如图5-494所示。其参数面板如图5-495所示。

- 发光：设置发光的大小。
- 亮度：设置发光的强度。
- 起始颜色：设置辉光开始的颜色。
- 结束颜色：设置辉光结束的颜色。
- 淡出：选中该复选框时，发光会逐渐衰退或者起始颜色和结束颜色之间产生平滑的过度。

图 5-494

图 5-495

5.16.2　复制

技术速查：【复制】效果可以将素材横向和纵向复制并排列，产生大量的复制相同素材。

选择【效果】面板中的【视频效果】|【风格化】|【复制】效果，如图5-496所示。其参数面板如图5-497所示。

图 5-496

图 5-497

● 计数：设置素材的复制倍数。如图5-498所示为【计数】设置为2和10时的对比效果。

图 5-498

5.16.3　彩色浮雕

技术速查：【彩色浮雕】效果可以调节参数，使素材产生浮雕效果，和【浮雕】效果不同的是，【彩色浮雕】效果包含颜色。

选择【效果】面板中的【视频效果】|【风格化】|【彩色浮雕】效果，如图5-499所示。其参数面板如图5-500所示。

图 5-499

图 5-500

● 方向：设置浮雕方向。

● 起伏：设置浮雕的尺寸大小。如图5-501所示为【方向】分别设置为15°和45°，【起伏】分别设置为5°和25°时的对比效果。

图 5-501

● 对比度：设置与原图的浮雕对比度。

● 与原始图像混合：设置与原始图像混合数值。

 读书笔记

5.16.4　抽帧

技术速查：【抽帧】效果可以将素材锁定到一个指定的帧率，从而产生"跳帧"的播放效果。

选择【效果】面板中的【视频效果】|【风格化】|【抽帧】效果，如图5-502所示。其参数面板如图5-503所示。

 读书笔记

Premiere Pro CC 中文版自学视频教程

图 5-502　　　　　　图 5-503

● 级别：设置级别的大小，以便产生跳帧播放效果。如图5-504所示为【级别】分别设置为2和20时的对比效果。

图 5-504

5.16.5　曝光过度

技术速查：【曝光过度】效果可以通过对其参数值的调节，设置曝光强度效果。

选择【效果】面板中的【视频效果】|【风格化】|【曝光过度】效果，如图5-505所示。其参数面板如图5-506所示。

图 5-505　　　　　　图 5-506

● 阈值：设置曝光的强度。如图5-507所示为【阈值】分别设置为1和35时的对比效果。

图 5-507

5.16.6　查找边缘

技术速查：【查找边缘】效果可以对素材的边缘进行勾勒，从而使素材产生类似素描或底片的效果。

选择【效果】面板中的【视频效果】|【风格化】|【查找边缘】效果，如图5-508所示。其参数面板如图5-509所示。

图 5-508　　　　　　图 5-509

● 反转：用于反转。

● 与原始图像混合：设置与原始图像混合数值。如图5-510所示为【反转】的对比，【与原始图像混合】分别设置为40%和1%时的对比效果。

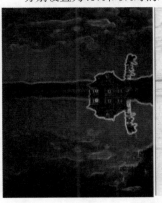

图 5-510

★ 案例实战——制作铅笔画效果

案例文件	案例文件\第5章\铅笔画效果 .prproj
视频教学	视频文件\第5章\铅笔画效果 .mp4
难易指数	★★★★★
技术要点	黑白、查找边缘、快速模糊效果的应用

案例效果

铅笔画，是指使用铅笔绘制的画。包括铅笔素描、铅笔速写等。铅笔画是一切图形艺术的基础，其基本表现为主要线条轮廓、肌理明暗关系等。本例主要是针对"制作铅笔画效果"的方法进行练习，如图5-511所示。

图 5-511

扫码看视频

5.16.6 应用
铅笔画效果

操作步骤

01 选择【文件】|【新建】|【项目】命令，在弹出的【新建项目】对话框中设置【名称】，并单击【浏览】按钮设置保存路径，再单击【确定】按钮，如图5-512所示。然后在【项目】面板空白处单击鼠标右键，在弹出的快捷菜单中选择【新建项目】|【序列】命令，在弹出的【新建序列】对话框中选择【DV-PAL】|【标准48kHz】选项，再单击【确定】按钮，如图5-513所示。

图 5-512

图 5-513

02 选择菜单栏中的【文件】|【导入】命令或按【Ctrl+I】快捷键，然后在打开的对话框中选择所需的素材文件，并单击【打开】按钮导入，如图5-514所示。

图 5-514

03 将【项目】面板中的【1.jpg】和【2.jpg】两个素材文件拖曳到V1和V2轨道上，如图5-515所示。

图 5-515

04 选择V1轨道上的【1.jpg】素材文件，在【效果控件】面板【运动】栏中设置【缩放】为30，设置【旋转】为90°，如图5-516所示。此时暂时隐藏V2轨道上的素材文件查看效果，如图5-517所示。

图 5-516   图 5-517

05 选择V2轨道上【2.jpg】素材文件，单击鼠标右键，在弹出的快捷菜单中选择【缩放为帧大小】命令。接着在【效果控件】面板【运动】栏设置【缩放】为114，在【不透明度】栏【混合模式】为【相乘】，如图5-518所示。此时效果如图5-519所示。

 读书笔记

图 5-518　　　　　　　图 5-519

06 在【效果】面板中搜索【黑白】效果，按住鼠标左键将其拖曳到V2轨道的【2.jpg】素材文件上，如图5-520所示。此时效果如图5-521所示。

图 5-520

图 5-521

07 在【效果】面板中搜索【查找边缘】效果，按住鼠标左键将其拖曳到V2轨道的【2.jpg】素材文件上，如图5-522所示。

图 5-522

08 选择V2轨道上的【2.jpg】素材文件，展开【效果控件】面板中的【查找边缘】栏，设置【与原始图像混合】为5%，如图5-523所示。此时效果如图5-524所示。

图 5-523　　　　　　　图 5-524

09 在【效果】面板中搜索【快速模糊】效果，按住鼠标左键将其拖曳到V2轨道的【2.jpg】素材文件上，如图5-525所示。

图 5-525

10 选择V2轨道上的【2.jpg】素材文件，展开【效果控件】面板中的【快速模糊】栏，设置【模糊度】为2，【模糊维度】为【水平】，如图5-526所示。此时，拖动播放指示器查看最终的效果，如图5-527所示。

图 5-526　　　　　　　图 5-527

 答疑解惑：制作铅笔画效果时要注意哪些问题？

铅笔画通常是以单色线条来画出物体明暗的画，采用线与面的表现方式。因为铅笔画通常都是黑白的，所以要将画面进行黑白处理。

每一个物体在光照下都有亮灰暗三部分。从最深到最亮依次是明暗交界线、暗部、反光、灰部、亮部。因此在制作时亮部要尽量避免过脏，暗部要尽量避免过暗。

第5章

视频效果

157

5.16.7 浮雕

技术速查：【浮雕】效果和【彩色浮雕】不同的是，产生的素材视频浮雕为灰色。

选择【效果】面板中的【视频效果】|【风格化】|【浮雕】效果，如图5-528所示。其参数面板如图5-529所示。

扫码看视频

5.16.7 应用
浮雕效果

图 5-528

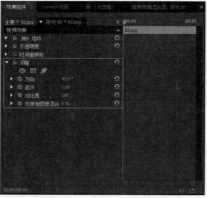
图 5-529

- ◉ 方向：设置浮雕方向。
- ◉ 起伏：设置起伏的尺寸大小。
- ◉ 对比度：设置与原图的浮雕对比度。
- ◉ 与原始图像混合：设置和原图像的混合数值。如图5-530所示为【与原始图像混合】分别设置为30%和0的对比效果。

图 5-530

★ 案例实战——应用浮雕效果

案例文件	案例文件\第5章\浮雕效果.prproj
视频教学	视频文件\第5章\浮雕效果.mp4
难易指数	★★★★★
技术要点	浮雕效果的应用

案例效果

浮雕是雕塑与绘画结合的产物，利用透视等因素来表现三维空间效果，并只有一面或两面观看。浮雕在内容、形式和材质上丰富多彩。近年来，它在城市美化中占有重要的地位。本例主要是针对"应用浮雕效果"的方法进行练习，如图5-531所示。

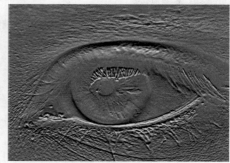
图 5-531

操作步骤

01 选择【文件】|【新建】|【项目】命令，在弹出【新建项目】对话框中设置【名称】，并单击【浏览】按钮设置保存路径，再单击【确定】按钮，如图5-532所示。然后在【项目】面板空白处单击鼠标右键，在弹出的快捷菜单中选择【新建项目】|【序列】命令，在弹出【新建序列】对话框中选择【DV-PAL】|【标准48kHz】选择，再单击【确定】按钮，如图5-533所示。

图 5-532

图 5-533

02 选择菜单栏中的【文件】|【导入】命令或按【Ctrl+I】快捷键，然后在打开的对话框中选择所需的素材文件，并单击【打开】按钮导入，如图5-534所示。

03 将【项目】面板中的【01.jpg】素材文件拖曳到V1轨道上，如图5-535所示。

图 5-534

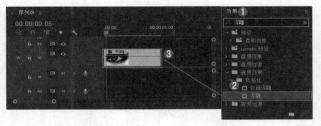

图 5-538

06 选择V1轨道上的【01.jpg】素材文件,展开【效果控件】面板中的【浮雕】栏,设置【方向】为4°,【起伏】为4,【对比度】为208,如图5-539所示。此时,拖动播放指示器查看最终的效果,如图5-540所示。

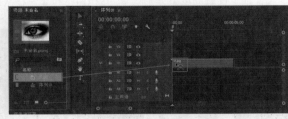

图 5-535

04 选择V1轨道上的【01.jpg】素材文件,在【效果控件】面板【运动】栏中设置【缩放】为40,如图5-536所示。此时效果如图5-537所示。

图 5-539   图 5-540

☎ 答疑解惑:【浮雕】效果主要应用在哪些方面?

    由于浮雕是呈现在另一平面上的,且所占空间较小,所以适用于多种环境的装饰。因此在制作器具和建筑效果上经常使用。浮雕在内容、形式和材质上丰富多彩,浮雕的材料有石头、木头和金属等。可以据此制作出不同的浮雕效果。

图 5-536   图 5-537

05 在【效果】面板中搜索【浮雕】效果,按住鼠标左键将其拖曳到V1轨道的【01.jpg】素材文件上,如图5-538所示。

5.16.8 画笔描边

技术速查:【画笔描边】效果可以调节参数,使素材产生类似水彩画效果。

    选择【效果】面板中的【视频效果】|【风格化】|【画笔描边】效果,如图5-541所示。其参数面板如图5-542所示。

图 5-541   图 5-542

● 描边角度:设置描边的角度。

● 画笔大小:设置画笔的尺寸大小。如图5-543所示为【描边角度】分别为145°和203°,【画笔大小】分别设置为2和5的对比效果。

图 5-543

- 描边长度：设置每个描边的长度大小。
- 描边浓度：设置描边浓度。如图5-544所示为【描边长度】分别为2和40，【描边浓度】分别设置为1和1.3的对比效果。

图 5-544

- 绘画表面：设置笔触与画面的位置和绘画的进行方式。有【在原始图像上绘画】、【在透明背景上绘画】【在白色上绘画】和【在黑色上绘画】等几种方式。
- 与原始图像混合：设置与原素材图像的混合比例。

5.16.9 粗糙边缘

技术速查：【粗糙边缘】效果可以将素材画面边缘制作出粗糙效果和腐蚀效果。

选择【效果】面板中的【视频效果】|【风格化】|【粗糙边缘】效果，如图5-545所示。其参数面板如图5-546所示。

图 5-545　　　　图 5-546

- 边缘类型：包括【粗糙】【粗糙色】【切割】【尖刺】【锈蚀】【锈蚀色】【影印】和【影印色】的类型。如图5-547所示为【粗糙】和【锈蚀色】的对比效果。

图 5-547

- 边缘颜色：设置边缘的颜色。

- 边框：设置边框数值。
- 边缘锐度：设置锐化数值，影响到边缘的柔和程度与清晰度。
- 不规则影响：设置不规则影响数值。
- 比例：设置比例数值。
- 伸缩宽度或高度：设置伸缩宽度或高度数值。
- 偏移（湍流）：设置效果的偏移。如图5-548所示为【伸缩宽度或高度】分别设置为1和14，和【偏移（湍流）】分别设置为409、0和1037、453时的对比效果。

图 5-548

- 复杂度：设置复杂度数值。
- 演化：控制边缘的粗糙变化。
- 演变选项：演变选项的设置。
- 循环演化：设置循环旋转数值。
- 循环（旋转次数）：设置循环次数。
- 随机植入：设置随机效果。

5.16.10 纹理化

技术速查：【纹理化】效果可以在素材中产生浮雕形式的贴图效果。

选择【效果】面板中的【视频效果】|【风格化】|【纹理化】效果，如图5-549所示。其参数面板如图5-550所示。

图 5-549　　　　图 5-550

- 纹理图层：选择合成中的贴图层，如图5-551所示。

图 5-551

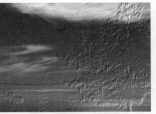

图 5-552

- 光照方向：设置光照的方向。
- 纹理对比度：设置纹理的对比度。如图5-552所示为【纹理对比度】分别设置为0.5和2时的效果对比。

- 纹理位置：纹理位移，包括【平铺纹理】【居中纹理】和【伸缩纹理以适合】。

5.16.11　闪光灯

技术速查：【闪光灯】效果能够以一定的周期或随机地对一个片断进行算术运算，模拟画面闪光的效果。可以模拟计算机屏幕的闪烁或配合音乐增强感染力等。

选择【效果】面板中的【视频效果】|【风格化】|【闪光灯】效果，如图5-553所示。其参数面板如图5-554所示。

图 5-553　　　　图 5-554

- 闪光色：选择闪光灯颜色。
- 与原始图像混合：设置与原始素材的混合程度数值。如图5-555所示为【闪光色】分别为淡蓝色和红色，【与原始图像混合】分别设置为80%和60%时的效果对比。

图 5-555

- 闪光持续时间（秒）：设置闪烁周期，以秒为单位。
- 闪光周期（秒）：设置间隔时间，以秒为单位。
- 随机闪光概率：设置频闪的随机概率。
- 闪光：设置闪光的方式。可以选择【仅对颜色操作】或【使图层透明】。
- 闪光运算符：选择闪光的方式。可以选择【复制】【相加】【相减】【相乘】【差值】【和】【或】【异或】【变亮】【变暗】【最小值】【最大值】和【滤色】。
- 随机植入：设置频闪的随机植入，值大时透明度高。

5.16.12　阈值

技术速查：【阈值】效果可以将一个灰度或色彩素材转换为高对比度的黑白图像，并通过调整阈值级别来控制黑白所占有的比例。

选择【效果】面板中的【视频效果】|【风格化】|【阈值】效果，如图5-556所示。其参数面板如图5-557所示。

 读书笔记

图 5-556

图 5-557

级别：设置素材中黑白比例大小，值越大，黑色所占比例越多。如图5-558所示为【阈值】分别为50和128时的对比效果。

图 5-558

5.16.13 马赛克

技术速查：【马赛克】效果可以将画面分成若干个网格，每一个都可用本格内所有颜色的平均色进行填充，使画面产生分块式的马赛克效果。

选择【效果】面板中的【视频效果】|【风格化】|【马赛克】效果，如图5-559所示。其参数面板如图5-560所示。

图 5-559

图 5-560

- 水平块：设置马赛克水平块数值。
- 垂直块：设置马赛克垂直块数值。如图5-561所示为【水平块】为100时，【垂直块】分别为20和100时的对比效果。

图 5-561

- 锐化颜色：用于选择颜色。

★ 案例实战——制作马赛克效果

扫码看视频

案例文件	案例文件\第5章\马赛克效果.prproj
视频教学	视频文件\第5章\马赛克效果.mp4
难易指数	★★★★★
技术要点	裁剪和马赛克效果的应用

5.16.13 制作
马赛克效果

案例效果

马赛克通常指建筑中使用的一种装饰材料，同时也是一种装饰艺术。马赛克具有五彩斑斓的视觉效果，也逐渐成为一种图像和视频的处理方法，该效果是将图像某个特定区域内的颜色进行色块打乱，形成一个个模糊效果的小方块效果。其目的通常是使其无法清晰辨认。本例主要是针对"制作马赛克效果"的方法进行练习，如图5-562所示。

图 5-562

操作步骤

01 选择【文件】|【新建】|【项目】命令，在弹出【新建项目】对话框中设置【名称】，并单击【浏览】按钮设置保存路径，再单击【确定】按钮，如图5-563所示。然后在【项目】面板空白处单击鼠标右键，在弹出的快捷菜单中选择【新建项目】|【序列】命令，在弹出的【新建序列】对话框中选择【DV-PAL】|【标准48kHz】选项，再单击【确

定】按钮，如图5-564所示。

图 5-563

图 5-564

02 选择菜单栏中的【文件】|【导入】命令或按
【Ctrl+I】快捷键，然后在打开的对话框中选择所需的素材
文件，并单击【打开】按钮导入，如图5-565所示。

图 5-565

03 将【项目】面板中的【01.jpg】素材文件拖曳到V1
轨道上，如图5-566所示。

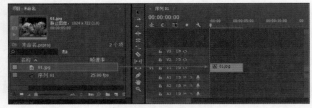

图 5-566

04 选择V1轨道上的【01.jpg】素材文件，在【效果
控件】面板【运动】栏中设置【缩放】为90，如图5-567所
示。此时效果如图5-568所示。

图 5-567   图 5-568

05 选择V1轨道上的【01.jpg】素材文件，按
【Ctrl+C】快捷键。接着按【Ctrl+V】快捷键粘贴到V2轨道
上，如图5-569所示。

图 5-569

06 在【效果】面板中搜索【裁剪】效果，按住鼠标左
键将其拖曳到V2轨道的【01.jpg】素材文件上，如图5-570
所示。

图 5-570

07 隐藏V1轨道上的素材文件。选择V2轨道上的【01.
jpg】素材文件，在【效果控件】面板中展开【裁剪】栏，
设置【左侧】为34%，【顶部】为28%，【右侧】为39%，
【底部】为22%，如图5-571所示。此时效果如图5-572
所示。

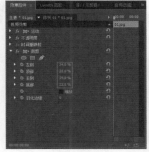

图 5-571   图 5-572

技巧提示

裁剪的素材图片是下面添加的马赛克效果所作用的部分。所以，裁剪留下的部分即马赛克所遮挡住的部分。

08 显示V1轨道上的素材文件。在【效果】面板中搜索【马赛克】效果，按住鼠标左键将其拖曳到V2轨道的【01.jpg】素材文件上，如图5-573所示。

图 5-573

09 选择V2轨道上的【01.jpg】素材文件，在【效果控件】面板中展开【马赛克】栏，设置【水平块】为30，【垂直块】为25，接着选中【锐化颜色】复选框，如图5-574所示。此时，拖动播放指示器查看最终的效果，如图5-575所示。

图 5-574　　　　　　　图 5-575

答疑解惑：【马赛克】效果有哪些作用？

马赛克常常被应用于影视播放中，用于遮挡部分画面，使遮挡部分的画面模模糊糊，达到令人无法辨认的目的。

马赛克还由于其在视觉文化中的地位，也成了一种创作艺术。这一与众不同的设计理念，可以利用颜色方块将精细的人物花鸟和历史题材演绎得淋漓尽致。

本章小结

在制作影片过程中，视频特效是被应用最多的功能之一。通过本章学习可以掌握视频特效的特点和功能。了解制作某一类型的效果应该使用哪些类型的特效。特效的选择很大程度上会影响画面效果。多加练习可以将各种效果做到运用自如的程度。为制作特殊效果的视频打下牢固基础。

读书笔记

第6章

视频过渡特效

本章内容简介：

在使用Adobe Premiere Pro CC 2018编辑项目时，对素材的场景和场景、镜头和镜头之间可以添加适当的过渡效果，这就需要掌握各种视频过渡的使用方法和技巧。本章介绍了如何使用视频过渡效果的自定义参数和多重过渡的综合应用。调整视频过渡效果的自定义参数和多重过渡的综合应用。

本章学习要点：

· 了解什么是过渡效果
· 掌握添加和删除视频过渡的基本操作
· 了解各类型视频过渡效果
· 掌握视频过渡效果的综合应用

6.1 初识过渡效果

过渡效果是指从一个场景切换到另一个场景时画面的表现形式。过渡效果可以产生多种切换形式，使得两个画面切换非常和谐，常用来制作电影、电视剧、广告、电子相册等两个画面的切换，如图6-1所示。

图 6—1

6.2 过渡的基本操作

单击【效果】面板中的【视频过渡】，其中包括【3D运动】【划像】【擦除】【沉浸式视频】【溶解】【滑动】【缩放】和【页面剥落】8类视频过渡效果，如图6-2所示。

图 6—2

6.2.1 添加和删除过渡

🖳动手学：添加过渡

在【效果】窗口中，选择【视频过渡】下的过渡效果，按住鼠标左键将其拖曳到【时间轴】面板中的素材文件上，如图6-3所示。

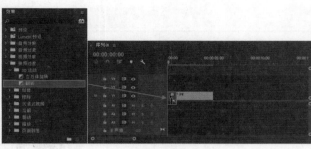

图 6-3

📲 动手学：删除过渡

在【时间轴】面板中素材文件的过渡效果上单击鼠标右

键，在弹出的快捷菜单中选择【清除】命令。此时，该过渡效果已经被删除，如图6-4所示。

图 6-4

技巧提示

也可以选择素材文件上的过渡效果，然后按【Delete】快捷键来删除过渡。这种方法更为常用和简单。

6.2.2 动手学：编辑过渡效果

首先，选择素材文件上的过渡效果，如图6-5所示。然后在【效果控件】面板中即可对该过渡的时间和属性等进行编辑，如图6-6所示。

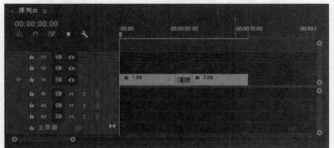

图 6-5

图 6-6

6.3 3D运动类视频过渡

3D运动类视频过渡主要通过模拟三维空间中的运动物体来使画面产生过渡。包括【立方体旋转】和【翻转】两个过渡效果，如图6-7所示。

图 6-7

6.3.1 立方体旋转

技术速查：【立方体旋转】过渡效果可以使素材以旋转的3D立方体的形式从素材A切换到素材B。

选择【效果】面板中的【视频过渡】|【3D运动】|【立方体旋转】效果，如图6-8所示。其参数面板如图6-9所示。

图 6-8

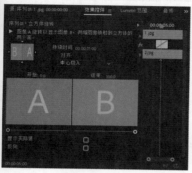
图 6-9

- 单击【播放】按钮▶可预览过渡切换效果。
- 持续时间：可输入准确的时间帧数。
- 对齐：可在后面的下拉列表中选择过渡对齐方式。
- 开始/结束：设置过渡开始和结束的百分比。
- 显示实际源：选中该复选框可显示出A、B的实际图片。选中该复选框前后的对比效果如图6-10所示。

图6-10

- 反向：选中该复选框，运动效果将反向运行。效果如图6-11所示。

图 6-11

★ 案例实战——应用立方体旋转过渡效果

案例文件	案例文件\第6章\立方体旋转.prproj
视频教学	视频文件\第6章\立方体旋转.mp4
难易指数	★★★★★
技术要点	立方体旋转过渡效果的应用

案例效果

3D运动类视频过渡主要用于实现三维立体视觉过渡效果，主要是将两个或多个素材作为立方体的面，通过旋转立方体将素材逐渐显示出来。本例主要是针对"应用立方体旋转效果"的方法进行练习，如图6-12所示。

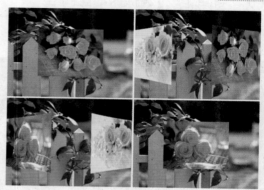
图 6-12

操作步骤

01 打开Adobe Premiere Pro CC 2018软件，单击【新建项目】按钮，在弹出的对话框中单击【浏览】设置保存路径，在【名称】文本框中设置文件名称，设置完成后单击【确定】按钮。接着选择【文件】|【新建】|【序列】命令，在弹出的对话框中选择【DV-PAL】|【标准48kHz】选项，如图6-13所示。

图 6-13

02 选择菜单栏中的【文件】|【导入】命令或按【Ctrl+I】快捷键，然后在打开的对话框中选择所需的素材文件，并单击【打开】按钮导入，如图6-14所示。

图 6—14

03 将【项目】面板中的【背景.jpg】素材文件拖曳到V1轨道上，如图6-15所示。

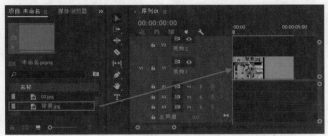

图 6—15

04 选择V1轨道上的【背景.jpg】素材文件，在【效果控件】面板【运动】栏中设置【缩放】为62，如图6-16所示。此时效果如图6-17所示。

图 6—16　　　　　　　图 6—17

05 将【项目】面板中的【01.jpg】【02.jpg】和【03.jpg】素材文件拖曳到V2轨道上，并设置结束时间与V1轨道上的素材文件相同，如图6-18所示。

图 6—18

06 分别在【效果控件】面板【运动】栏中设置【01.jpg】【02.jpg】和【03.jpg】素材文件的【缩放】为40，如图6-19所示。此时效果如图6-20所示。

图 6—19　　　　　　　图 6—20

07 在【效果】面板中搜索【立方体旋转】效果，将其拖曳到V2轨道上的3个素材文件中间，如图6-21所示。

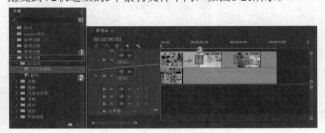

图 6—21

PROMPT 技巧提示

也可以在【效果】面板中单击【视频过渡】|【3D运动】|【立方体旋转】。每个组对应不同的效果，这种方法适用所有效果，如图6-22所示。

图 6—22

08 此时拖动播放指示器查看最终效果，如图6-23所示。

图 6—23

6.3.2　翻转

技术速查：【翻转】过渡效果是垂直翻转素材A，然后逐渐显示出来素材B。

　　选择【效果】面板中的【视频过渡】|【3D运动】|【翻转】效果，如图6-24所示。其参数面板如图6-25所示。

图 6-24　　　　　　　　　图 6-25

- **自定义：**单击该按钮出现如图6-26所示的对话框。
- **带：**设置翻转数量。
- **填充颜色：**可设置翻转时背景的填充颜色。

图 6-26

思维点拨：

　　某些视频过渡包含【自定义】选项，可以通过自定义选项对当前过渡效果进行自定义参数设置，以达到需要的过渡效果。

　　添加【翻转】过渡的效果，如图6-27所示。

图 6-27

6.4　划像类视频过渡

　　划像类视频过渡是将一个视频素材逐渐淡入另一个视频素材中。包括【交叉划像】【圆划像】【盒形划像】和【菱形划像】4个过渡效果，如图6-28所示。

图 6-28

6.4.1　交叉划像

技术速查：【交叉划像】过渡效果是素材B逐渐出现在一个十字行中，该十字越来越大，最后占据整个画面。

　　选择【效果】面板中的【视频过渡】|【划像】|【交叉划像】效果，如图6-29所示。其参数面板如图6-30所示。

图 6-29

图 6-30

图 6-31

- ■该点为过渡的中心点：可对中心点进行移动设置。效果如图6-31所示。

6.4.2 圆划像

技术速查：【圆划像】过渡效果中素材B逐渐出现在慢慢变大的圆形中，该圆形将占据整个画面。

选择【效果】面板中的【视频过渡】|【划像】|【圆划像】效果，如图6-32所示。其参数面板如图6-33所示。

图 6-32

图 6-33

- ◎该点为过渡的中心点：可对中心点进行移动设置。效果如图6-34所示。

图 6-34

★ 案例实战——应用圆划像过渡效果

案例文件	案例文件\第6章\圆划像.prproj
视频教学	视频文件\第6章\圆划像.mp4
难易指数	★★★★★
技术要点	圆划像过渡效果的应用

案例效果

【圆划像】过渡效果，主要是一个圆形图案从中间由小变大直至显示出下一个素材。本例主要是针对"应用圆划像过渡效果"的方法进行练习，如图6-35所示。

扫码看视频

6.4.2 应用圆划像过渡效果

图 6-35

操作步骤

01 打开Adobe Premiere Pro CC 2018软件，单击【新建项目】按钮，在弹出的对话框中单击【浏览】按钮设置保存路径，在【名称】文本框中设置文件名称，设置完成后单击【确定】按钮。接着选择【文件】|【新建】|【序列】命令，在弹出的对话框中选择【DV-PAL】|【标准48kHz】选项，如图6-36所示。

02 选择菜单栏中的【文件】|【导入】命令或者按【Ctrl+I】快捷键，将所需素材文件导入，如图6-37所示。

图 6-36

图 6-37

03 将【项目】面板的素材文件拖曳到V1轨道上，如图6-38所示。

图 6-38

04 分别选择V1轨道上的素材文件，分别在【效果控件】面板【运动】栏中设置【缩放】为62，如图6-39所示。此时效果如图6-40所示。

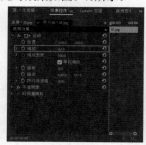

图 6-39　　　　图 6-40

05 在【效果】面板中搜索【圆划像】效果，将其拖曳到【01.jpg】和【02.jpg】两个素材文件中间，如图6-41所示。

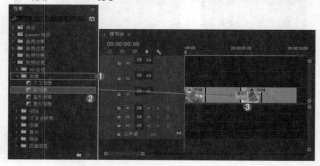

图 6-41

技巧提示

在【效果控件】面板中，【边框宽度】用来控制划像边缘宽度，【边框颜色】用来控制边宽的颜色，如图6-42所示。还可以移动中心点来控制圆划像的中心位置，如图6-43所示。

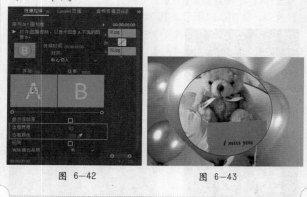

图 6-42　　　　图 6-43

06 此时拖动播放指示器查看最终效果，如图6-44所示。

图 6-44

6.4.3 盒形划像

技术速查：【盒形划像】过渡效果是素材B逐渐显示在一个慢慢变大的矩形中。

选择【效果】面板中的【视频过渡】|【划像】|【盒形划像】效果，如图6-45所示。其参数面板如图6-46所示。

图 6-45　　　　　　图 6-46

● ⓒ 该点为过渡的中心点：可对中心点进行移动设置。效果如图6-47所示。

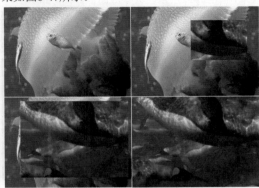

图 6-47

6.4.4 菱形划像

技术速查：【菱形划像】过渡效果中素材B逐渐出现在一个菱形中，该菱形逐渐占据整个画面。

选择【效果】面板中的【视频过渡】|【划像】|【菱形划像】效果，如图6-48所示。其参数面板如图6-49所示。

图 6-48　　　　　　图 6-49

● 🔲 该点为过渡的中心点：可对中心点进行移动设置。效果如图6-50所示。

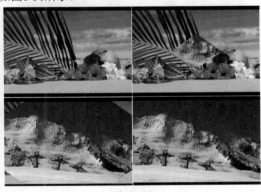

图 6-50

6.5 擦除类视频过渡

擦除类视频过渡效果擦除素材A的不同部分来显示素材B。包括【划出】【双侧平推门】【带状擦除】【径向擦除】【插入】【时钟式擦除】【棋盘】【棋盘擦除】【楔形擦除】【水波块】【油漆飞溅】【渐变擦除】【百叶窗】【螺旋框】【随机块】【随机擦除】和【风车】17个，如图6-51所示。

图 6-51

6.5.1 划出

技术速查：【划出】过渡效果会使素材A以水平方向右滑动，显现素材B。

选择【效果】面板中的【视频过渡】|【擦除】|【划出】效果，如图6-52所示。其参数面板如图6-53所示。

图 6-52　　　　　图 6-53

添加【划出】过渡的效果，如图6-54所示。

图 6-54

★ 案例实战——应用划出过渡效果

案例文件	案例文件\第6章\划出过渡.prproj
视频教学	视频文件\第6章\划出过渡.mp4
难易指数	★★★★★
技术要点	划出过渡效果的应用

案例效果

【划出】过渡效果，主要是将素材从一个方向进入画面，然后直至逐渐覆盖另一个素材。本例主要是针对"应用划出过渡效果"的方法进行练习，如图6-55所示。

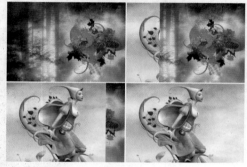

图 6-55

扫码看视频

6.5.1 应用划出过渡效果

操作步骤

01 打开Adobe Premiere Pro CC 2018软件，单击【新建项目】按钮，在弹出的对话框中单击【浏览】按钮设置保存路径，在【名称】文本框中设置文件名称，设置完成后单击【确定】按钮。接着选择【文件】|【新建】|【序列】命令，在弹出的对话框中选择【DV-PAL】|【标准48kHz】选项，如图6-56所示。

图 6-56

02 选择菜单栏中的【文件】|【导入】命令或者按【Ctrl+I】快捷键，将所需素材文件导入，如图6-57所示。

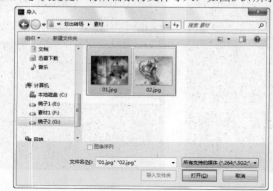

图 6-57

03 将【项目】面板的素材文件拖曳到V1轨道上，如图6-58所示。

图 6-58

04 分别选择V1轨道上的素材文件，在【效果控件】面板中展开【运动】栏，分别设置【缩放】为74，如图6-59所示。此时效果如图6-60所示。

图 6-59

图 6-60

05 在【效果】面板中搜索【划出】效果，将其拖曳到【01.jpg】和【02.jpg】两个素材文件中间，如图6-61所示。

图 6-61

6.5.2 双侧平推门

技术速查：【双侧平推门】过渡效果会使素材A从中心向两侧推开，显现素材B。

选择【效果】面板中的【视频过渡】|【擦除】|【双侧平推门】效果，如图6-63所示。其参数面板如图6-64所示。

扫码看视频

6.5.2 应用双侧平推门过渡效果

图 6-63

图 6-64

添加【双侧平推门】过渡的效果，如图6-65所示。

06 此时拖动播放指示器查看最终效果，如图6-62所示。

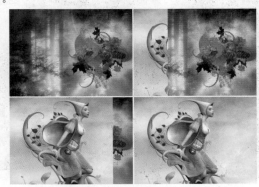
图 6-62

读书笔记

_____

_____

_____

_____

图 6-65

★ **案例实战——应用双侧平推门过渡效果**

案例文件	案例文件\第6章\双侧平推门过渡.prproj
视频教学	视频文件\第6章\双侧平推门过渡.mp4
难易指数	★★★★★
技术要点	双侧平推门过渡效果的应用

案例效果

【双侧平推门】过渡效果，主要是将素材从中心向两侧推出，逐渐会显现另一个素材，本例主要是针对"双侧平推门过渡效果"的方法进行练习，如图6-66所示。

图 6—66

操作步骤

图 6—69

01 打开Adobe Premiere Pro CC 2018软件，然后单击【新建项目】，并单击【浏览】设置保存路径，在【名称】后设置文件名称，设置完成后单击【确定】。接着单击【文件】|【新建】|【序列】，在弹出的对话框中选择【DV-PAL】|【标准48kHz】选项，如图6-67所示。

04 在【效果】面板中搜索【双侧平推门】效果，将其拖曳到两个素材之间，如图6-70所示。

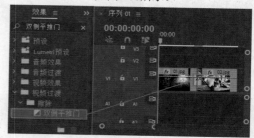

图 6—70

05 此时拖动播放指示器查看最终效果，如图6-71所示。

图 6—67

02 单击菜单栏中的【文件】|【导入】或者按【Ctrl+I】快捷键，将所需素材文件导入，如图6-68所示。

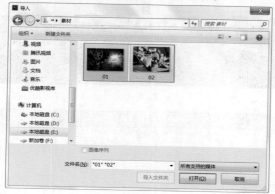

图 6—68

03 将【项目】面板的素材文件拖曳到V1轨道上，在【效果控件】面板中设置【缩放】均为70，如图6-69所示。

图 6—71

📖 **读书笔记**

6.5.3 带状擦除

技术速查：【带状擦除】过渡效果会使素材B从水平方向以条状进入并覆盖素材A。

选择【效果】面板中的【视频过渡】|【擦除】|【带状擦除】效果，如图6-72所示。其参数面板如图6-73所示。

 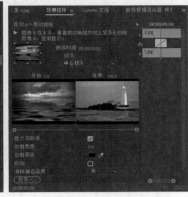

图 6-74

添加【带状擦除】过渡的效果，如图6-75所示。

图 6-72　　　　　　　图 6-73

● 自定义：单击该按钮出现如图6-74所示的对话框。

● 带数量：可设置带状滑动的条数。

图 6-75

6.5.4 径向擦除

技术速查：【径向擦除】过渡效果会使素材A右上角向下移动，直至显现素材B。

选择【效果】面板中的【视频过渡】|【擦除】|【径向擦除】效果，如图6-76所示。其参数面板如图6-77所示。

图 6-76　　　　　　　图 6-77

添加【径向擦除】过渡的效果，如图6-78所示。

扫码看视频

6.5.4 应用径向
擦除过渡效果

图 6-78

★ **案例实战——应用径向擦除过渡效果**

案例文件	案例文件\第6章\径向擦除过渡.prproj
视频教学	视频文件\第6章\径向擦除过渡.mp4
难易指数	★★★★★
技术要点	径向擦除过渡效果的应用

案例效果

【径向擦除】过渡，主要是将素材从右上角向下移动，直至显现出另一个素材。本例主要是针对"径向擦除过渡效果"的方法进行练习，如图6-79所示。

图 6-79

操作步骤

01 打开Adobe Premiere Pro CC 2018软件，然后单击

【新建项目】，并单击【浏览】设置保存路径，在【名称】后设置文件名称，设置完成后单击【确定】。接着单击【文件】|【新建】|【序列】，在弹出的对话框中选择【DV-PAL】|【标准48kHz】选项，如图6-80所示。

图 6-80

02 在【项目】面板中空白处双击鼠标左键，在打开的对话框中选择所需的素材文件，并单击【打开】按钮导入，如图6-81所示。

图 6-81

03 将【项目】面板中的素材文件拖曳到V1轨道上，如图6-82所示。

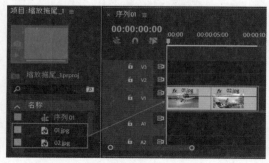

图 6-82

04 分别选择【01.jpg】和【02.jpg】素材文件，再分别在【效果控件】面板【运动】栏中设置【缩放】为50，如图6-83所示。

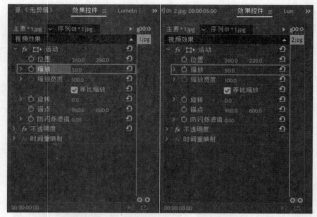

图 6-83

05 在【效果】面板中搜索【径向擦除】效果，将其拖曳到两个素材之间，如图6-84所示。

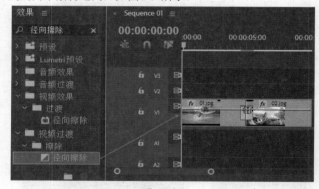

图 6-84

06 此时，拖动播放指示器查看最终效果，如图6-85所示。

图 6-85

6.5.5　插入

技术速查：【插入】过渡效果会使素材B从素材A的左上角斜插进入画面。

选择【效果】面板中的【视频过渡】|【擦除】|【插入】效果，如图6-86所示。其参数面板如图6-87所示。

添加【插入】过渡的效果，如图6-88所示。

图 6－86　　　　图 6－87

图 6－88

6.5.6　时钟式擦除

技术速查：【时钟式擦除】过渡效果会使素材A以时钟放置方式过渡到素材B。

选择【效果】面板中的【视频过渡】|【擦除】|【时钟式擦除】效果，如图6-89所示。其参数面板如图6-90所示。

添加【时钟式擦除】过渡的效果，如图6-91所示。

图 6－89　　　　图 6－90

图 6－91

6.5.7　棋盘

技术速查：【棋盘】过渡效果会使素材B以方格形式逐行出现覆盖素材A。

选择【效果】面板中的【视频过渡】|【擦除】|【棋盘】效果，如图6-92所示。其参数面板如图6-93所示。

读书笔记

图 6-92　　　　　图 6-93

添加【棋盘】过渡的效果，如图6-94所示。

图 6-94

6.5.8　棋盘擦除

技术速查：【棋盘擦除】过渡效果会使素材A以棋盘消失方式过渡到素材B。

选择【效果】面板中的【视频过渡】|【擦除】|【棋盘擦除】效果，如图6-95所示。其参数面板如图6-96所示。

图 6-95　　　　　图 6-96

图 6-98

扫码看视频

6.5.8 应用棋盘
擦除过渡效果

案例效果

【棋盘擦除】过渡效果，主要是以棋盘格的形式将素材逐渐擦除，直至显示出下一个素材。本例主要是针对"应用棋盘擦除过渡效果"的方法进行练习，如图6-99所示。

图 6-99

● 自定义：单击该按钮出现如图6-97所示的对话框。

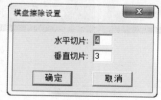

图 6-97

● 水平切片：可调节水平方向的切片数。

● 垂直切片：可调节垂直方向的切片数。

添加【棋盘擦除】过渡的效果，如图6-98所示。

★ 案例实战——应用棋盘擦除过渡效果

案例文件	案例文件\第6章\棋盘擦除.prproj
视频教学	视频教学\第6章\棋盘擦除.mp4
难易指数	★★★★
技术要点	棋盘擦除过渡效果的应用

操作步骤

01 打开Adobe Premiere Pro CC 2018软件，单击【新建项目】按钮，在弹出的对话框中单击【浏览】设置保存路径，在【名称】文本框中设置文件名称，设置完成后单

Premiere pro CC中文版自学视频教程

180

击【确定】按钮。接着选择【文件】|【新建】|【序列】命令，在弹出的对话框中选择【DV-PAL】|【标准48kHz】选项，如图6-100所示。

图 6-100

02 选择菜单栏中的【文件】|【导入】命令或者按【Ctrl+I】快捷键，将所需素材文件导入，如图6-101所示。

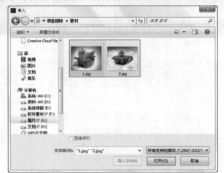

图 6-101

03 将【项目】面板中的素材文件拖曳到V1轨道上，如图6-102所示。

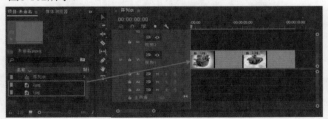

图 6-102

04 分别选择V1轨道上的素材文件，分别在【效果控件】面板【运动】栏中设置【1.jpg】的【缩放】为50，【2.jpg】的【缩放】为113，如图6-103所示。

图 6-103

05 在【效果】面板中搜索【棋盘擦除】效果，将其拖曳到【1.jpg】和【2.jpg】两个素材文件中间，如图6-104所示。

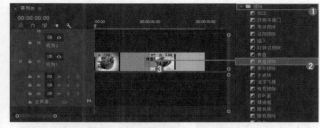

图 6-104

技巧提示

在【效果控件】面板中，可以调节带状条的边宽和变色，如图6-105所示。单击【自定义】按钮，在弹出的对话框中设置垂直和水平方向的切片数，如图6-106所示。

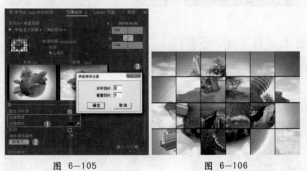

图 6-105   图 6-106

06 此时，拖动播放指示器查看最终效果，如图6-107所示。

图 6-107

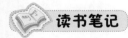
读书笔记

6.5.9 楔形擦除

技术速查：【楔形擦除】过渡效果会使素材B呈扇形打开扫入。

选择【效果】面板中【视频过渡】|【擦除】|【楔形擦除】效果，如图6-108所示。其参数面板如图6-109所示。

添加【楔形擦除】过渡的效果，如图6-110所示。

图 6-108　　　　　　图 6-109

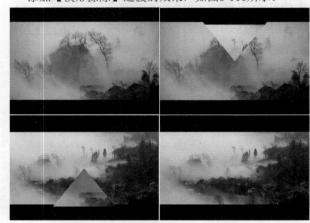

图 6-110

6.5.10 水波块

技术速查：【水波块】过渡效果会使素材A由上至下渐退，直至显现素材B。

选择【效果】面板中的【视频过渡】|【擦除】|【水波块】效果，如图6-111所示。其参数面板如图6-112所示。

图 6-111　　　　　　图 6-112

● 自定义：单击该按钮出现如图所示的对话框。
● 水平：可调节水平方向的切片数。
● 垂直：可调节垂直方向的切片数。

添加【水波块】过渡的效果，如图6-113所示。

图 6-113

6.5.11 油漆飞溅

技术速查：【油漆飞溅】过渡效果会使素材B以墨点状覆盖素材A。

选择【效果】面板中的【视频过渡】|【擦除】|【油漆飞溅】效果，如图6-114所示。其参数面板如图6-115所示。

 读书笔记

扫码看视频

6.5.11 应用
油漆飞溅
过渡效果

图 6—114　　　　　　　　　　图 6—115

添加【油漆飞溅】过渡的效果，如图6-116所示。

图 6—116

★ 案例实战——应用油漆飞溅过渡效果

案例文件	案例文件\第6章\油漆飞溅过渡.prproj
视频教学	视频文件\第6章\油漆飞溅过渡.mp4
难易指数	★★★★★
技术要点	油漆飞溅过渡效果的应用

案例效果

　　【油漆飞溅】过渡效果，主要是将素材以喷漆形式逐渐淡出，本例主要是针对"油漆飞溅过渡效果"的方法进行练习，如图6-117所示。

图 6—117

操作步骤

01 选择【文件】|【新建】|【项目】，在弹出的【新建项目】对话框中，设置【名称】，并单击【浏览】按钮设置保存路径，如图6-118所示。然后在【项目】面板空白处单击鼠标右键，在弹出的快捷菜单中选择【新建项目】|【序列】命令，在弹出的【新建序列】对话框中选择【DV-PAL】|【标准48kHz】选项，如图6-119所示。

图 6—118

图 6—119

02 选择菜单栏中的【文件】|【导入】命令或者按【Ctrl+I】快捷键，将所需素材文件导入，如图6-120所示。

图 6—120

03 将【项目】面板中的素材文件拖曳到V1轨道上，如图6-121所示。

图 6-121

图 6-124

04 分别选择V1轨道上的【01.jpg】【02.jpg】素材文件,在【效果控件】面板中设置【缩放】均为70,如图6-122所示。画面效果如图6-123所示。

06 此时,拖动播放指示器查看最终效果,如图6-125所示。

图 6-122

图 6-123

图 6-125

05 在【效果】面板中搜索【油漆飞溅】效果,将其拖曳到两个素材之间,如图6-124所示。

6.5.12　渐变擦除

技术速查:【渐变擦除】过渡效果会使素材A左上角逐渐向右下角渐变,直至显现素材B。

选择【效果】面板中的【视频过渡】|【擦除】|【渐变擦除】效果,在弹出的【渐变擦除设置】对话框中设置【柔和度】为合适参数,如图6-126所示。【渐变擦除】参数面板如图6-127所示。

图 6-126

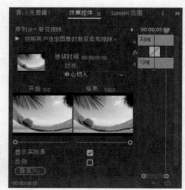

图 6-127

添加【渐变擦除】过渡的效果,如图6-128所示。

 读书笔记

图 6-128

6.5.13 百叶窗

技术速查：【百叶窗】过渡效果会使素材B在逐渐加粗的线条中逐渐显示，类似于百叶窗效果。

选择【效果】面板中的【视频过渡】|【擦除】|【百叶窗】效果，如图6-129所示。其参数面板如图6-130所示。

图 6-129

图 6-130

● 自定义：单击该按钮出现如图6-131所示对话框。

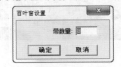

图 6-131

● 带数量：可设置带状滑动的条数。

添加【百叶窗】过渡的效果，如图6-132所示。

图 6-132

6.5.14 螺旋框

技术速查：【螺旋框】过渡效果会使素材B以螺旋块状旋转出现。可设置水平/垂直输入的方格数量。

选择【效果】面板中的【视频过渡】|【擦除】|【螺旋框】效果，如图6-133所示。其参数面板如图6-134所示。

● 自定义：单击该按钮出现如图6-135所示的对话框。

● 水平：可调节水平方向的擦除段数。

● 垂直：可调节垂直方向的擦除段数。

添加【螺旋框】过渡的效果，如图6-136所示。

图 6-133

图 6-134

图 6-135

图 6-136

6.5.15　随机块

技术速查：【随机块】过渡效果会使素材B以方块形式随意出现覆盖素材A。

选择【效果】面板中的【视频过渡】|【擦除】|【随机块】效果，如图6-137所示。其参数面板如图6-138所示。

图 6-137

图 6-138

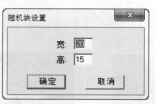

图 6-139

添加【随机块】过渡的效果，如图6-140所示。

图 6-140

● 自定义：单击该按钮出现如图6-139所示的对话框。

● 宽：设置素材水平随机块的数量。

● 高：设置素材垂直随机块的数量。

6.5.16　随机擦除

技术速查：【随机擦除】过渡效果会使素材B产生随意方块方式由上向下擦除形式覆盖素材A。

选择【效果】面板中的【视频过渡】|【擦除】|【随机擦除】效果，如图6-141所示。其参数面板如图6-142所示。

6.5.16 应用
随机擦除
过渡效果

图 6-141

图 6-142

Premiere pro CC中文版自学视频教程

添加【随机擦除】过渡的效果，如图6-143所示。

图 6-143

★ 案例实战——应用随机擦除过渡效果

案例文件	案例文件\第6章\随机擦除过渡.prproj
视频教学	视频文件\第6章\随机擦除过渡.mp4
难易指数	★★★★★
技术要点	随机擦除过渡效果的应用

案例效果

【随机擦除】过渡效果，主要是随机产生方块，从一个方向向相对的方向逐渐擦除，直至显示出下一个素材。本例主要是针对"应用随机擦除过渡效果"的方法进行练习，如图6-144所示。

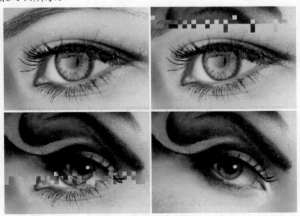

图 6-144

操作步骤

01 打开Adobe Premiere Pro CC 2018软件，单击【新建项目】按钮，在弹出的对话框中单击【浏览】按钮设置保存路径，在【名称】文本框中设置文件名称，设置完成后单击【确定】按钮。接着选择【文件】|【新建】|【序列】命令，在弹出的对话框中选择【DV-PAL】|【标准48kHz】选项，如图6-145所示。

02 选择菜单栏中的【文件】|【导入】命令或者按【Ctrl+I】快捷键，将所需素材文件导入，如图6-146所示。

图 6-145

图 6-146

03 将【项目】面板中的素材文件拖曳到V1轨道上，如图6-147所示。

图 6-147

04 分别选择V1轨道上的素材文件，分别在【效果控件】面板【运动】栏设置【01.jpg】的【缩放】为24，【02.jpg】的【位置】为（465,332），【缩放】为27，如图6-148所示。

图 6-148

05 在【效果】面板中搜索【随机擦除】效果，将其拖曳到【01.jpg】和【02.jpg】两个素材文件中间。如图6-149所示。

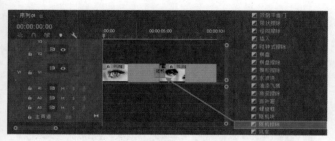

图 6—149

技巧提示

在【效果控件】面板中，可以调节随机擦除块的边宽和边色，如图6—150所示和图6—151所示。

图 6—150   图 6—151

06 此时，拖动播放指示器查看最终效果，如图6—152所示。

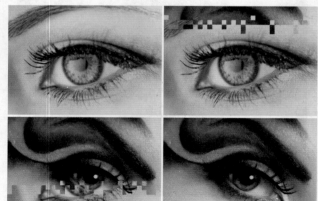

图 6—152

读书笔记

6.5.17 风车

技术速查：【风车】过渡效果会使素材B以风车轮状旋转覆盖素材A。

选择【效果】面板中的【视频过渡】|【擦除】|【风车】效果，如图6—153所示。其参数面板如图6—154所示。

图 6—153   图 6—154

● 自定义：单击该按钮出现如图6-155所示的对话框。

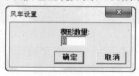

图 6—155

● 楔形数量：可调节扇面的数量。

添加【风车】过渡的效果，如图6-156所示。

图 6—156

读书笔记

6.6 沉浸式视频过渡

沉浸式视频过渡用于制作VR沉浸式过渡效果，需要配合VR眼镜才可观察其效果。包括【VR光圈擦除】【VR光线】【VR渐变擦除】【VR漏光】【VR球形模糊】【VR色度泄漏】【VR随机块】和【VR默比乌斯缩放】8个过渡效果，如图6-157所示。

图 6-157

6.6.1 VR光圈擦除

技术速查：【VR光圈擦除】过渡效果用于VR沉浸式光圈的擦除。

选择【效果】面板中的【视频过渡】|【沉浸式视频】|【VR光圈擦除】效果，如图6-158所示。其参数面板如图6-159所示。

图 6-158

图 6-159

6.6.2 VR光线

技术速查：【VR光线】过渡效果用于VR沉浸式光线的运用。

选择【效果】面板中的【视频过渡】|【沉浸式视频】|【VR光线】效果，如图6-160所示。其参数面板如图6-161所示。

图 6-160

图 6-161

6.6.3 VR渐变擦除

技术速查：【VR渐变擦除】过渡效果用于VR沉浸式渐变擦除效果的运用。

选择【效果】面板中的【视频过渡】|【沉浸式视频】|【VR渐变擦除】效果，如图6-162所示。其参数面板如图6-163所示。

图 6-162

图 6-163

6.6.4 VR漏光

技术速查：【VR漏光】过渡效果用于VR沉浸式漏光效果的运用。

选择【效果】面板中的【视频过渡】|【沉浸式视频】|【VR漏光】效果，如图6-164所示。其参数面板如图6-165所示。

图 6-164

图 6-165

6.6.5 VR球形模糊

技术速查：【VR球形模糊】过渡效果用于VR沉浸式球形模糊效果的运用。

选择【效果】面板中的【视频过渡】|【沉浸式视频】|【VR球形模糊】效果，如图6-166所示。其参数面板如图6-167所示。

图 6-166　　　　　　图 6-167

6.6.6 VR色度泄漏

技术速查：【VR色度泄漏】过渡效果用于VR沉浸式色度泄漏效果的运用。

选择【效果】面板中的【视频过渡】|【沉浸式视频】|【VR色度泄漏】效果，如图6-168所示。其参数面板如图6-169所示。

图 6-168　　　　　　图 6-169

6.6.7 VR随机块

技术速查：【VR随机块】过渡效果用于VR沉浸式随机块效果的运用。

选择【效果】面板中的【视频过渡】|【沉浸式视频】|【VR随机块】效果，如图6-170所示。其参数面板如图6-171所示。

图 6-170　　　　　　图 6-171

6.6.8 VR默比乌斯缩放

技术速查：【VR默比乌斯缩放】过渡效果用于VR沉浸式默比乌斯缩放效果的运用。

选择【效果】面板中的【视频过渡】|【沉浸式视频】|【VR默比乌斯缩放】效果，如图6-172所示。其参数面板如图6-173所示。

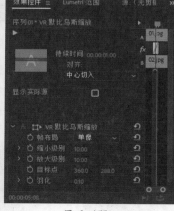

图 6-172　　　　　　图 6-173

6.7 溶解类视频过渡

溶解类视频过渡主要体现在一个画面逐渐消失，同时另一个画面逐渐显现。包括【MorphCut】【交叉溶解】【叠加溶解】【渐隐为白色】【渐隐为黑色】【胶片溶解】和【非叠加溶解】7个过渡效果，如图6-174所示。

图 6-174

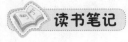
6.7.1 MorphCut

技术速查：【MorphCut】过渡效果转换使用脸部追踪和帧内插值，制作顺畅转换，不需要剪辑切割到B-ROLL上。

选择【效果】面板中的【视频过渡】|【溶解】|【MorphCut】效果，如图6-175所示。其参数面板如图6-176所示。

图 6-175

图 6-176

- ● 持续时间：调节【MorphCut】效果的持续时间。
- ● 对齐：设置【MorphCut】效果的位置。
- ● 显示实际源：选中该复选框时，素材制作效果会在

【效果控件】面板中显示。

添加【MorphCut】过渡的效果，如图6-177所示。

图 6-177

6.7.2 交叉溶解

技术速查：【交叉溶解】过渡效果中，素材B在素材A淡出之前淡入。

选择【效果】面板中的【视频过渡】|【溶解】|【交叉溶解】效果，如图6-178所示。其参数面板如图6-179所示。

图 6-178

图 6-179

添加【交叉溶解】过渡的效果，如图6-180所示。

图 6-180

★ 案例实战——应用交叉溶解过渡效果

案例文件	案例文件\第6章\交叉溶解.prproj
视频教学	视频文件\第6章\交叉溶解.mp4
难易指数	
技术要点	交叉溶解过渡效果的应用

案例效果

扫码看视频

【交叉溶解】过渡效果，主要是素材逐渐淡化，然后画面显现出下一个素材，即淡入淡出过渡效果。本例主要是针对"应用交叉溶解过渡效果"的方法进行练习，如图6-181所示。

6.7.2 应用交叉溶解过渡效果

图 6-181

操作步骤

01 打开Adobe Premiere Pro CC 2018软件，单击【新建项目按钮】，在弹出的对话框中单击【浏览】按钮设置保存路径，在【名称】文本框中设置文件名称，设置完成后单击【确定】按钮。接着选择【文件】|【新建】|【序列】命令，在弹出的对话框中选择【DV-PAL】|【标准48kHz】选项，如图6-182所示。

图 6-182

02 选择菜单栏中的【文件】|【导入】或者按【Ctrl+I】快捷键，将所需素材文件导入，如图6-183所示。

03 将【项目】面板中的素材文件拖曳到V1轨道上，如图6-184所示。

图 6-183

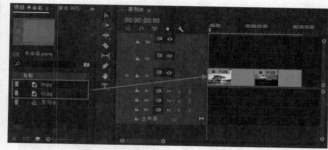

图 6-184

04 分别选择V1轨道上的素材文件，分别在【效果控件】面板【运动】栏中设置【缩放】为54，如图6-185所示。此时效果如图6-186所示。

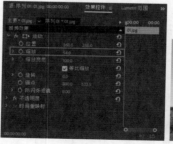

图 6-185   图 6-186

05 在【效果】面板中搜索【交叉溶解】效果，将其拖曳到【01.jpg】和【02.jpg】两个素材文件中间，如图6-187所示。

图 6-187

06 此时，拖动播放指示器查看最终效果，如图6-188所示。

图 6-188

☎ 答疑解惑：【交叉溶解】过渡效果产生的不同效果有哪些？

　　过渡效果在用于某一个图像和视频素材时，根据素材的不同，出现的效果也不同。例如，将【交叉溶解】施加于单独素材的首端或尾端时，可实现淡入淡出的效果。

　　但当【交叉溶解】效果在多个相邻素材之间，就会出现两种素材相互混合出现的效果。

6.7.3　叠加溶解

技术速查：【叠加溶解】过渡效果创建从一个素材到下一个素材的淡化。

　　选择【效果】面板中的【视频过渡】|【溶解】|【叠加溶解】效果，如图6-189所示。其参数面板如图6-190所示。

　　添加【叠加溶解】过渡的效果，如图6-191所示。

图 6-189

图 6-190　　　　　　　　　　　　图 6-191

6.7.4　渐隐为白色

技术速查：【渐隐为白色】过渡效果是素材A淡化为白色，然后淡化为素材B。

　　选择【效果】面板中的【视频过渡】|【溶解】|【渐隐为白色】效果，如图6-192所示。其参数面板如图6-193所示。

　　添加【渐隐为白色】过渡的效果，如图6-194所示。

图 6-192

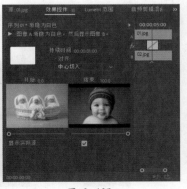

图 6-193

图 6-194

6.7.5 渐隐为黑色

技术速查：【渐隐为黑色】过渡效果是素材A逐渐淡化为黑色，然后再淡化为素材B。

选择【效果】面板中的【视频过渡】|【溶解】|【渐隐为黑色】效果，如图6-195所示。其参数面板如图6-196所示。

添加【渐隐为黑色】过渡的效果，如图6-197所示。

图 6-195

图 6-196

图 6-197

6.7.6 胶片溶解

技术速查：【胶片溶解】过渡效果是素材A逐渐透明至显示出素材B。

选择【效果】面板中的【视频过渡】|【溶解】|【胶片溶解】效果，如图6-198所示。其参数面板如图6-199所示。

添加【胶片溶解】过渡的效果，如图6-200所示。

图 6-198

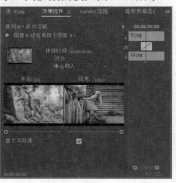

图 6-199

图 6-200

6.7.7 非叠加溶解

技术速查：【非叠加溶解】过渡效果是素材B逐渐出现在素材A的彩色区域内。

选择【效果】面板中的【视频过渡】|【溶解】|【非叠加溶解】效果，如图6-201所示。其参数面板如图6-202所示。

添加【非叠加溶解】过渡的效果，如图6-203所示。

图 6-201

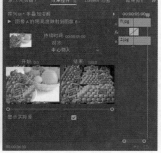

图 6-202

图 6-203

6.8 滑动类视频过渡

滑动是表现过渡的最简单形式。将一个画面移开即可显示另一个画面。滑动类视频过渡组中包括【中心拆分】【带状滑动】【拆分】【推】和【滑动】5个过渡效果。如图6-204所示。

图 6-204

6.8.1 中心拆分

技术速查：【中心拆分】过渡效果会使素材A从中心分裂为4块，向四角滑出。

选择【效果】面板中的【视频过渡】|【滑动】|【中心拆分】效果，如图6-205所示。其参数面板如图6-206所示。

图 6-205

图 6-206

添加【中心拆分】过渡的效果，如图6-207所示。

图 6-207

6.8.2 带状滑动

技术速查：【带状滑动】过渡效果会使素材B以条状进入，并逐渐覆盖素材A。

选择【效果】面板中的【视频过渡】|【滑动】|【带状滑动】效果，如图6-208所示。其参数面板如图6-209所示。

图 6-208

图 6-209

● 自定义：单击该按钮出现如图6-210所示的对话框。

● 带数量：可设置带状的条数。

图 6-210

添加【带状滑动】过渡的效果，如图6-211所示。

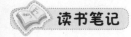

扫码看视频

6.8.2 应用带状滑动过渡效果

读书笔记

195

图 6-211

★ 案例实战——应用带状滑动过渡效果

案例文件	案例文件\第6章\带状滑动.prproj
视频教学	视频文件\第6章\带状滑动.mp4
难易指数	★★★★★
技术要点	带状滑动过渡效果的应用

案例效果

【带状滑动】过渡效果，主要是以隔行的方式分成若干带状。然后从两边的方向向中间滑动组合，直至显现下一个素材。本例主要是针对"应用带状滑动过渡效果"的方法进行练习，如图6-212所示。

图 6-212

操作步骤

01 打开Adobe Premiere Pro CC 2018软件，单击【新建项目】按钮，在弹出的对话框中单击【浏览】按钮设置保存路径，在【名称】文本框中设置文件名称，设置完成后单击【确定】按钮。接着选择【文件】|【新建】|【序列】命令，在弹出的对话框中选择【DV-PAL】|【标准48kHz】选项，如图6-213所示。

02 选择菜单栏中的【文件】|【导入】命令或者按【Ctrl+I】快捷键，将所需素材文件导入，如图6-214所示。

图 6-213

图 6-214

03 将【项目】面板中的素材文件拖曳到V1轨道上，如图6-215所示。

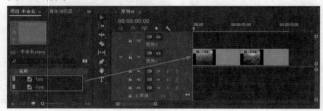

图 6-215

04 选择V1轨道上的【1.jpg】素材文件，设置【位置】为（360,386），【缩放】为50。接着选择【2.jpg】素材文件，设置【位置】为（360,379），【缩放】同样为50，如图6-216和图6-217所示。

图 6-216

图 6-217

05 在【效果】面板中搜索【带状滑动】效果,将其拖曳到【1.jpg】和【2.jpg】两个素材文件中间,如图6-218所示。

图 6-218

> **技巧提示**
>
> 在【效果控件】面板中,可以调节带状条的边宽和变色,如图6-219所示。单击【自定义】按钮,在弹出的对话框中可以调节带状条的数量,如图6-220所示。

图 6-219   图 6-220

06 此时,拖动播放指示器查看最终效果,如图6-221所示。

图 6-221

> **答疑解惑:【带状滑动】过渡效果的应用有哪些?**
>
> 【带状滑动】过渡效果通过条状或块状的图形在素材上滑动覆盖,实现特殊的视觉效果。素材种类多种多样,【带状滑动】过渡效果可以将素材进行分割对比,广泛应用于广告、杂志和一些视频制作中。

6.8.3 拆分

技术速查:【拆分】过渡效果会使素材A像自动门一样打开,并露出素材B。

选择【效果】面板中的【视频过渡】|【滑动】|【拆分】效果,如图6-222所示。其参数面板如图6-223所示。

添加【拆分】过渡的效果,如图6-224所示。

图 6-222

图 6-223

图 6-224

6.8.4 推

技术速查：【推】过渡效果会使素材B将素材A推出屏幕。

选择【效果】面板中的【视频过渡】|【滑动】|【推】效果，如图6-225所示。其参数面板如图6-226所示。

添加【推】过渡的效果，如图6-227所示。

图 6-225　　　　图 6-226　　　　　　　　　　　　图 6-227

6.8.5 滑动

技术速查：【滑动】过渡效果会使素材B滑入，并逐渐覆盖素材A。

选择【效果】面板中的【视频过渡】|【滑动】|【滑动】效果，如图6-228所示。其参数面板如图6-229所示。

添加【滑动】过渡的效果，如图6-230所示。

图 6-228　　　　图 6-229　　　　　　　　　　　　图 6-230

6.9 缩放类视频过渡

缩放类视频过渡会对画面进行放大或者缩小操作，同时使缩放过后的画面运动起来，这就形成了花样丰富的转场特效。该组过渡效果只有【交叉缩放】，如图6-231所示。

图 6-231

技术速查：【交叉缩放】过渡效果会使素材A放大冲出画面，而素材B则缩小进入画面。

选择【效果】面板中的【视频过渡】|【缩放】|【交叉缩放】效果，如图6-232所示。其参数面板如图6-233所示。

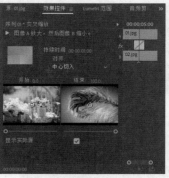

图 6-232　　　　　　图 6-233

● 该点为过渡的中心点：可对中心点进行移动设置。效果如图6-234所示。

图 6-234

6.10　页面剥落类视频过渡

页面剥落类视频过渡包括【翻页】和【页面剥落】两个过渡效果，如图6-235所示。

图 6-235

6.10.1　翻页

技术速查：【翻页】过渡效果可使素材A画面沿某一角翻转页面至消失，逐渐显现出素材B。

选择【效果】面板中的【视频过渡】|【页面剥落】|【翻页】效果，如图6-236所示。其参数面板如图6-237所示。

添加【翻页】过渡的效果，如图6-238所示。

图 6-236　　　　　　图 6-237

图 6-238

★ 案例实战——应用翻页过渡效果

案例文件	案例文件\第6章\翻页.prproj
视频教学	视频文件\第6章\翻页.mp4
难易指数	★★★★★
技术要点	翻页过渡效果的应用

案例效果

【翻页】过渡效果，主要是将素材以翻页的方式从一角翻起，直至显示出下一个素材。本例主要是针对"应用翻页过渡效果"的方法进行练习，如图6-239所示。

图 6-239

操作步骤

01 打开Adobe Premiere Pro CC 2018软件，单击【新建项目】按钮，在弹出的对话框中单击【浏览】按钮设置保存路径，在【名称】文本框中设置文件名称，设置完成后单击【确定】按钮。接着选择【文件】|【新建】|【序列】命令，在弹出的对话框中选择【DV-PAL】|【标准48kHz】选项，如图6-240所示。

图 6-240

02 选择菜单栏中的【文件】|【导入】命令或者按【Ctrl+I】快捷键，将所需素材文件导入，如图6-241所示。

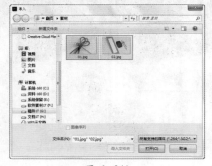

图 6-241

03 将【项目】面板中的素材文件拖曳到V1轨道上，如图6-242所示。

图 6-242

04 分别选择V1轨道上的素材文件，分别在【效果控件】面板【运动】栏中设置【缩放】为50。如图6-243所示。此时效果如图6-244所示。

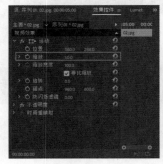

图 6-243　　　　　　　　　图 6-244

05 在【效果】面板中搜索【翻页】效果，将其拖曳到【01.jpg】和【02.jpg】两个素材文件中间，如图6-245所示。

图 6-245

06 此时，拖动播放指示器查看最终效果，如图6-246所示。

图 6-246

答疑解惑：【翻页】过渡效果常应用于
哪些素材上面?

　　【翻页】过渡效果常常应用于照片海报和文件纸张
类素材上面，可以制作出纸张、卷轴翻转或剥落的视觉
效果。

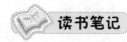 读书笔记

6.10.2 页面剥落

技术速查：【页面剥落】过渡效果会使素材A产生由中心点向四周分别被卷起的效果，并逐渐露出素材B。

　　选择【效果】面板中的【视频过渡】|【页面剥落】|【页面剥落】效果，如图6-247所示。其参数面板如图6-248所示。

图 6-247

图 6-248

　　添加【页面剥落】过渡的效果，如图6-249所示。

图 6-249

本章小结

　　通过对本章的学习，读者可以了解各种视频过渡效果的应用，这有助于在制作视频时，制作出较好的转场动画效果。

 读书笔记

第6章

视频过渡特效

201

第7章

调色技术

本章内容简介：

在Adobe Premiere Pro CC 2018中，对素材可以使用多种调色效果，从而制作出不同的色彩画面。在使用调色效果制作之前，需要了解什么是调色，调色的应用方法是什么。本章介绍了调色效果的使用方法和基本应用操作，以及常用调色的技巧。

本章学习要点：

- 了解什么是调色
- 了解调色的效果
- 掌握调色效果的应用方法
- 掌握常用的调色技巧

7.1 初识调色

色彩既是客观世界的反映，但又是主观世界的感受。调色具有很强的规律性，涉及色彩构成理论、颜色模式转换理论、通道理论。常用的调色效果包括色阶、曲线、颜色平衡、色相/饱和度等基本调色方式。

7.1.1 什么是色彩设计

色彩设计是设计领域中最为重要的一门课程，探索和研究色彩在物理学、生理学、心理学及化学方面的规律，以及对人的心理、生理产生的影响。如图7-1所示为颜色色环。

图 7-1

7.1.2 色彩的混合原理

技术速查：色彩的混合有加色混合、减色混合和中性混合3种形式。最为常用的是加色混合和减色混合。

动手学：加色混合

在对已知光源色研究过程中，发现色光的三原色与颜料色的三原色有所不同，色光的三原色为红（略带橙味儿）、绿、蓝（略带紫味儿）。而色光三原色混合后的间色（红紫、黄、绿青）相当于颜料色的三原色，色光在混合中会使混合后的色光明度增加，使色彩明度增加的混合方法称为加法混合，也叫色光混合，如图7-2所示。

- `01` 红光+绿光=黄光
- `02` 红光+蓝光=品红光
- `03` 蓝光+绿光=青光
- `04` 红光+绿光+蓝光=白光

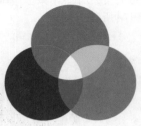

图 7-2

动手学：减色混合

当色料混合在一起时，呈现另一种颜色效果，就是减色混合法。色料的三原色分别为品红、青和黄色，因为一般

三原色色料的颜色本身就不够纯正，所以混合以后的色彩也不是标准的红、绿和蓝色。三原色色料的混合有着下列规律，如图7-3所示。

- `01` 青色+品红色=蓝色
- `02` 青色+黄色=绿色
- `03` 品红色+黄色=红色
- `04` 品红色+黄色+青色=黑色

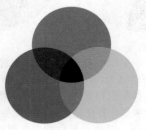

图 7-3

7.1.3 色彩的三大属性

就像人类有性别、年龄、人种等可判别个体的属性一样，色彩也具有其独特的3大属性：色相、明度、纯度。任何色彩都有色相、明度、纯度3个方面的性质，这3种属性是界定色彩感官识别的基础。灵活地应用三属性变化也是色彩设计的基础，通过色彩的色相、明度、纯度的共同作用才能更加合理地达到某些目的或效果作用。"有彩色"具有色相、明度和纯度3个属性，"无彩色"只拥有明度。

🔲 色相

色相就是色彩的"相貌",色相与色彩的明暗无关,是区别色彩的名称或种类。色相是根据颜色光波长短划分的,只要色彩的波长相同,色相就相同,波长不同才产生色相的差别。

说到色相就不得不了解一下什么是"三原色""二次色"以及"三次色"。

三原色由3种基本原色构成,原色是指不能透过其他颜色的混合调配而得出的"基本色"。

二次色即"间色",是由两种原色混合调配而得出的。三次色即是由原色和二次色混合而成的颜色。

原色:　红　蓝　黄

二次色:　橙　绿　紫

三次色:　红橙 黄橙 黄绿 蓝绿 蓝紫 红紫

"红、橙、黄、绿、青、蓝、紫"是日常生活中最常听到的基本色,在各色中间加插一两个中间色,即可制出十二基本色相,如图7-4所示。

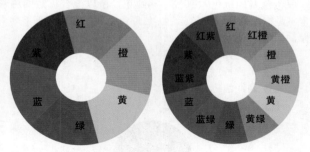

图 7-4

在色相环中,穿过中心点的对角线位置的两种颜色是相互的互补色,即角度为180°时。因为这两种色彩的差异最大,所以当这两种颜色相互搭配并置时,两种色彩的特征会相互衬托得十分明显。补色搭配也是常见的配色方法。

红色与绿色互为补色,紫色和黄色互为补色,如图7-5所示。

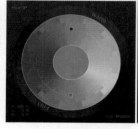
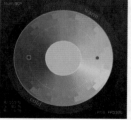

图 7-5

🔲 明度

明度是眼睛对光源和物体表面的明暗程度的感觉,主要是由光线强弱决定的一种视觉经验。明度也可以简单地理解为颜色的亮度。明度越高,色彩越白越亮,反之则越暗,如图7-6所示。

高明度　　　　中明度　　　　低明度

图 7-6

色彩的明暗程度有两种情况,同一颜色的明度变化,不同颜色的明度变化。同一色相的明度深浅变化效果如图7-7所示。不同的色彩也都存在明暗变化,其中黄色明度最高,紫色明度最低,红、绿、蓝、橙色的明度相近,为中间明度。

图 7-7

使用不同明度的色块可以帮助表达画面的感情。在不同色相中的不同明度效果如图7-8所示。在同一色相中的明度深浅变化效果如图7-9所示。

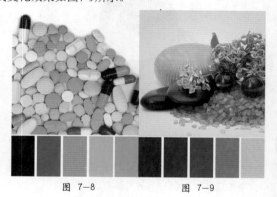

图 7-8　　　　图 7-9

纯度

纯度是指色彩的鲜浊程度，也就是色彩的饱和度。物体的饱和度取决于该物体表面选择性的反射能力。在同一色相中添加白色、黑色或灰色都会降低它的纯度。如图7-10所示为有彩色与无彩色的加法。

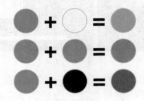

图 7-10

色彩的纯度也像明度一样有着丰富的层次，使得纯度的对比呈现出变化多样的效果。混入的黑、白、灰成分越多，则色彩的纯度越低。以红色为例，在加入白色、灰色和黑色后其纯度都会随着降低，如图7-11所示。

高纯度　　　　中纯度　　　　低纯度

图 7-11

在设计中可以通过控制色彩纯度的方式对画面进行调整。纯度越高，画面颜色效果越鲜艳、明亮，带给人的视觉冲击力越强；反之，色彩的纯度越低，画面的灰暗程度就会增加，其所产生的效果就更加柔和、舒服。如图7-12所示高纯度给人一种艳丽的感觉，而低纯度给人一种灰暗的感觉。

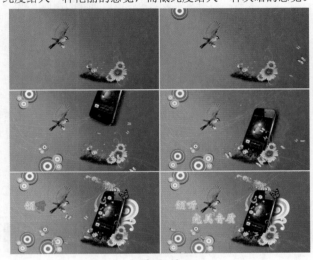

图 7-12

7.2 过时类视频效果

过时类视频效果组中包括【RGB曲线】【RGB 颜色校正器】【三向颜色校正器】【亮度曲线】【亮度校正器】【快速颜色校正器】【自动对比度】【自动色阶】【自动颜色】和【阴影/高光】等效果。选择【效果】面板中的【视频效果】|【过时】，如图7-13所示。

图 7-13

扫码看视频

7.2.1 制作变色城堡效果

7.2.1 RGB曲线

技术速查：【RGB曲线】效果针对每个颜色通道使用曲线调整来调整剪辑的颜色。

选择【效果】面板中的【视频效果】|【过时】|【RGB曲线】效果，如图7-14所示。其参数面板如图7-15所示。

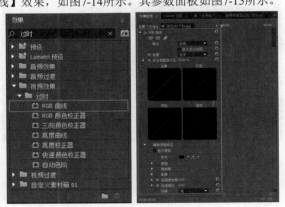

图 7-14　　　　　　图 7-15

● 输出：允许在【节目】监视器中查看调整的最终结果（合成）或色调值调整（亮度）。

● 布局：确定拆分视图图像是并排（水平）还是上下（垂直）布局。

- 拆分视图百分比：调整校正视图的大小。默认值为50%。
- 辅助颜色校正：指定由效果校正的颜色范围。可以通过色相、饱和度和明亮度定义颜色。
  - 显示蒙版：可查看定义颜色范围时选择的图像区域。
  - 中央：在指定的范围中定义中心颜色。
  - 色相/饱和度/亮度：根据色相、饱和度或明亮度指定要校正的颜色范围。单击选项名称旁边的三角形可以访问阈值和柔和度（羽化）控件，用于定义色相、饱和度或明亮度范围。
  - 结尾柔和度：使指定区域的边界模糊，从而使校正更大程度上与原始图像混合。较高的值会增加柔和度。
  - 边缘细化：使指定区域有更清晰的边界。校正显得更明显。较高的值会增加指定区域的边缘清晰度。
  - 反转：校正所有颜色，您使用【辅助颜色校正】设置指定的颜色范围除外。

★ 案例实战——制作变色城堡效果

案例文件	案例文件\第7章\变色城堡.prproj
视频教学	视频文件\第7章\变色城堡.mp4
难易指数	★★★★★
技术要点	RGB曲线和快速颜色校正器效果的应用

案例效果

色彩的意向微妙而多趣，根据环境的不同而调整不同的颜色会有不同的视觉和情绪效果。本例主要是针对"制作变色城堡效果"的方法进行练习，如图7-16所示。

图 7-16

操作步骤

01 打开Adobe Premiere Pro CC 2018软件，单击【新建项目】按钮，在弹出的对话框中单击【浏览】按钮设置保存路径，在【名称】文本框中设置文件名称，设置完成后单击【确定】按钮。接着选择【文件】|【新建】|【序列】命令，在弹出的对话框中选择【DV-PAL】|【标准48kHz】选项，如图7-17所示。

图 7-17

02 选择菜单栏中的【文件】|【导入】命令或按【Ctrl+I】快捷键，然后在打开的对话框中选择所需的素材文件，并单击【打开】按钮导入，如图7-18所示。

图 7-18

03 将【项目】面板中的【01.jpg】素材文件拖曳到V1轨道上，如图7-19所示。

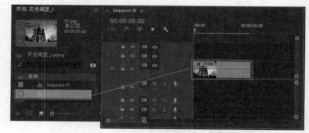

图 7-19

04 选择V1轨道上的【01.jpg】素材文件，在【效果控件】面板【运动】栏中设置【缩放】为48，如图7-20所示。此时效果如图7-21所示。

图 7-20

图 7-21

05 在【效果】面板中搜索【RGB曲线】效果，按住鼠标左键将其拖曳到V1轨道的【01.jpg】素材文件上，如图7-22所示。

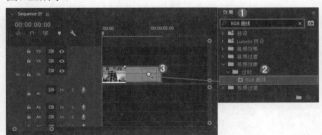

图 7-22

06 选择V1轨道上的【01.jpg】素材文件，在【效果控件】面板展开【RGB曲线】效果，调整【主要色】、【红色】和【绿色】的曲线形状，如图7-23所示。此时效果如图7-24所示。

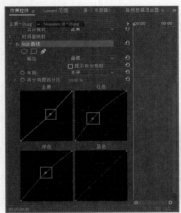
图 7-23

图 7-24

07 在【效果】面板中搜索【快速颜色校正器】效果，按住鼠标左键将其拖曳到V1轨道的【01.jpg】素材文件上，如图7-25所示。

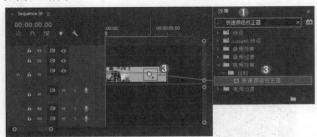
图 7-25

08 选择V1轨道上的【01.jpg】素材文件，在【效果控件】面板设置【快速颜色校正器】栏的【色相角度】为177°，【输入灰色阶】为0.5，【输出黑色阶】为27，【输出白色阶】为241，如图7-26所示。此时拖动播放指示器查看最终效果，如图7-27所示。

图 7-26

图 7-27

☎ **答疑解惑**：可以将城堡更换为不同颜色吗？

可以，在【快速颜色校正器】效果中调节颜色的饱和度以及不同的参数就可以调节出各种不同的颜色。在颜色调整完的同时，要根据周围的环境给图片进行亮度和对比度的调节，从而使颜色更加自然和融入周围环境。

7.2.2　RGB颜色校正器

技术速查：【RGB颜色校正器】效果将调整应用于为高光、中间调和阴影定义的色调范围，从而调整剪辑中的颜色。

选择【效果】面板中的【视频效果】|【过时】|【RGB颜色校正器】效果，如图7-28所示。其参数面板如图7-29所示。

图 7-28

图 7-29

- 输出：允许在【节目】监视器中查看调整的最终结果（合成）、色调值调整（亮度）或阴影、中间调和高光的三色调表示（色调范围）。
- 布局：确定拆分视图图像是并排（水平）还是上下（垂直）布局。
- 拆分视图百分比：调整校正视图的大小。默认值为50%。
- 色调范围定义：定义剪辑中的阴影、中间调和高光的色调范围。滑动方形滑块可调整阈值。滑动三角形滑块可调整柔和度（羽化）的程度。

- 色调范围：选择通过【色相角度】【平衡数量级】【平衡增益】【平衡角度】【饱和度】以及【色阶】控件调整的色调范围。
- 灰度系数：调整灰度系数值以使颜色成为中性。如图7-30所示为不同灰度系数的对比效果。

图 7-30

- 基值：从Alpha通道中滤出通常由粒状或低光素材所引起的杂色。
- 增益：使用操纵面【增益】控制器，可调节音频轨道混合器中的衰减。如图7-31所示为调整不同增益值的对比效果。

图 7-31

- RGB：【RGB】颜色称为加成色，因为通过将 R、G 和 B 添加在一起可产生白色。
  - 红色灰度系数/绿色灰度系数/蓝色灰度系数：【红色灰度系数】【绿色灰度系数】和【蓝色灰度系数】在不影响黑白色阶的情况下调整红色、绿色或蓝色通道的中间调值。
  - 红色基值/绿色基值/蓝色基值：【红色基值】【绿色基值】和【蓝色基值】通过将固定的偏移添加到通道的像素值中来调整红色、绿色或蓝色通道的色调值。
  - 红色增益/绿色增益/蓝色增益：【红色增益】【绿色增益】和【蓝色增益】通过乘法调整红色、绿色或蓝色通道的亮度值，使较亮的像素受到的影响大于较暗的像素受到的影响。
- 辅助颜色校正：使用【辅助颜色校正】控件指定要校正的颜色范围，可以进一步精细调整。
  - 显示蒙版：蒙版扩展导线在节目监视器上显示为实心蓝线，可帮助精确扩展或收缩蒙版区域。
  - 中央：可以添加和减少颜色。

- 色相/饱和度/亮度：根据色相、饱和度或明亮度指定要校正的颜色范围。
- 柔化：使指定区域的边界模糊，从而使校正更大程度上与原始图像混合。较高的值会增加柔和度。
- 边缘细化：使指定区域有更清晰的边界。校正显得更明显。较高的值会增加指定区域的边缘清晰度。
- 反转：校正所有颜色，使用【辅助颜色校正】设置指定的颜色范围除外。

★ 案例实战——制作黑夜变白天效果

案例文件	案例文件\第7章\黑夜变白天.prproj
视频教学	视频文件\第7章\黑夜变白天.mp4
难易指数	★★★★★
技术要点	RGB颜色校正器和亮度与对比度效果的应用

案例效果

一天分白天和黑夜，白天通常指从黎明至天黑的一段时间，物体清晰可见，而黑夜通常指从太阳落山到次日黎明，天空通常为黑色，物体都开始不清晰起来。本例主要是针对"制作黑夜变白天效果"的方法进行练习，如图7-32所示。

扫码看视频

7.2.2 制作黑夜变白天效果

图 7-32

操作步骤

01 打开Adobe Premiere Pro CC 2018软件，单击【新建】|【项目】按钮，在弹出的对话框中单击【浏览】按钮设置保存路径，在【名称】文本框中设置文件名称，设置完成后单击【确定】按钮。接着选择【文件】|【新建】|【序列】命令，在弹出的对话框中选择【DV-PAL】|【标准48kHz】选项，如图7-33所示。

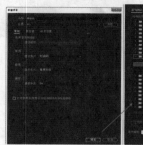

图 7-33

02 选择菜单栏中的【文件】|【导入】命令或按

【Ctrl+I】快捷键，然后在打开的对话框中选择所需的素材文件，并单击【打开】按钮导入，如图7-34所示。

图 7-34

03 将【项目】面板中的【01.jpg】素材文件拖曳到V1轨道上，如图7-35所示。

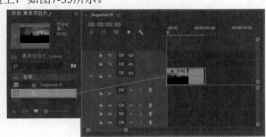

图 7-35

04 选择V1轨道上的【01.jpg】素材文件，在【效果控件】面板【运动】栏中设置【缩放】为54，如图7-36所示。效果如图7-37所示。

图 7-36   图 7-37

05 在【效果】面板中搜索【RGB颜色校正器】，并拖曳到V1轨道上，如图7-38所示。

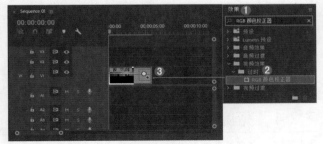

图 7-38

06 选择V1轨道上的【01.jpg】素材文件，在【效果控件】

面板展开【RGB颜色校正器】栏，设置【阴影阈值】为64。【灰度系数】为4.5，如图7-39所示。效果如图7-40所示。

图 7-39   图 7-40

07 在【效果】面板中搜索【亮度与对比度】效果，按住鼠标左键将其拖曳到V1轨道的【01.jpg】素材文件上，如图7-41所示。

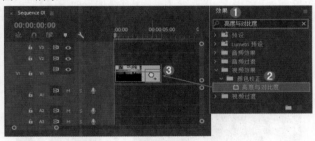

图 7-41

08 选择V1轨道上的【01.jpg】素材文件，在【效果控件】面板设置【亮度与对比度】栏中的【亮度】为15，【对比度】为12，如图7-42所示。

09 此时，拖动播放指示器查看最终效果，如图7-43所示。

图 7-42   图 7-43

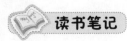

读书笔记

答疑解惑：可否将白天制作成黑夜的
效果？

可以，通过调整色彩校正中的参数和各个颜色的变化，可以将白天制作成黑夜的效果。同时调节亮度和对比度，使物体在黑夜中的效果更加明显。

在制作黑夜和白天的转换时，需要注意周边环境。变为白天时，注意光线的亮度，调节亮度对比度，使物体看起来更加清晰。变为黑天时，注意不能过于黑，要有一定的光线。可以添加模糊效果来体现黑夜的感觉。

7.2.3　三向颜色校正器

技术速查：【三向颜色校正器】效果可针对阴影、中间调和高光调整剪辑的色相、饱和度和亮度，从而进行精细校正。

选择【效果】面板中的【视频效果】|【过时】|【三向颜色校正器】效果，如图7-44所示。其参数面板如图7-45所示。

图 7-44　　　　　　图 7-45

- 输出：允许在【节目】监视器中查看调整的最终结果（合成）、色调值调整（亮度）或阴影、中间调和高光的三色调表示（色调范围）。
- 拆分视图：将图像的一部分显示为校正视图，而将其他图像的另一部分显示为未校正视图。
- 色调范围定义：定义剪辑中的阴影、中间调和高光的色调范围。滑动方形滑块可调整阈值。滑动三角形滑块可调整柔和度（羽化）的程度。
- 饱和度：调整图像的颜色饱和度。
  - 主饱和度：调节其数值可以改变素材的饱和度。
  - 阴影饱和度：调节其数值可以改变素材的阴影。
  - 中间调饱和度：调节其数值可以改变素材的中间调的饱和程度。
  - 高饱和度：调节其数值可以改变素材的高光饱和程度。
- 辅助颜色校正：使用【辅助颜色校正】控件指定要校正的颜色范围，可以进一步精细调整。

- 显示蒙版：蒙版扩展导线在【节目】监视器上显示为实心蓝线，可帮助精确扩展或收缩蒙版区域。
- 中心：在指定的范围中定义中心颜色。
- 色相/饱和度/亮度：根据色相、饱和度或明亮度指定要校正的颜色范围。
- 柔化：使指定区域的边界模糊，从而使校正更大程度上与原始图像混合。
- 边缘细化：使指定区域有更清晰的边界。校正显得更明显。较高的值会增加指定区域的边缘清晰度。
- 反转：校正所有颜色，使用【辅助颜色校正】设置指定的颜色范围除外。
- 自动色阶：自动校正高光和阴影。
  - 黑色阶/灰色阶/白色阶：输入【黑色阶】、输入【灰色阶】、输入【白色阶】调整高光、中间调或阴影的黑场、中间调和白场输入色阶。
- 阴影：包含【阴影色相角度】【阴影平衡数量级】【阴影平衡增益】和【阴影平衡角度】。
  - 阴影色相角度：控制色相旋转。
  - 阴影平衡数量级：调整强度。
  - 阴影平衡增益：通过乘法调整亮度值，使较亮的像素受到的影响大于较暗的像素受到的影响。
- 阴影平衡角度：确定的颜色平衡校正量。
- 中间调：包含【中间调色相角度】【中间调平衡数量级】【中间调平衡增益】和【中间调平衡角度】。
  - 中间调色相角度：控制高光、中间调或阴影中的色相旋转。
  - 中间调平衡数量级：调节中间调色彩的范围。
  - 中间调平衡增益：调节该数量可以改变色彩的浓度。
  - 中间调平衡角度：控制高光、中间调或阴影中的色相转换。
- 高光：包含【高光色相角度】【高光平衡数量级】【高光平衡增益】和【高光平衡角度】。
- 主要：包含【主色相角度】【主平衡数量级】【主平衡增益】和【主平衡角度】。
- 主色阶：包含【主输入黑色阶】【主输入灰色阶】【主输入白色阶】【主输出黑色阶】和【主输出白色阶】。
  - 主输入黑色阶/主输入灰色阶/主输入白色阶：外面的两个输入色阶滑块将黑场和白场映射到输出滑块的设置。中间输入滑块用于调整图像中的灰度系数。
  - 主输出黑色阶/主输出白色阶：将黑场和白场输入色阶滑块映射到指定值。

7.2.4　亮度曲线

技术速查：【亮度曲线】效果使用曲线调整，来调整剪辑的亮度和对比度。

选择【效果】面板中的【视频效果】|【过时】|【亮度曲线】效果，如图7-46所示。其参数面板如图7-47所示。

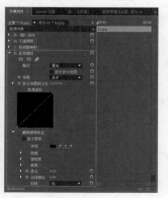

图 7-46 　　　　　　图 7-47

🔵 输出：允许在【节目】监视器中查看调整的最终结果（合成）、色调值调整（亮度）或阴影、中间调和高光的三色调表示（色调范围）。

🔵 显示拆分视图：将图像的一部分显示为校正视图，而将其他图像的另一部分显示为未校正视图。

🔵 布局：确定拆分视图图像是并排（水平）还是上下（垂直）布局。

🔵 拆分视图百分比：调整校正视图的大小。默认值为50%。

🔵 辅助颜色校正：使用【辅助颜色校正】控件指定要校正的颜色范围，可以进一步精细调整。

- 显示蒙版：蒙版扩展导线在【节目】监视器上显示为实心蓝线，可帮助精确扩展或收缩蒙版区域。
- 中央：定义指定范围内中央的颜色。
- 色相：使用色轮控制色相平衡和色相角度。
- 饱和度：调整图像的颜色饱和度。
- 亮度：使用【亮度】与对比度效果最方便对图像色调范围进行简单调整。
- 柔化：使Alpha通道遮罩的边缘变模糊。
- 边缘细化：使指定区域有更清晰的边界。

7.2.5　亮度校正器

技术速查：【亮度校正器】效果可用于调整剪辑高光、中间调和阴影中的亮度和对比度。

选择【效果】面板中的【视频效果】|【过时】|【亮度校正器】效果，如图7-48所示。其参数面板如图7-49所示。

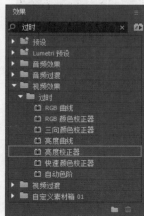

图 7-48 　　　　　　图 7-49

🔵 输出：允许在【节目】监视器中查看调整的最终结果（合成）、色调值调整（亮度）或阴影、中间调和高光的三色调表示（色调范围）。

🔵 布局：确定拆分视图图像是并排（水平）还是上下（垂直）布局。

🔵 拆分视图百分比：调整校正视图的大小。默认值为50%。

🔵 色调范围定义：定义剪辑中的阴影、中间调和高光的色调范围。滑动方形滑块可调整阈值。滑动三角形滑块可调整柔和度（羽化）的程度。

- 阴影阈值/阴影柔和度/高光柔和度：确定剪辑中的阴影、中间调和柔和度。
- 色调范围：指定将明亮度调整应用于整个图像（主）、仅高光、仅中间调还是仅阴影。

🔵 亮度：控制发光的初始不透明度。如图7-50所示为设置【亮度】分别为0和-40时的对比效果。

图 7-50

🔵 对比度：调整 Alpha 通道的对比度。

🔵 对比度级别：设置剪辑的原始对比度值。

🔵 灰度系数：在不影响黑白色阶的情况下调整图像的中间调值。

🔵 基值：从 Alpha 通道中滤出通常由粒状或低光素材所引起的杂色。

🔵 增益：通过乘法调整亮度值，从而影响图像的总体对比度。较亮的像素受到的影响大于较暗的像素受到的影响。

🔵 辅助颜色校正：使用【辅助颜色校正】控件指定要校正的颜色范围，可以进一步精细调整。

- 显示蒙版：蒙版扩展导线在【节目】监视器上显示为

实心蓝线，可帮助您精确扩展或收缩蒙版区域。

- 中央：定义指定范围内中央的颜色。
- 色相：使用色轮控制色相平衡和色相角度。
- 饱和度：调整图像的颜色饱和度。
- 亮度：使用【亮度】与对比度效果最方便对图像色调

范围进行简单调整。

- 柔化：使Alpha通道遮罩的边缘变模糊。
- 边缘细化：使指定区域有更清晰的边界。
- 反转：反转蒙版选区选择【反转】复选框，可交换蒙版区域和未蒙版区域。

7.2.6 快速颜色校正器

技术速查：【快速颜色校正器】效果使用色相和饱和度控件来调整剪辑的颜色。此效果也有色阶控件，用于调整图像阴影、中间调和高光的强度。

选择【效果】面板中的【视频效果】|【过时】|【快速颜色校正器】效果，如图7-51所示。其参数面板如图7-52所示。

图 7-51　　　　　　图 7-52

- 输出：允许在【节目】监视器中查看调整的最终结果（合成）、色调值调整（亮度）或阴影、中间调和高光的三色调表示（色调范围）。
- 布局：确定拆分视图图像是并排（水平）还是上下（垂直）布局。
- 拆分视图百分比：调整校正视图的大小。默认值为50%。
  - 白平衡：白平衡分配给剪辑。使用不同的吸管工具在图像中采样目标色彩，或从Adobe拾色器中选择颜色。
  - 色相平衡和角度：使用对应于阴影（左轮）、中间调（中轮）和高光（右轮）的3个色轮来控制色相和饱和度调整。
- 色相角度：控制高光、中间调或阴影中的色相旋转。如图7-53所示为设置【色相角度】分别为0和50时的对比效果。

图 7-53

- 平衡数量级：控制由【平衡角度】确定的颜色平衡校正量。

- 平衡增益：通过乘法调整亮度值，使较亮的像素受到的影响大于较暗的像素受到的影响。
- 平衡角度：控制高光、中间调或阴影中的色相转换。
- 饱和度：调整图像的颜色饱和度。
  - 黑色阶/灰色阶/白色阶：使用不同的吸管工具来采样图像中的目标颜色或监视器桌面上的任意位置，以设置最暗阴影、中间调灰色和最亮高光的色阶。
- 输入黑色阶/输入灰色阶/输入白色阶：调整高光、中间调或阴影的黑场、中间调和白场输入色阶。如图7-54所示为设置【输入黑色阶】分别为0和40时的对比效果。

图 7-54

- 输出黑色阶/输出白色阶：调整输入黑色对应的映射输出色阶以及高光、中间调或阴影对应的输入白色阶。

★ 案例实战——制作怀旧质感画卷效果

案例文件	案例文件\第7章\怀旧质感画卷.prproj
视频教学	视频文件\第7章\怀旧质感画卷.mp4
难易指数	★★★★★
技术要点	快速颜色校正器，更改颜色、色阶、亮度与对比度效果的应用

案例效果

怀旧的色调是电影、广告中常用的一种技巧，而且逐渐成了一种时尚类型。本例主要是针对"制作怀旧质感画卷"的方法进行练习，如图7-55所示。

扫码看视频

7.2.6 制作怀旧质感画卷效果

图 7-55

操作步骤

Part01　导入背景和风景素材

01 打开Adobe Premiere Pro CC 2018软件，单击【新建项目】按钮，在弹出的对话框中单击【浏览】按钮设置保存路径，在【名称】后设置文件名称，设置完成后单击【确定】按钮。接着选择【文件】|【新建】|【序列】命令，在弹出的对话框中选择【DV-PAL】|【标准48kHz】选项，如图7-56所示。

图 7-56

02 选择菜单栏中的【文件】|【导入】命令或按【Ctrl+I】快捷键，然后在打开的对话框中选择所需的素材文件，并单击【打开】按钮导入，如图7-57所示。

图 7-57

03 将【项目】面板中的【背景.jpg】素材文件拖曳到V1轨道上，如图7-58所示。

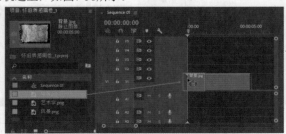

图 7-58

04 选择V1轨道上的【背景.jpg】素材文件，在【效果

控件】面板【运动】栏中设置【缩放】为29，如图7-59所示。此时效果如图7-60所示。

图 7-59　　　　　　　　图 7-60

05 将【项目】面板中的【风景.png】素材文件拖曳到V2轨道上，如图7-61所示。

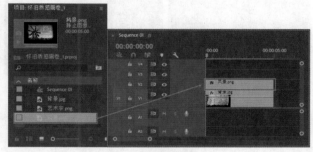

图 7-61

06 选择V2轨道上的【风景.jpg】素材文件，在【效果控件】面板【运动】栏中设置【缩放】为29，在【不透明度】栏中设置【混合模式】为【相乘】，如图7-62所示。此时效果如图7-63所示。

图 7-62　　　　　　　　图 7-63

Part02　制作怀旧的色彩效果

01 在【效果】面板中搜索【亮度与对比度】效果，按住鼠标左键将其拖曳到V2轨道的【风景.png】素材文件上。如图7-64所示。

02 选择V2轨道上的【风景.png】素材文件，在【效果控件】面板设置【亮度与对比度】栏中的【亮度】为40，如图7-65所示。此时效果如图7-66所示。

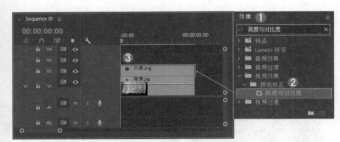

图 7-64

图 7-65　　　　　　　　图 7-66

03 在【效果】面板中搜索【快速颜色校正器】效果，按住鼠标左键将其拖曳到V2轨道的【风景.png】素材文件上，如图7-67所示。

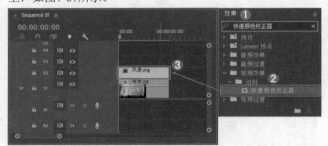

图 7-67

04 选择V2轨道上的【风景.png】素材文件，在【效果控件】面板设置【快速颜色校正器】栏中的【色相角度】为180°，【输入灰度级】为1.8，如图7-68所示。此时效果，如图7-69所示。

图 7-68　　　　　　　　图 7-69

Premiere Pro CC 中文版自学视频教程

技术拓展：复古颜色的搭配原则

色彩在作品中是占主导地位的，它可以引导人们产生一定的情感变化。在本案例中我们制作了复古颜色，以褐色、咖啡色为主基调色，给人一种怀旧、复古的感觉，同时褐色、咖啡色也会体现出稳定、厚重的感觉。这些色彩的共同特点是明度较低，搭配色彩时尽量避开鲜艳的颜色，达到画面的和谐统一，如图7-70所示。

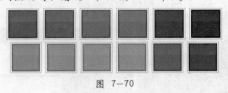

图 7-70

05 在【效果】面板中搜索【更改颜色】效果，按住鼠标左键将其拖曳到V2轨道的【风景.png】素材文件上，如图7-71所示。

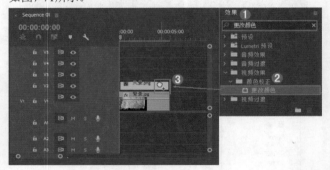

图 7-71

06 选择V2轨道上的【风景.png】素材文件，在【效果控件】面板设置【更改颜色】栏中的【亮度变换】为188，【亮度变换】为-26，【要更改的颜色】为浅灰色，如图7-72所示。此时效果如图7-73所示。

图 7-72　　　　　　　　图 7-73

07 在【效果】面板中搜索【色阶】效果，按住鼠标左键将其拖曳到V2轨道的【风景.png】素材文件上，如图7-74所示。

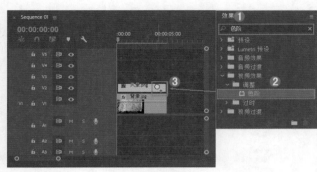

图 7-74

08 选择V2轨道上的【风景.png】素材文件，在【效果控件】面板设置【色阶】栏中的【RGB黑色阶输入】为32，【RGB黑色阶输出】为20，如图7-75所示。此时效果如图7-76所示。

图 7-75

图 7-76

09 将【项目】面板中的【艺术字.png】素材文件拖曳到V3轨道上，如图7-77所示。

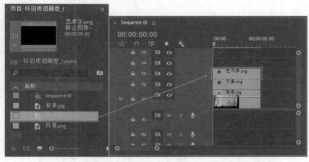

图 7-77

10 选择V3轨道上的【艺术字.png】素材文件，在【效果控件】面板【运动】栏设置【位置】为（518,346），【缩放】为29，如图7-78所示。最终效果如图7-79所示。

图 7-78

图 7-79

7.2.7 自动对比度

技术速查：【自动对比度】效果可以对素材进行自动的对比度调节。

选择【效果】面板中的【视频效果】|【调整】|【自动对比度】效果，如图7-80所示。其参数面板如图7-81所示。

图 7-80

图 7-81

- 瞬时平滑（秒）：控制平滑的时间。
- 场景检测：自动侦测到每个场景并进行对比度处理。

- 减少黑色像素：控制暗部的百分比。
- 减少白色像素：控制亮部的百分比。如图7-82所示为【减少白色像素】分别为0和3的对比效果。

图 7-82

- 与原始图像混合：控制素材间的混合成度。

★ **案例实战——应用自动对比度效果**

案例文件	案例文件\第7章\自动对比度效果.prproj
视频教学	视频文件\第7章\自动对比度效果.mp4
难易指数	★★★★★
技术要点	自动对比度效果的应用

案例效果

对比度是指一张图像中最亮的白和最暗的黑之间不同亮度的等级，差异越大表示对比越大，差异越小表示对比越小，对比度的适当调节可以使图像的色彩更加生动和丰富。本例主要是针对"应用自动对比度效果"的方法进行练习，如图7-83所示。

图 7-83

操作步骤

01 选择【文件】|【新建】|【项目】命令，在弹出的【新建项目】对话框中设置【名称】，并单击【浏览】按钮设置保存路径，再单击【确定】按钮，如图7-84所示。选择【文件】|【新建】|【序列】命令，在弹出的【新建序列】对话框中选择【DV-PAL】|【标准48kHz】选项，再单击【确定】按钮，如图7-85所示。

图 7-84

图 7-85

02 选择菜单栏中的【文件】|【导入】命令或按【Ctrl+I】快捷键，然后在打开的对话框中选择所需的素材文件，并单击【打开】按钮导入，如图7-86所示。

图 7-86

03 将【项目】面板中的【01.jpg】素材文件拖曳到V1轨道上，如图7-87所示。

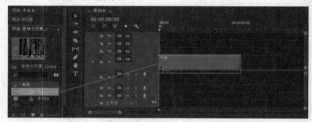

图 7-87

04 在V1轨道上的【01.jpg】素材文件上单击鼠标右键，在弹出的快捷菜单中选择【缩放到框大小】命令。接着在【效果控件】面板【运动】栏中设置【缩放】为104，如图7-88所示。此时效果如图7-89所示。

图 7-88

图 7-89

技巧提示

在素材图片过大时，可以在【时间轴】面板的素材文件上单击鼠标右键，并在弹出的快捷菜单中选择【缩放到帧大小】命令以方便调节素材的位置与大小。当然也可以直接在【效果控件】面板中调节素材的位置和大小。

05 在【效果】面板中搜索【自动对比度】效果，按住鼠标左键将其拖曳到V1轨道的【01.jpg】素材文件上，如图7-90所示。

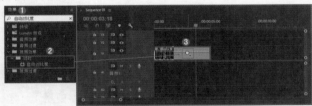

图 7-90

06 选择V1轨道上的【01.jpg】素材文件，在【效果控件】面板中展开【自动对比度】栏，设置【减少黑色像素】为10%，【减少白色像素】为10%，【与原始图像混合】为30%，如图7-91所示。

07 此时，拖动播放指示器查看最终的效果，如图7-92所示。

图 7-91

图 7-92

思维点拨：对比度对视觉的影响有哪些？

对比度对视觉效果的影响非常关键，对比度越大，图像越清晰越醒目，颜色也更鲜明；对比度越小，图像画面越模糊，颜色越灰。越高的对比度对于图像的清晰度、细节表现、灰度层次表现得更加清楚。对比度对黑白图像的清晰度和完整性更加明显。

对比度对于视频影响更明显，在动态中的明暗转换的对比度越大，人们越容易分辨出这样的转换过程。

7.2.8 自动色阶

技术速查：【自动色阶】效果可以对素材进行自动的色阶调节。

选择【效果】面板中的【视频效果】|【调整】|【自动色阶】效果，如图7-93所示。其参数面板如图7-94所示。

图 7-93　　　　　　　图 7-94

● 瞬时平滑（秒）：控制平滑的时间。

● 场景检测：自动侦测到每个场景并进行色阶处理。

● 减少黑色像素：控制暗部的百分比。

● 减少白色像素：控制亮部的百分比。　如图7-95所示为【减少白色像素】为0和2%的对比效果。

图 7-95

● 与原始图像混合：控制素材间的混合程度。

7.2.9 自动颜色

技术速查：【自动颜色】效果对素材进行自动的色彩调节。

选择【效果】面板中的【视频效果】|【调整】|【自动颜色】效果，如图7-96所示。其参数面板如图7-97所示。

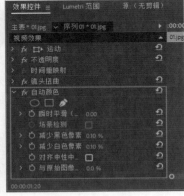

图 7-96　　　　　　　图 7-97

● 瞬时平滑（秒）：控制平滑的时间。

● 场景检测：自动侦测到每个场景并进行色彩处理。

● 减少黑色像素：控制暗部的百分比。　如图7-98所示为【减少黑色像素】数值分别为0和10%的对比效果。

图 7-98

- 减少白色像素：控制亮部的百分比。
- 对齐中性中间调管理单元：可使颜色接近中间色。
- 与原始图像混合：控制素材间的混合成度。

7.2.10 阴影/高光

技术速查：【阴影/高光】效果可以调整素材的阴影、高光部分。

选择【效果】面板中的【视频效果】|【调整】|【阴影/高光】效果，如图7-99所示。其参数面板如图7-100所示。

图 7-99　　　　　　图 7-100

- 自动数量：选中右侧的复选框，对素材进行自动阴影和高光的调整。应用该选项后，阴影数量和高光数量将不能使用。
- 阴影数量：控制素材阴影的数量。
- 高光数量：控制高光的数量。如图7-101所示为【高光数量】分别为0和100时的对比效果。

图 7-101

- 瞬时平滑：设置时间滤波的秒数，只有选中才可以应用。
- 场景检测：选中可进行场景检测。
- 更多选项：可通过展开的参数对阴影和高光的数量、范围、宽度、色彩进行细致修改。
- 与原始图像混合：调整初始状态的混合。

读书笔记

7.3 颜色校正类视频效果

颜色校正类视频效果可以调节各种和颜色有关的效果，如更改颜色、曲线等。包括【ASC CDL】【Lumetri 颜色】【亮度与对比度】【分色】【均衡】【更改为颜色】【更改颜色】【色彩】【视频限幅器】【通道混合器】【颜色平衡】和【颜色平衡（HLS）】等效果，如图7-102所示。

7.3.1 ASC CDL

技术速查：【ASC CDL】效果可以对素材画面的颜色及饱和度进行调节。

选择【效果】面板中的【视频效果】|【颜色校正】|【ASC CDL】效果，如图7-103所示。其参数面板如图7-104所示。

图 7-102

图 7-103　　　　　图 7-104

如图7-105所示为【红色斜率】为1和2时的对比效果。

图 7-105

7.3.2　Lumetri 颜色

技术速查：【Lumetri 颜色】效果可以对素材画面的颜色进行基本校正。

选择【效果】面板中的【视频效果】|【颜色校正】|【Lumetri 颜色】效果，如图7-106所示。其参数面板如图7-107所示。

图 7-106　　　　　图 7-107

- 高动态范围：高动态范围（HDR）支持针对【Lumetri 颜色】面板的 HDR 模式。
- 基本校正：提供专业质量的颜色分级和颜色校正工具，可以直接在编辑时间轴上为素材分级。其中包含【先用】【输入LUT】【HDR白色】【白平衡】【白平衡选择器】【色温】【色彩】【色调】【曝光】【对比度】【高光】【阴影】【白色】【黑色】【HDR高光】和【饱和度】参数调节。
- 创意：包含【现用】勾选【先用】才能启动创意效果、【Look】、【强度】、【调整】效果参数的调节。
  · 调整：包含4种效果调节【淡化胶片】【锐化】【自然饱和度】【饱和度】【阴影色彩】【高光色彩】和【颜色平衡】。
- 曲线：包含【现用】【RGB曲线】【HDR范围】和【色彩饱和度曲线】效果参数的调节。
- 色轮：包含【现用】和【HDR范围】效果参数的调节。

- HSL辅助：包含【现用】【键】【设置颜色】【添加颜色】【移除颜色】【显示蒙版】【反转蒙版】【优化】【降噪】【模糊】【更正】【色温】【色彩】、【对比度】【锐化】和【饱和度】效果参数的调节。
- 晕影：包含【数量】【中点】【圆度】和【羽化】效果参数的调节。

7.3.3　亮度与对比度

技术速查：【亮度与对比度】效果可以对素材画面的亮度和对比度进行调节。

选择【效果】面板中的【视频效果】|【颜色校正】|【亮度与对比度】效果，如图7-108所示。其参数面板如图7-109所示。

图 7-108　　　　　图 7-109

- 亮度：控制素材亮度。如图7-110所示为设置【亮度】分别为0和30时的对比效果。

图 7-110

第 7 章

调色技术

219

- 对比度：控制素材对比度。如图7-111所示为设置【对比度】分别为0和30时的对比效果。

图 7-111

7.3.4 分色

技术速查：【分色】效果可以设置一种颜色范围保留该颜色，而其他颜色转化为灰度效果。

选择【效果】面板中的【视频效果】|【颜色校正】|【分色】效果，如图7-112所示。其参数面板如图7-113所示。

图 7-112　　　　　　图 7-113

- 脱色量：设置色彩的分色值。如图7-114所示为【脱色量】分别为1%和80%时的对比效果。

图 7-114

扫码看视频

7.3.4 制作红色
浪漫效果

- 要保留的颜色：设置要保留的颜色。
- 容差度：设置颜色的差值范围的数值。
- 边缘柔化：设置边缘的柔化程度。
- 匹配颜色：用来设置颜色的匹配。

★ 案例实战——制作红色浪漫效果

案例文件	案例文件\第7章\红色浪漫.prproj
视频教学	视频文件\第7章\红色浪漫.mp4
难易指数	★★★★★
技术要点	分色、亮度与对比度效果的应用

案例效果

在重点表现画面中某一个对象时，可以降低周围物体的饱和度来产生对比。这是在很多图片和视频中的一种常见手法。本例主要是针对"制作红色浪漫效果"的方法进行练习，如图7-115所示。

图 7-115

操作步骤

🎬 Part01 制作画面中的分色效果

01 打开Adobe Premiere Pro CC 2018软件，单击【新建项目】按钮，在弹出的对话框中单击【浏览】按钮设置保存路径，在【名称】文本框中设置文件名称，设置完成后单击【确定】按钮。接着选择【文件】|【新建】|【序列】命令，在弹出的对话框中选择【DV-PAL】|【标准48kHz】选项，如图7-116所示。

图 7-116

02 选择菜单栏中的【文件】|【导入】命令或按【Ctrl+I】快捷键，然后在打开的对话框中选择所需的素材文件，并单击【打开】按钮导入，如图7-117所示。

03 将【项目】面板中的【背景.jpg】素材文件拖曳到V1轨道上，如图7-118所示。

图 7-117

图 7-118

04 选择V1轨道上的【背景.jpg】素材文件，在【效果控件】面板【运动】栏中设置【缩放】为56，如图7-119所示。此时效果如图7-120所示。

图 7-119   图 7-120

05 在【效果】面板中搜索【分色】效果，按住鼠标左键将其拖曳到V1轨道的【背景.jpg】素材文件上，如图7-121所示。

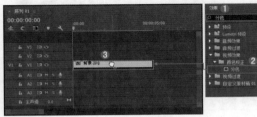

图 7-121

06 选择V1轨道上的【背景.jpg】素材文件，在【效果控件】面板展开【分色】栏，设置【脱色量】为100%，【要保留的颜色】为红色，【容差】为17%，【边缘柔和度】为10%，如图7-122所示。此时效果如图7-123所示。

图 7-122   图 7-123

07 在【效果】面板中搜索【亮度与对比度】效果，按住鼠标左键将其拖曳到V1轨道的【背景.jpg】素材文件上，如图7-124所示。

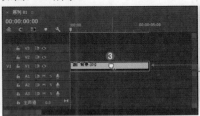 

图 7-124

08 选择V1轨道上的【背景.jpg】素材文件，在【效果控件】面板设置【亮度与对比度】栏中的【亮度】为-41，【对比度】为26，如图7-125所示。此时效果如图7-126所示。

图 7-125   图 7-126

09 将【项目】面板中的【艺术字.png】素材文件拖曳到V2轨道上，如图7-127所示。

图 7-127

10 选择V2轨道上的【艺术字.png】素材文件，在【效果控件】面板【运动】栏中设置【位置】为（552,288），【缩放】为122，如图7-128所示。此时效果如图7-129所示。

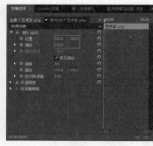

图 7-128

图 7-129

Part02 制作光效动画

01 将【项目】面板中的【光效前景.avi】素材文件拖曳到V3轨道上，如图7-130所示。

图 7-130

02 在V3轨道的【光效前景.avi】素材文件上单击鼠标右键，在弹出的快捷菜单中选择【速度/持续时间】命令，在弹出的对话框中设置【持续时间】为【00:00:05:00】，然后单击【确定】按钮，如图7-131所示。

图 7-131

03 选择V3轨道上的【光效前景.avi】素材文件，在【效果控件】面板【运动】栏中设置【缩放】为227，在【不透明度】栏中设置【混合模式】为【滤色】，如图7-132所示。此时效果如图7-133所示。

图 7-132

图 7-133

04 在【效果】面板中搜索【亮度与对比度】效果，按住鼠标左键将其拖曳到V3轨道的【光效前景.avi】，如图7-134所示。

图 7-134

05 选择V3轨道上的【光效前景.avi】素材文件，在【效果控件】面板设置【亮度与对比度】栏中的【亮度】为-4，【对比度】为27，如图7-135所示。此时效果如图7-136所示。

图 7-135

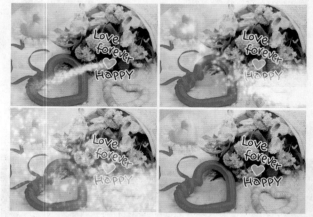

图 7-136

7.3.5 均衡

技术速查：【均衡】效果可以通过RGB、亮度或Photoshop样式对素材进行色彩均化。

选择【效果】面板中的【视频效果】|【颜色校正】|【均衡】效果，如图7-137（a）所示，其参数面板如图7-137（b）所示。

图 7-137 (a)

图 7-137 (b)

● 均衡：用来设置用于补偿的方式。如图7-138所示为设置【均衡】为【Photoshop样式】和【亮度】时的对比效果。

图 7-138

● 均衡量：设置用于补偿的程度。

7.3.6 更改为颜色

技术速查：【更改为颜色】效果可以通过颜色的选择将一种颜色直接改变成为另一种颜色。

选择【效果】面板中的【视频效果】|【颜色校正】|【更改为颜色】效果，如图7-139所示。其参数面板如图7-140所示。

图 7-139   图 7-140

● 自：需要改变的颜色范围。

● 至：改变到的颜色范围。

● 更改：选择哪些渠道受到影响。

● 更改方式：设置颜色的替换方式。

● 容差：颜色可以不同，但仍然可以匹配。

● 柔和度：控制替换颜色后的柔和程度。

● 查看校正遮罩：选中该复选框，可将替换后的颜色变为蒙版形式。

★ 案例实战——制作红霞满天效果

案例文件	案例文件\第7章\红霞满天.prproj
视频教学	视频文件\第7章\红霞满天.mp4
难易指数	★★★★★
技术要点	更改为颜色、颜色平衡、亮度与对比度效果的应用

案例效果

在日出和日落时太阳会呈现红色，当红色的光照到天空和云上时就形成了红霞。红霞是一种美的自然景象的，且红霞在中国有吉祥的意思。古有谚语：朝霞不出门，晚霞行千

里。说的就是红霞这一自然景观。本例主要是针对"制作红霞满天效果"的方法进行练习，如图7-141所示。

图 7-141

扫码看视频

7.3.6 制作红霞满天效果

技术拓展：巧用红色

红色代表着吉祥、喜气、热烈、奔放、激情、斗志、革命。在中国表示吉利、幸福、兴旺；在西方则有邪恶、禁止、停止、警告。红色与黑色、白色进行搭配会将红色色彩更好地展现出来。当然红色也可以与其他颜色进行搭配，会出现更多不同的效果，如图7-142所示。

图 7-142

操作步骤

`01` 打开Adobe Premiere Pro CC 2018软件，单击【新建项目】按钮，在弹出的对话框中单击【浏览】按钮设置保存路径，在【名称】文本框中设置文件名称，设置完成后单

击【确定】按钮。接着选择【文件】|【新建】|【序列】命令，在弹出的对话框中选择【DV-PAL】|【标准48kHz】选项，如图7-143所示。

图 7-143

02 选择菜单栏中的【文件】|【导入】命令或按【Ctrl+I】快捷键，然后在打开的对话框中选择所需的素材文件，并单击【打开】按钮导入，如图7-144所示。

图 7-144

03 将【项目】面板中的【01.jpg】素材文件拖曳到V1轨道上，如图7-145所示。

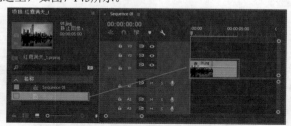

图 7-145

04 选择V1轨道上的【01.jpg】素材文件，在【效果制作】面板【运动】栏中设置【缩放】为50，如图7-146所示。此时效果如图7-147所示。

图 7-146　　　　图 7-147

05 在【效果】面板中搜索【更改为颜色】效果，按住鼠标左键将其拖曳到V1轨道的【01.jpg】素材文件上，如图7-148所示。

图 7-148

06 选择V1轨道上的【01.jpg】素材文件，在【效果控件】面板设置【更改为颜色】栏中的【自】为浅紫色，【至】为红色，【色相】为20%，【亮度】为20%，【饱和度】为40%，如图7-149所示。此时效果如图7-150所示。

图 7-149　　　　　　图 7-150

07 在【效果】面板中搜索【颜色平衡】效果，按住鼠标左键将其拖曳到V1轨道的【01.jpg】素材文件上，如图7-151所示。

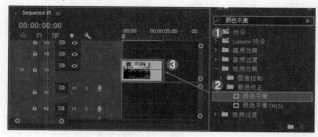

图 7-151

08 选择V1轨道上的【01.jpg】素材文件，在【效果控件】面板展开【颜色平衡】栏，设置【阴影红色平衡】为33，【中间调红色平衡】为21，【高光红色平衡】为16，如图7-152所示。此时效果如图7-153所示。

09 在【效果】面板中搜索【亮度与对比度】效果，按住鼠标左键将其拖曳到V1轨道的【01.jpg】素材文件上，如图7-154所示。

图 7-152　　　　　图 7-153

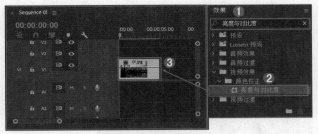

图 7-154

图 7-155　　　　　　　　　图 7-156

📞 答疑解惑：怎样让红霞的效果更加真实？

霞是由于空气分子对光线的散射产生的。当空中的尘埃、水汽等杂质愈多时，其色彩愈显著。红霞多在日出和日落时出现，所以在制作红霞效果时，避免太阳高照的中午和太阳出现明显的素材。

在云多的时候，光线也会使云层变为红色或者橙色，所以，将云层也调节出红色或橙色的效果会更加真实。

10 选择V1轨道上的【01.jpg】素材文件，在【效果控件】面板展开【亮度与对比度】栏，设置【亮度】为-12，【对比度】为15，如图7-155所示。最终效果，如图7-156所示。

7.3.7　更改颜色

技术速查：【更改颜色】效果可以调整素材画面的色相、明度和饱和度的颜色范围。

选择【效果】面板中的【视频效果】|【颜色校正】|【更改颜色】效果，如图7-157所示。其参数面板如图7-158所示。

图 7-157　　　　　图 7-158

- 视图：设置校正颜色的形式，可选择校正的图层和色彩校正的蒙版。
- 色相变换：调整颜色的色相。
- 亮度变换：调整颜色的明度。
- 饱和度变换：调整颜色的饱和度。
  - 要更改的颜色：设置要改变的颜色。
- 匹配容差：设置颜色的差值范围。

- 匹配柔和度：设置颜色的柔和度。
  - 匹配颜色：可设置匹配颜色。
  - 反转颜色校正蒙版：选中该复选框，可将当前改变的颜色值反转。

扫码看视频

7.3.7 制作衣服变色效果

★ 案例实战——制作衣服变色效果

案例文件	案例文件\第7章\衣服变色效果.prproj
视频教学	视频教学\第7章\衣服变色效果.mp4
难易指数	★★★★★
技术要点	更改颜色和亮度与对比度效果的应用

案例效果

不同的色彩给人以不同的感官享受。例如，红色给人热情奔放的感觉，而紫色给人神秘和高雅的感觉。本例主要是针对"制作衣服变色效果"的方法进行练习，如图7-159所示。

图 7-159

操作步骤

01 打开Adobe Premiere Pro CC 2018软件，单击【新建项目】按钮，在弹出的对话框中单击【浏览】按钮设置保存路径，在【名称】文本框中设置文件名称，设置完成后单击【确定】按钮。接着选择【文件】|【新建】|【序列】命令，在弹出的对话框中选择【DV-PAL】|【标准48kHz】选项，如图7-160所示。

图 7—160

02 选择菜单栏中的【文件】|【导入】命令或按【Ctrl+I】快捷键，然后在打开的对话框中选择所需的素材文件，并单击【打开】按钮导入，如图7-161所示。

图 7—161

03 将【项目】面板中的【01.jpg】素材文件分别拖曳到V1和V2轨道上，如图7-162所示。

图 7—162

04 选择V1轨道上的【01.jpg】素材文件，在【效果控件】面板【运动】栏中设置【位置】为（157,288），【缩放】为105，如图7-163所示。

05 选择V2轨道上的【01.jpg】素材文件，在【效果控件】面板【运动】栏中设置【位置】为（543,288），【缩放】为105，如图7-164所示。

图 7—163　　　　　　　　图 7—164

06 在【效果】面板中搜索【亮度与对比度】效果，按住鼠标左键将其拖曳到V1轨道的【01.jpg】素材文件上，如图7-165所示。

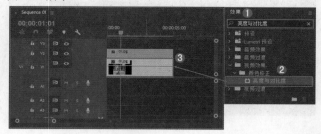

图 7—165

07 选择V1轨道的【01.jpg】素材文件，在【效果控件】面板设置【亮度与对比度】栏中的【亮度】为16，【对比度】为29，如图7-166所示。此时效果如图7-167所示。

图 7—166　　　　　　　　图 7—167

08 在【效果】面板中搜索【更改颜色】效果，按住鼠标左键将其拖曳到V1轨道的【01.jpg】素材文件上，如图7-168所示。

图 7—168

09 选择V1轨道上的【01.jpg】素材文件，在【效果控件】面板设置【更改颜色】栏中的【匹配颜色】为【使用色相】，【要更改的颜色】为蓝色，【色相变换】为69，【饱和度变换】为-10，【匹配容差】为25%，【匹配柔和度】为3%，如图7-169所示。此时效果如图7-170所示。

图 7—169

图 7—170

10 选择V1轨道上的【01.jpg】素材文件，将其【效果控件】面板中的【亮度与对比度】和【更改颜色】效果复制到V2轨道的【01.jpg】素材文件上，选择V2轨道的素材文件，在【效果控件】面板中展开【更改颜色】，设置【色相变换】为238，【饱和度变换】为-15，【匹配容差】为36%，【匹配柔和度】为5%，如图7-171和图7-172所示。

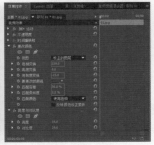

图 7—171   图 7—172

11 此时，拖动播放指示器查看最终效果，如图7-173所示。

图 7—173

☎ 答疑解惑：在应用【要更改的颜色】时，应该怎样选择？

01 可以在【要更改的颜色】中直接输入颜色的RGB数值，也可以使用它的吸管工具吸取图片中的颜色，然后调节相关数值进行颜色的更改。

02 更改颜色的效果对视频素材同样有效果。而且还可以更改地面、墙壁等颜色。根据需要调整数值就能得到不同的颜色效果。

03 彩色或有色系列是指除了黑白系列以外的各种颜色。颜色的3个基本特征包括色调、饱和度和明度。这三者在视觉中组成一个统一的视觉效果，给人以不同颜色的感官享受。

扫码看视频

7.3.8 制作
版画效果

7.3.8 色彩

技术速查：【色彩】效果可以通过指定的颜色对图像进行颜色映射处理。

选择【效果】面板中的【视频效果】|【颜色校正】|【色彩】效果，如图7-174所示。其参数面板如图7-175所示。

图 7—174   图 7—175

● 将黑色映射到：设置图像中黑色和灰色颜色改变映射的颜色。

● 将白色映射到：设置图像中白色改变映射的颜色。

● 着色量：设置色调映射时的映射程度。如图7-176所示为设置【着色量】分别为0和100%时的对比效果。

图 7—176

★ 案例实战——制作版画效果

案例文件	案例文件\第7章\版画效果.prproj
视频教学	视频文件\第7章\版画效果.mp4
难易指数	★★★★★
技术要点	颜色平衡、亮度与对比度、阈值、快速模糊和色彩效果的应用

案例效果

版画是一种视觉艺术，是经过构思和创作，然后版制印刷所产生的艺术作品。古代版画主要是木刻，也有少数铜版刻和套色漏印。独特的刀味与木味使它在中国文化艺术史上具有独立的艺术价值与地位。本例主要是针对"制作版画效果"的方法进行练习，如图7-177所示。

图 7—177

操作步骤

Part01 制作纸张效果

01 打开Adobe Premiere Pro CC 2018软件，单击【新建项目】按钮，在弹出的对话框中单击【浏览】按钮设置保存路径，在【名称】文本框中设置文件名称，设置完成后单击【确定】按钮。接着选择【文件】|【新建】|【序列】命令，在弹出的对话框中选择【DV-PAL】|【标准48kHz】选项，如图7-178所示。

图 7—178

02 选择菜单栏中的【文件】|【导入】命令或按【Ctrl+I】快捷键，然后在打开的对话框中选择所需的素材文件，并单击【打开】按钮导入，如图7-179所示。

图 7—179

03 将【项目】面板中的【纸.png】素材文件拖曳到V1轨道上，如图7-180所示。

图 7—180

04 在【效果】面板中搜索【亮度与对比度】效果，按住鼠标左键将其拖曳到V1轨道的【纸.png】素材文件上，如图7-181所示。

图 7—181

05 选择V1轨道上的【纸.png】素材文件，在【效果控件】面板中展开【运动】栏，设置【缩放】为54。接着设置【亮度与对比度】栏中的【亮度】为5，【对比度】为15，如图7-182所示。此时效果如图7-183所示。

图 7—182   图 7—183

Part02 制作纸张上的版画

01 在【效果】面板中搜索【颜色平衡】效果，按住鼠标左键将其拖曳到V1轨道的【纸.png】素材文件上，如图7-184所示。

图 7—184

02 选择V1轨道上的【纸.png】素材文件，在【效果控件】面板设置【颜色平衡】栏中的【阴影红色平衡】为-24，【中间调红色平衡】为-6，【高光蓝色平衡】为10，如图7-185所示。此时效果如图7-186所示。

图 7-185　　　　图 7-186

03 将【项目】面板中的【01.jpg】素材文件拖曳到V2轨道上，如图7-187所示。

图 7-187

04 选择V2轨道上的【01.jpg】素材文件，在【效果控件】面板【运动】栏中设置【缩放】为49，在【不透明度】栏中设置【混合模式】为【相乘】，如图7-188所示。此时效果如图7-189所示。

图 7-188　　　　图 7-189

05 在【效果】面板中搜索【阈值】效果，按住鼠标左键将其拖曳到V2轨道的【01.jpg】素材文件上，如图7-190所示。

图 7-190

06 选择V2轨道上的【01.jpg】素材文件，在【效果控件】面板将播放指示器拖到起始帧的位置，单击【阈值】栏中【级别】前面按钮，开启自动关键帧，并设置【级别】为-5。接着将播放指示器拖到第1秒13帧的位置，设置【级别】为0。继续将播放指示器拖到第3秒24的位置，设置【级别】为0。最后将播放指示器拖到第4秒12帧的位置，设置【级别】为-5，如图7-191所示。此时效果，如图7-192所示。

图 7-191　　　　图 7-192

07 在【效果】面板中搜索【色彩】效果，按住鼠标左键将其拖曳到V2轨道上，如图7-193所示。

图 7-193

08 选择V2轨道上的【01.jpg】素材文件，在【效果控件】面板设置【色彩】栏中的【将黑色映射到】为深红色，如图7-194所示。此时效果如图7-195所示。

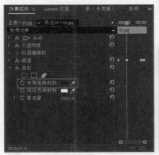

图 7-194　　　　图 7-195

09 在【效果】面板中搜索【快速模糊】效果，按住鼠标左键将其拖曳到V2轨道的【01.jpg】素材文件上，如图7-196所示。

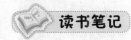
读书笔记

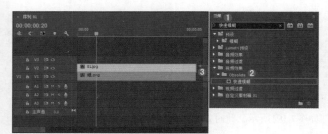

图 7—196

图 7—198

技巧提示

　　在添加了【阈值】和【色彩】效果后，画面边缘过于清晰，不像版画的印画效果。所以添加【快速模糊】效果，可以更真实地反映出版画的轻微模糊效果。

⑩　选择V2轨道上的【01.jpg】素材文件，在【效果控件】面板设置【快速模糊】栏中的【模糊度】为3，如图7-197所示。

图 7—197

⑪　此时，拖动播放指示器查看最终效果，如图7-198所示。

答疑解惑：在制作时，可以更换版画和背景颜色吗？

　　可以更换颜色，在应用【色彩】效果时，更改【将黑色映射到】的颜色即可更改版画的颜色。更改【将白色映射到】的颜色即可更改版画的背景颜色。

读书笔记

7.3.9　视频限幅器

技术速查：【视频限幅器】效果可以对素材的色彩值进行调节，设置视频限制的范围，以便素材能够在电视中更精确地显示。

　　选择【效果】面板中的【视频效果】|【颜色校正】|【视频限幅器】效果，如图7-199所示。其参数面板如图7-200所示。

图 7—199

图 7—200

- 显示拆分视图：选中该复选框，可开启剪切视图，以制作动画效果。
- 布局：用于设置剪切视图的方式。
- 拆分视图百分比：调整、更正视图的大小。
  - 缩小轴：可让定义范围内的亮度和色度进行限制。
- 信号最小值：指定最小的视频信号，包括亮度和饱和度。
- 信号最大值：指定最大的视频信号，包括亮度和饱和度。如图7-201所示为设置【信号最大值】分别为130%和70%时的对比效果。
  - 缩小方式：压缩画面中特定的色调范围，保留重要的色调范围（高光压缩、压缩中间色调、阴影压缩）的细节，也可将整个画面色调进行均匀压缩。
- 色调范围定义：定义使用衰减（柔软度）控制阈值和阈值的阴影和亮度的色调范围。

图 7-201

第7章

调色技术

7.3.10 通道混合器

技术速查：【通道混合器】效果可以修改一个或多个通道的颜色值来调整素材的颜色。

选择【效果】面板中的【视频效果】|【颜色校正】|【通道混合器】效果，如图7-203所示。其参数面板如图7-204所示。

图 7-203　　　　　　　图 7-204

- 红色-红色、绿色-绿色、蓝色-蓝色：表示素材RGB模式，分别调整红、绿、蓝3个通道，以此类推。
- 红色-绿色、红色-蓝色：表示在红色通道中绿色所占的比例，以此类推。
- 绿色-红色、绿色-蓝色：表示在绿色通道中红色所占的比例，以此类推。如图7-205所示为设置绿色-红色值为0和-28时的对比效果。

图 7-205

- 蓝色-红色、红色-蓝色：表示在蓝色通道中红色所占的比例，以此类推。
- 单色：选中该复选框，素材将变成灰度。

7.3.11 颜色平衡

技术速查：【颜色平衡】效果可以调整素材画面的阴影、中间调和高光的色彩比例。

选择【效果】面板中的【视频效果】|【颜色校正】|【颜色平衡】效果，

技巧提示

色彩搭配

色彩搭配没有固定的原则，只要适合要表达的画面效果、画面情绪即可。如图7-202所示为几种常用的色彩搭配方案。

红：

橙：

黄：

绿：

青：

蓝：

紫：

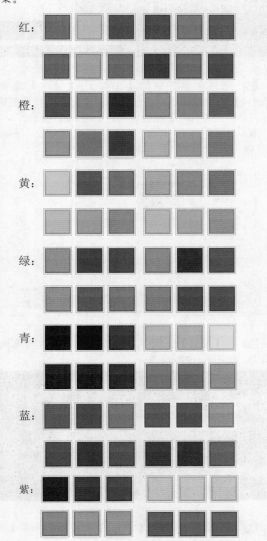

图 7-202

如图7-206所示。其参数面板如图7-207所示。

图 7-206　　　　　　图 7-207

- 阴影红色平衡、阴影绿色平衡、阴影蓝色平衡：调整素材阴影的红、绿、蓝颜色平衡。如图7-208所示为设置【阴影红色平衡】分别为0和-60时的对比效果。

图 7-208

- 中间调红色平衡、中间调绿色平衡、中间调蓝色平衡：调整素材的中间色调的红、绿、蓝颜色平衡。
- 高光红色平衡、高光绿色平衡、高光蓝色平衡：调整素材的高光区的红、绿、蓝颜色平衡。

★ 案例实战——制作蓝调照片效果

案例文件	案例文件\第7章\蓝调照片效果.prproj
视频教学	视频文件\第7章\蓝调照片效果.mp4
难易指数	★★★★★
技术要点	颜色平衡效果的应用

案例效果

色调总体有一种倾向，是偏蓝或偏红，偏暖或偏冷等。通常可以从色相、明度、冷暖、纯度4个方面来定义作品的色调。使用单色调，也可以形成一种风格。本例主要是针对"制作蓝调照片效果"的方法进行练习，如图7-209所示。

图 7-209

扫码看视频

7.3.11 制作蓝调照片效果

操作步骤

01　打开Adobe Premiere Pro CC 2018软件，单击【新建】|【项目】按钮，在弹出的对话框中单击【浏览】按钮设置保存路径，在【名称】文本框中设置文件名称，设置完成后单击【确定】按钮。接着选择【文件】|【新建】|【序列】命令，在弹出的对话框中选择【DV-PAL】|【标准48kHz】选项，如图7-210所示。

图 7-210

02　选择菜单栏中的【文件】|【导入】命令或按【Ctrl+I】快捷键，然后在打开的对话框中选择所需的素材文件，并单击【打开】按钮导入，如图7-211所示。

图 7-211

03　将【项目】面板中的【01.jpg】素材文件拖曳到V1轨道上，如图7-212所示。

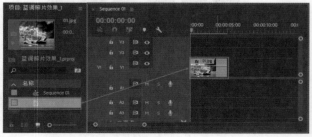

图 7-212

04　选择V1轨道上的【01.jpg】素材文件，在【效果控件】面板【运动】栏中设置【位置】为（360,273），【缩放】为80，如图7-213所示。此时效果如图7-214所示。

图 7-213　　　　　　　　图 7-214

05 在【效果】面板中搜索【颜色平衡】效果，按住鼠标左键将其拖曳到V1轨道的【01.jpg】素材文件上，如图7-215所示。

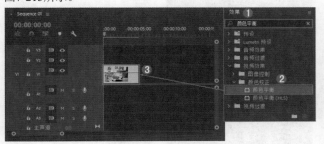

图 7-215

06 选择V1轨道的【01.jpg】素材文件，展开【效果控件】面板中的【颜色平衡】栏，设置【阴影红色平衡】为-93，【阴影绿色平衡】为-7，【阴影蓝色平衡】为71，如图7-216所示。此时效果如图7-217所示。

图 7-216　　　　　　　　图 7-217

07 设置【中间调红色平衡】为59，【中间调绿色平衡】为-28，【中间调蓝色平衡】为84，如图7-218所示。此时效果如图7-219所示。

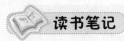
读书笔记

图 7-218　　　　　　　　图 7-219

08 设置【高光红色平衡】为20，【高光绿色平衡】为-27，【高光蓝色平衡】为10，如图7-220所示。最终效果如图7-221所示。

图 7-220　　　　　　　　图 7-221

 答疑解惑：利用【颜色平衡】效果，可以制作其他色调的效果吗？

利用【颜色平衡】效果可以通过调节RGB的阴影颜色、中间颜色和高光颜色的各个数值来制作出其他不同的色调效果。

使用【颜色平衡】效果前也可以先调节一些素材的亮度与对比度，可以达到更加鲜明的效果。

★ **案例实战——制作复古风格效果**

案例文件	案例文件\第7章\复古风格效果.prproj
视频教学	视频文件\第7章\复古风格效果.mp4
难易指数	★★★★★
技术要点	颜色平衡、亮度与对比度、混合模式效果的应用

案例效果

复古风格是改变素材画面的颜色和质感而产生出类似旧的一种视觉艺术，体现出年代感和沧桑感。本例主要是针对"制作复古风格效果"的方法进行练习，如图7-222所示。

图 7-222

操作步骤

01 打开Adobe Premiere Pro CC 2018软件，单击【新建项目】按钮，在弹出的对话框中单击【浏览】按钮设置保存路径，在【名称】文本框中设置文件名称，设置完成后单击【确定】按钮。接着选择【文件】|【新建】|【序列】命令，在弹出的对话框中选择【DV-PAL】|【标准48kHz】选项，如图7-223所示。

图 7-223

02 选择菜单栏中的【文件】|【导入】命令或按【Ctrl+I】快捷键，然后在打开的对话框中选择所需的素材文件，并单击【打开】按钮导入，如图7-224所示。

图 7-224

03 将【项目】面板中的【纸张.jpg】素材文件拖曳到V1轨道上，并设置结束时间为第4秒20帧的位置，如图7-225所示。

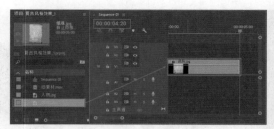

图 7-225

04 选择V1轨道上的【纸张.jpg】素材文件，在【效果控件】面板【运动】栏中设置【缩放】为61，【旋转】为90°，如图7-226所示。此时效果如图7-227所示。

图 7-226　　　　　　　图 7-227

05 将【项目】面板中的【人物.jpg】素材文件拖曳到V2轨道上，并设置结束时间为第4秒20帧的位置，如图7-228所示。

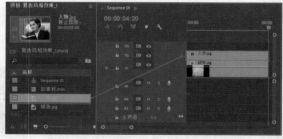

图 7-228

06 选择V2轨道上的【人物.jpg】素材文件，在【效果控件】面板【运动】栏中设置【缩放】为51，在【不透明度】栏设置【混合模式】为【相乘】，如图7-229所示。此时效果，如图7-230所示。

图 7-229　　　　　　　图 7-230

07 在【效果】面板中搜索【亮度与对比度】效果，按住鼠标左键将其拖曳到V2轨道的【人物.jpg】素材文件上，如图7-231所示。

图 7-231

08 选择V2轨道上的【人物.jpg】素材文件，展开【效果控件】面板中的【亮度与对比度】栏，设置【亮度】为-30，【对比度】为-8，如图7-232所示。此时效果如图7-233所示。

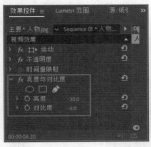

图 7-232   图 7-233

09 在【效果】面板中搜索【颜色平衡】效果，按住鼠标左键将其拖曳到V2轨道的【人物.jpg】素材文件上，如图7-234所示。

图 7-234

10 选择V2轨道上的【人物.jpg】素材文件，在【效果控件】面板中展开【颜色平衡】栏，设置【阴影红色平衡】为92，【阴影绿色平衡】为27，【阴影蓝色平衡】为-21，如图7-235所示。此时效果如图7-236所示。

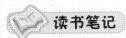
读书笔记

图 7-235   图 7-236

11 设置【中间调红色平衡】为33，【中间调绿色平衡】为18，【中间调蓝色平衡】为-63，如图7-237所示。此时效果如图7-238所示。

图 7-237   图7-238

12 设置【高光红色平衡】为21，【高光绿色平衡】为7，【高光蓝色平衡】为-32，如图7-239所示。此时效果如图7-240所示。

图 7-239   图 7-240

13 将【项目】面板中的【旧素材.mov】素材文件拖曳到V3轨道上，如图7-241所示。

14 选择V3轨道上的【旧素材.mov】素材文件，在【效果控件】面板【运动】栏中设置【缩放】为123，在【不透明度】栏中设置【混合模式】为【相乘】，如图7-242所示。

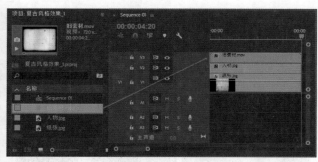

图 7-241

15　此时，拖动播放指示器查看最终效果，如图7-243所示。

图 7-242　　　　　　　　　图 7-243

 答疑解惑：复古风格制作需要注意哪些问题？

　　制作复古风格要注意背景颜色的调整，使其呈现出一种有年代感的颜色效果。再添加适当的裂纹、褶皱和污渍，更能体现出陈旧和残破感。可以采取正片叠底的方式制作出各种图像纹理效果。

★ 案例实战——制作Lomo风格效果

案例文件	案例文件\第7章\Lomo风格效果.prproj
视频教学	视频文件\第7章\Lomo风格效果.mp4
难易指数	★★★★★
技术要点	颜色平衡、四色渐变和亮度与对比度效果的应用

案例效果

　　Lomo是一种自然的、即兴的美学，体现模糊与随机性的潮流经典。即生活中所有的一种自然的、朦胧的美。本例主要是针对"制作Lomo风格效果"的方法进行练习，如图7-244所示。

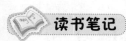 读书笔记

图 7-244

操作步骤

01　打开Adobe Premiere Pro CC 2018软件，单击【新建】|【项目】按钮，在弹出的对话框中单击【浏览】按钮设置保存路径，在【名称】文本框中设置文件名称，设置完成后单击【确定】按钮。接着选择【文件】|【新建】|【序列】命令，在弹出的对话框中选择【DV-PAL】|【标准48kHz】选项，如图7-245所示。

图 7-245

02　选择菜单栏中的【文件】|【导入】命令或按【Ctrl+I】快捷键，然后在打开的对话框中选择所需的素材文件，并单击【打开】按钮导入，如图7-246所示。

图 7-246

03　将【项目】面板中的【01.jpg】素材文件拖曳到V1轨道上，如图7-247所示。

图 7-247

04 在【效果】面板中搜索【亮度与对比度】效果，按住鼠标左键将其拖曳到V1轨道的【01.jpg】素材文件上，如图7-248所示。

图 7-248

05 选择V1轨道上的【01.jpg】素材文件，在【效果控件】面板【运动】栏中设置【缩放】为62。接着展开【亮度与对比度】栏，设置【亮度】为-10，【对比度】为5，如图7-249所示。此时效果如图7-250所示。

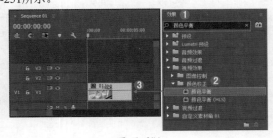

图 7-249　　　　　　　图 7-250

06 在【效果】面板中搜索【颜色平衡】效果，按住鼠标左键将其拖曳到V1轨道的【01.jpg】素材文件上，如图7-251所示。

图 7-251

07 选择V1轨道上的【01.jpg】素材文件，在【效果控件】面板展开【颜色平衡】栏，设置【阴影红色平衡】为-48，【阴影绿色平衡】为37，【中间调红色平衡】为100，【中间调蓝色平衡】为20，如图7-252所示。此时效果如图7-253所示。

图 7-252　　　　　　　图 7-253

08 在【效果】面板中搜索【四色渐变】效果，按住鼠标左键将其拖曳到V1轨道的【01.jpg】素材文件上，如图7-254所示。

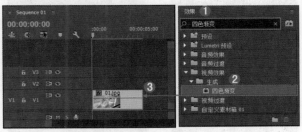

图 7-254

09 选择V1轨道上的【01.jpg】素材文件，在【效果控件】面板展开【四色渐变】栏，设置【混合模式】为【变亮】，【点1】为（236,777），【点2】为（600,497），【点3】为（237,345），【点4】为（1138,875）。继续设置【混合】为400，【不透明度】为90%，如图7-255所示。

10 此时，拖动播放指示器查看最终效果，如图7-256所示。

图 7-255　　　　　　　图 7-256

Lomo风格的主要色调是红、黄、蓝，在制作Lomo风格时，这3种颜色的色泽突出。再为素材添加模糊和自然光线效果，制作出自然和随机性的感觉。

　　Lomo的效果主要来源于Lomo相机的特殊效果，所以在制作时，可以借鉴相机的效果，调暗图片的光线，使红、黄、蓝的颜色突出，还可以调整光线为四周暗中间亮的效果。

7.3.12　颜色平衡（HLS）

技术速查：【颜色平衡（HLS）】效果可以通过对素材的色相、亮度和饱和度各项参数的调整，来改变颜色。

　　选择【效果】面板中的【视频效果】|【颜色校正】|【颜色平衡（HLS）】效果，如图7-257所示。其参数面板如图7-258所示。

图 7-257

图 7-258

● 色相：调整素材颜色。如图7-259所示为设置【色相】分别为0和30时的对比效果。

图 7-259

● 亮度：调整素材的明亮程度。

● 饱和度：调整素材色彩的浓度。如图7-260所示为设置【饱和度】分别为0和60时的对比效果。

图 7-260

7.4　图像控制类视频效果

　　图像控制类视频效果主要是对素材进行色彩处理，包括【灰度系数校正】【颜色平衡（RGB）】【颜色替换】【颜色过滤】和【黑白】5种效果。选择【效果】面板中的【视频效果】|【图像控制】，如图7-261所示。

图 7-261

7.4.1　灰度系数校正

技术速查：【灰度系数校正】效果可以对素材的中间色的明暗度进行调整，而使素材效果变暗或变亮。

　　选择【效果】面板中的【视频效果】|【图像控制】|【灰度系数校正】效果，如图7-262所示。其参数面板如图7-263所示。

图 7-262　　　　　　　　　　　图 7-263

● 灰度系数：设置素材中间色的明暗度。如图7-264所示为【灰度系数】分别为2和8时的对比效果。

图 7-264

★ 案例实战——制作水墨画效果

案例文件	案例文件\第7章\水墨画效果.prproj
视频教学	视频文件\第7章\水墨画效果.mp4
难易指数	★★★★★
技术要点	黑白、色阶效果的应用

扫码看视频

7.4.1 制作水墨画效果

案例效果

水墨画一般指用水和墨所作的画。由墨色的焦、浓、重、淡、清产生丰富的变化，表现物象，有独到的艺术效果。本例主要是针对"制作水墨画效果"的方法进行练习，如图7-265所示。

图 7-265

技术拓展：中式风格颜色的把握

中式风格是电影、电视、广告常用的手法之一。颜色搭配是非常重要的，常用的中式风格有传统的中国风，颜色以大红为主，搭配少量的金色，虽然红色和金色都非常抢眼，但是两者搭配在一起却十分和谐，体现出无法阻挡的中式魅力，更体现了传统华贵。

同时近些年中式风格延伸出以黑白灰色调的"水墨风格"，使用也非常广泛，如图7-266所示。

图 7-266

操作步骤

▣ Part01　制作单色背景

01 选择【文件】|【新建】|【项目】命令，在弹出的【新建项目】对话框中设置【名称】，并单击【浏览】按钮设置保存路径，再单击【确定】按钮，如图7-267所示。然后在【项目】面板空白处单击鼠标右键，在弹出的快捷菜单中选择【新建项目/序列】在弹出的【新建序列】对话框中选择【DV-PAL】|【标准48kHz】选项，再单击【确定】按钮，如图7-268所示。

图 7-267

图 7-268

02 选择菜单栏中的【文件】|【导入】命令或按【Ctrl+I】快捷键，然后在打开的对话框中选择所需的素材文件，并单击【打开】按钮导入，如图7-269所示。

图 7-269

03 选择菜单栏中的【文件】|【新建】|【颜色遮罩】命令，在弹出的对话框中单击【确定】按钮，如图7-270所示。接着在弹出的【拾色器】对话框中设置颜色为浅灰色，并单击【确定】按钮，如图7-271所示。

图 7-270　　　　　图 7-271

04 将【项目】面板中的【颜色遮罩】素材拖曳到V1轨道上，如图7-272所示。

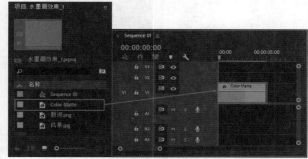

图 7-272

05 在【效果】面板中搜索【杂色】效果，按住鼠标左键将其拖曳到V1轨道的【颜色遮罩】素材上，如图7-273所示。

06 选择V1轨道上的【颜色遮罩】素材文件，在【效果控件】面板设置【杂色】栏中的【杂色数量】为7%，如图7-234所示。此时效果如图7-235所示。

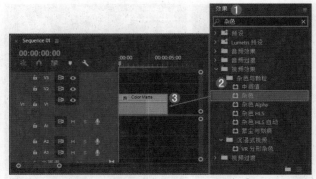

图 7-273

图 7-274　　　　　　　　图 7-275

Part02 制作黑白的水墨风景效果

01 将【项目】面板中的【风景.jpg】拖曳到V2轨道上，如图7-276所示。

图 7-276

02 在【效果】面板中搜索【裁剪】效果，按住鼠标左键将其拖曳到V2轨道的【风景.jpg】素材文件上,如图7-277所示。

图 7-277

03 选择V2轨道上的【风景.jpg】素材文件，在【效果控件】面板【运动】栏中设置【位置】为（360,335），【缩放】为42。接着展开【裁剪】栏，设置【底部】为20%，如图7-278所示。此时效果如图7-279所示。

图 7-728　　　　　　　　　图 7-279

04 在【效果】面板中搜索【黑白】效果，按住鼠标左键将其拖曳到V2轨道的【风景.jpg】素材文件上，如图7-280所示。

图 7-280

思维点拨：颜色搭配"少而精"原则

颜色丰富虽然会看起来吸引人，但是一定要把握住"少而精"的原则，即颜色搭配尽量要少，这样画面会显得较为整体、不杂乱，当然特殊情况除外，例如，要体现绚丽、缤纷、丰富等色彩时，色彩需要多一些。

一般来说一张图像中色彩不宜太多，不宜超过四五种。

若颜色过多，虽然显得很丰富，但是会感觉画面很杂乱、跳跃、无重点，如图7-281所示。

图 7-281

05 在【效果】面板中搜索【色阶】效果，按住鼠标左键将其拖曳到V2轨道的【风景.jpg】素材文件上，如图7-282所示。

图 7-282

06 选择V2轨道上的【风景.jpg】素材文件，展开【效果控件】面板中的【色阶】栏，设置【（RGB）输入黑色阶】为69，【（RGB）输入白色阶】为251，【（RGB）输出黑色阶】为25，【（RGB）灰度系数】为97，【（B）输出白色阶】为24，如图7-283所示。此时效果如图7-284所示。

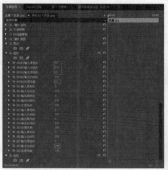

图 7-283　　　　　　　　　图 7-284

07 在【效果】面板中搜索【高斯模糊】效果，按住鼠标左键将其拖曳到V2轨道的【风景.jpg】素材文件上，如图7-285所示。

图 7-285

08 选择V2轨道上的【风景.jpg】素材文件，在【效果控件】面板设置【高斯模糊】栏中的【模糊度】为7，如图7-286所示。此时效果如图7-287所示。

图 7-286　　　　　　　　　图 7-287

09 将【项目】面板中的【题词.png】素材文件拖曳到V3轨道上，如图7-288所示。

图 7-288

10 选择V3轨道上的【题词.png】素材文件，在【效果控件】面板【运动】栏中设置【位置】为（100,288），【缩放】为18，如图7-289所示。最终效果如图7-290所示。

图 7-289　　　　图 7-290

 答疑解惑：怎样使得水墨的质感更突出？

01 把握住画面的黑白灰层次，会使得画面层次分明。注意画面颜色，可略带红色，体现中国风的效果。

02 适当添加景深效果、云雾效果，使得画面"流动"起来。

03 水墨元素一定要清晰，如墨滴、书法字、落款等。

7.4.2　颜色平衡（RGB）

技术速查：【颜色平衡（RGB）】效果可以通过RGB值对素材的颜色进行处理。

选择【效果】面板中的【视频效果】|【图像控制】|【颜色平衡（RGB）】效果，如图7-291所示。其参数面板如图7-292所示。

扫码看视频

7.4.2制作摩天轮非主流效果

 读书笔记

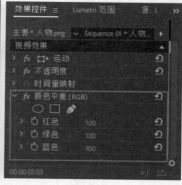

图 7-291　　　　图 7-292

● 红色：对素材的红色通道进行调节。

● 绿色：对素材的绿色通道进行调节。

● 蓝色：对素材的蓝色通道进行调节。如图7-293所示为【蓝色】分别设置为100和150时的对比效果。

图 7-293

★ 案例实战——制作摩天轮非主流效果

案例文件	案例文件\第7章\摩天轮非主流效果.prproj
视频教学	视频文件\第7章\摩天轮非主流效果.mp4
难易指数	★★★★★
技术要点	亮度与对比度、颜色平衡、亮度曲线、颜色平衡（RGB）效果的应用

案例效果

非主流效果即一种另类的画面效果，其颜色平衡都是经过特别处理的，常常调暗画面的光线，添加一些特殊的文字和图案，夸张颜色效果，这些都给人不同于大众潮流的感觉。本例主要是针对"制作摩天轮非主流效果"的方法进行练习，如图7-294所示。

图 7-294

操作步骤

Part01 制作亮蓝色效果

01 选择【文件】|【新建】|【项目】命令，在弹出的【新建项目】对话框中，设置【名称】，并单击【浏览】按钮设置保存路径，再单击【确定】按钮，如图7-295所示。然后在【项目】面板空白处单击鼠标右键，在弹出的快捷菜单中选择【新建项目】|【序列】命令，在弹出的【新建序列】对话框中选择【DV-PAL】|【标准48kHz】选项，再单击【确定】按钮，如图7-296所示。

图 7-295

图 7-296

02 选择菜单栏中的【文件】|【导入】命令或按【Ctrl+I】快捷键，然后在打开的对话框中选择所需的素材文件，并单击【打开】按钮导入，如图7-297所示。

图 7-297

03 将【项目】面板中的【摩天轮.jpg】素材文件拖曳到V1轨道上，如图7-298所示。

图 7-298

04 选择V1轨道上的【摩天轮.jpg】素材文件，在【效果控件】面板【运动】栏中设置【缩放】为78，如图7-299所示。此时效果如图7-300所示。

图 7-299

图 7-300

05 在【效果】面板中搜索【亮度与对比度】效果，按住鼠标左键将其拖曳到V1轨道的【摩天轮.jpg】素材文件上，如图7-301所示。

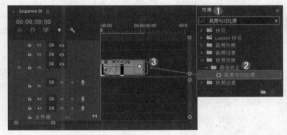

图 7-301

06 选择V1轨道上的【摩天轮.jpg】素材文件，在【效果控件】面板设置【亮度与对比度】栏中的【亮度】为2，【对比度】为67，如图7-302所示。此时效果如图7-303所示。

图 7-302

图 7-303

07 在【效果】面板中搜索【颜色平衡】效果，按住鼠标左键将其拖曳到V1轨道的【摩天轮.jpg】素材文件上，如图7-304所示。

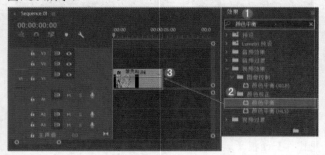

图 7-304

08 选择V1轨道上的【摩天轮.jpg】素材文件，在【效果控件】面板设置【颜色平衡】栏中的【阴影红色平衡】为45，【阴影蓝色平衡】为100，如图7-305所示。此时效果如图7-306所示。

图 7-305 　　　　图 7-306

09 设置【高光红色平衡】为26，【高亮蓝色平衡】为100，如图7-307所示。此时效果如图7-308所示。

图 7-307 　　　　图 7-308

Part02 制作非主流颜色效果

01 在【效果】面板中搜索【亮度曲线】效果，按住鼠标左键将其拖曳到V1轨道的【摩天轮.jpg】素材文件上，如图7-309所示。

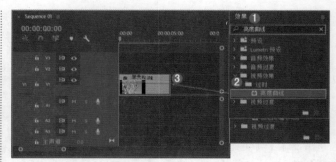

图 7-309

02 选择V1轨道上的【摩天轮.jpg】素材文件，在【效果控件】面板适当调整【亮度曲线】栏中的亮度波形形状，如图7-310所示。此时效果如图7-311所示。

图 7-310 　　　　图 7-311

03 在【效果】面板中搜索【颜色平衡（RGB）】效果，按住鼠标左键将其拖曳到V1轨道的【摩天轮.jpg】素材文件上，如图7-312所示。

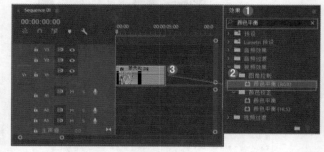

图 7-312

04 选择V1轨道上的【摩天轮.jpg】素材文件，在【效果控件】面板设置【颜色平衡（RGB）】栏中的【红色】为130，【绿色】为80，【蓝色】为58，如图7-313所示。此时效果如图7-314所示。

 读书笔记

图 7-313　　　　　　图 7-314

05 将【项目】面板中的【01.png】素材文件拖曳到V2轨道上，如图7-315所示。

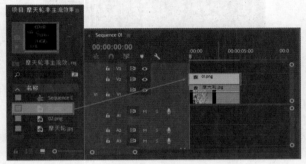

图 7-315

06 选择V2轨道上的【01.png】素材文件，在【效果控件】面板【运动】栏设置【位置】为（606, 215），【缩放】为172，如图7-316所示。此时效果如图7-317所示。

图 7-316　　　　　　图 7-317

07 将【项目】面板中的【02.png】素材文件拖曳到V3轨道上，如图7-318所示。

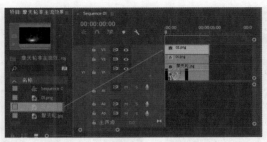

图 7-318

08 选择V3轨道上的【02.png】素材文件，在【效果控件】面板【运动】栏设置【位置】为（643,498），如图7-319所示。

09 此时，拖动播放指示器查看最终效果，如图7-320所示。

图 7-319　　　　　　图 7-320

 答疑解惑：非主流效果中常出现哪些物品和效果？

01 非主流效果的画面中的物品多为另类、非大众化，不同于大众的潮流方向。例如，摩天轮、电线杆、气球、有大片云朵的天空、公园的长椅、可爱的小物件、用各种手法制造出来的心型图案等。

02 在非主流的效果中，画面多为刻意调暗或调亮光线，画面的主题比较独特，加上错落不一、形状各异的文字，各种各样的构图到色彩再到排版还有特殊拍摄角度等来制造出不同的画面效果。

03 画面还体现出很强的色彩饱和度和张力，一定的视觉冲击，画面手法创新，大胆，多种不同元素的混搭往往制造出意想不到的效果。

7.4.3 颜色替换

技术速查：【颜色替换】效果可以用新的颜色替换原素材上取样的颜色。

选择【效果】面板中的【视频效果】|【图像控制】|【颜色替换】效果，如图7-321所示。其参数面板如图7-322所示。

图 7-321　　　　　　　图 7-322

- 相似性：设置目标颜色的容差值。
- 目标颜色：设置素材的取样色。
- 替换颜色：设置颜色的替换后颜色。如图7-323所示为【相似性】分别设置为36和0，【目标颜色】分别设置为暗红和大红时的对比效果。

图 7-323

7.4.4　颜色过滤

技术速查：【颜色过滤】效果将剪辑转换成灰度，但不包括指定的单个颜色。

选择【效果】面板中的【视频效果】|【图像控制】|【颜色过滤】效果，如图7-324所示。其参数面板如图7-325所示。

图 7-324　　　　　　　图 7-325

- 相似性：设置保留颜色的容差值。
- 颜色：设置要保留的颜色。

★ 案例实战——制作阴天效果

案例文件	案例文件\第7章\阴天效果.prproj
视频教学	视频文件\第7章\阴天效果.mp4
难易指数	★★★★★
技术要点	颜色过滤和亮度与对比度效果的应用

扫码看视频

7.4.4 制作阴天效果

案例效果

下雨的前后，会出现阴天。表现出阳光很少，不能透过天空上的云层，呈现出阴暗的天空状况，且云层多为黑灰色。本例主要是针对"制作阴天效果"的方法进行练习，如图7-326所示。

图 7-326

操作步骤

01 选择【文件】|【新建】|【项目】命令，在弹出的【新建项目】对话框中设置【名称】，并单击【浏览】按钮设置保存路径，再单击【确定】按钮，如图7-327所示。然后在【项目】面板空白处单击鼠标右键，在弹出的快捷菜单中选择【新建项目】|【序列】命令，在弹出的【新建序列】对话框中选择【DV-PAL】|【标准48kHz】选项，再单击【确定】按钮，如图7-328所示。

图 7-327

图 7-328

02 选择菜单栏中的【文件】|【导入】命令或按【Ctrl+I】快捷键，然后在打开的对话框中选择所需的素材文件，并单击【打开】按钮导入，如图7-329所示。

图 7-329

03 将【项目】面板中的【01.jpg】素材文件拖曳到V1轨道上，如图7-330所示。

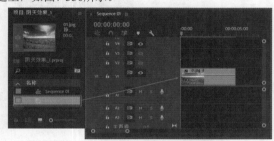

图 7-330

04 选择V1轨道上的【01.jpg】素材文件，在【效果控件】面板【运动】栏中设置【缩放】为52，如图7-331所示。此时效果如图7-332所示。

图 7-331　　　　　　　图 7-332

05 在【效果】面板中搜索【颜色过滤】效果，按住鼠标左键将其拖曳到V1轨道的【01.jpg】素材文件上，如图7-333所示。

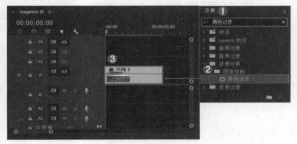

图 7-333

06 选择V1轨道上的【01.jpg】素材文件，在【效果控件】面板设置【颜色过滤】栏中的【相似性】为30，【颜色】为绿色，如图7-334所示。此时效果如图7-335所示。

图 7-334　　　　　　　图 7-335

07 在【效果】面板中搜索【亮度与对比度】效果，按住鼠标左键将其拖曳到V1轨道的【01.jpg】素材文件上，如图7-336所示。

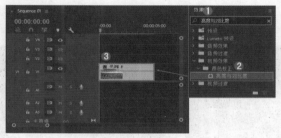

图 7-336

08 选择V1轨道上的【01.jpg】素材文件，在【效果控件】面板设置【亮度与对比度】栏中的【亮度】为-54，【对比度】为9，如图7-337所示。最终效果如图7-338所示。

图 7-337　　　　　　　图 7-338

📞 **答疑解惑：怎样更好地表现阴天效果？**

01 在将天空颜色变成阴天时的效果后，要调整整个环境的颜色和光线效果，因为阳光少而且透不过厚厚的云层，照射和反射在环境中的光线也就少了许多。所以对应天空的颜色来调整周围环境的颜色能更好地表现出阴天时的效果。

02 调整环境的亮度和对比度可以降低环境中的亮度和颜色对比度，使其呈现出一种昏暗的效果。

7.4.5 黑白

技术速查：【黑白】效果可以将色彩视频素材处理为黑白效果。

选择【效果】面板中的【视频效果】|【图像控制】|【黑白】效果，如图7-339所示。其参数面板如图7-340所示。

图 7-339

图 7-340

【黑白】效果没有参数调节。该效果前后效果对比图如图7-341所示。

图 7-341

★ 案例实战——制作黑白照片效果

案例文件	案例文件\第7章\黑白照片效果.prproj
视频教学	视频文件\第7章\黑白照片效果.mp4
难易指数	★★★★★
技术要点	黑白、亮度与对比度和亮度曲线效果的应用

案例效果

黑白照片效果，是一种常用的色彩处理的方式，可以将原来带有色彩的图像或视频处理为黑白灰的颜色效果。虽然失去了色彩，但是会展现出一种更有年代感、简练的效果。在Premiere中的处理方法非常简单，但是重点在于把握住画面中黑白灰3种颜色的比例和层次。本例主要是针对"制作黑白照片效果"的方法进行练习，如图7-342所示。

图 7-342

扫码看视频

7.4.5 制作黑白照片效果

操作步骤

01 选择【文件】|【新建】|【项目】命令，在弹出的【新建项目】对话框中设置【名称】，并单击【浏览】按钮设置保存路径，再单击【确定】按钮，如图7-343所示。然后在【项目】面板空白处单击鼠标右键，在弹出的快捷菜单中选择【新建项目】|【序列】命令，在弹出的【新建序列】对话框中选择【DV-PAL】|【标准48kHz】选项，再单击【确定】按钮，如图7-344所示。

图 7-343

图 7-344

02 选择菜单栏中的【文件】|【导入】命令或按【Ctrl+I】快捷键，然后在打开的对话框中选择所需的素材文件，并单击【打开】按钮导入，如图7-345所示。

03 将【项目】面板中的【01.jpg】素材文件拖曳到V1轨道上，如图7-346所示。

图 7-345

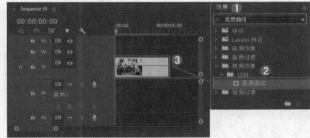

图 7-346

04 选择V1轨道上的【01.jpg】素材文件，在【效果控件】面板【运动】栏设置【缩放】为50，如图7-347所示。此时效果如图7-348所示。

07 在【效果】面板中搜索【亮度曲线】效果，按住鼠标左键将其拖曳到V1轨道的【01.jpg】素材文件上，如图7-352所示。

图 7-352

图 7-347　　　　图 7-348

05 在【效果】面板中搜索【亮度与对比度】效果，按住鼠标左键将其拖曳到V1轨道的【01.jpg】素材文件上，如图7-349所示。

08 选择V1轨道上的【01.jpg】素材文件，在【效果控件】面板中适当调整【亮度曲线】栏中的亮度波形形状，如图7-353所示。此时效果如图7-354所示。

图 7-353　　　　图 7-354

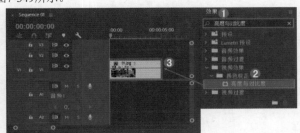

图 7-349

06 选择V1轨道上的【01.jpg】素材文件，在【效果控件】面板设置【亮度与对比度】栏中的【亮度】为-27，【对比度】为18，如图7-350所示。此时效果如图7-351所示。

09 在【效果】面板中搜索【黑白】效果，按住鼠标左键将其拖曳到V1轨道的【01.jpg】素材文件上，如图7-355所示。

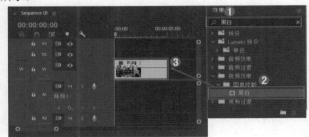

图 7-355

10 此时，拖动播放指示器查看最终效果，如图7-356所示。

读书笔记

图 7-350　　　　图 7-351

图 7—356

技巧提示

　　黑白照片没有艳丽的色彩，因此画面黑白灰层次非常重要，一般来说画面中黑白灰所占的比例分布合理，效果才会优质。而黑白灰对比微弱时，画面冲击力不强，如图7—357所示。

黑白灰分布合理，画面　　　黑白灰分布不合理，画
冲击力强　　　　　　　　面冲击力弱

图 7—357

本章小结

　　调色是调整画面氛围的一种常用方法。不同的色调效果会使画面传递出不同信息。通过本章学习，可以掌握常用的调色方法，以及各种调色效果的合理应用。熟练应用调色技术，可以使制作出来的画面感觉和氛围更佳。

读书笔记

第8章

文字效果

本章内容简介：

在制作项目时，常需要添加片头和片尾字幕，以及其他丰富多彩的文字效果。这时，可以使用【字幕】面板进行添加，并可以根据需要调整字幕的大小、字体和添加描边等效果。本章介绍了添加字幕和设置字幕属性的方法，以及字幕和视频特效相结合的应用。

本章学习要点：

- 了解字幕的基本操作
- 掌握常用字幕工具的使用
- 掌握字幕属性的调节方法
- 掌握创建滚动字幕效果

8.1 初识字幕文字

字幕是指以文字的方式呈现在电视、电影等对话类影像上的，也指影视作品后期加工而添加的文字。将语音内容以字幕方式显示。字幕还可以用于画面装饰上，起到丰富画面内容的效果。

8.1.1 文字的重要性

文字在画面中占有重要的位置。文字本身的变化及文字的编排、组合对画面来说极为重要。文字不仅是信息的传达，也是视觉传达最直接的方式，在画面中运用好文字，首先要掌握的是字体、字号、字距、行距。然后，灵活运用制作出合适的文字效果。

8.1.2 字体的应用

字体是文字的表现形式，不同的字体给人的视觉感受和心理感受不同，这就说明字体具有强烈的感情色彩，设计者要充分利用字体的这一特性，选择准确的字体，有助于主题内容的表达；美的字体可以使读者感到愉悦，帮助阅读和理解，如图8-1所示。

图 8-1

8.2 字幕面板

合理利用字幕，在影视作品的开头部分可以起到引入主题和解释画面等作用。打开Adobe Premiere Pro CC 2018软件，新建一个项目文件。然后执行【文件】|【新建】|【旧版标题】命令，如图8-2所示。

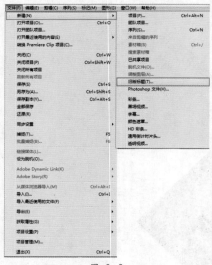

图 8-2

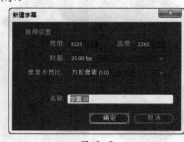

图 8-3

图 8-4

在弹出的【新建字幕】对话框中可以为字幕命名和设置字幕长宽比。然后单击【确定】按钮即可，如图8-3所示。

【字幕】面板包括【字幕】工作区、【字幕工具】栏、【字幕动作】栏、【字幕属性】面板和【字幕样式】面板，如图8-4所示。

8.2.1 字幕工具栏

技术速查：【字幕工具】栏中提供了一些选择文字、制作文字、编辑文字和绘制图形的基本工具。

【字幕工具】栏默认在【字幕】面板的左侧，如图8-5所示。

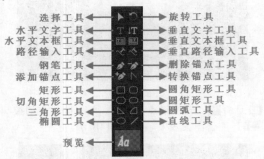

选择工具 ← → 旋转工具
水平文字工具 ← → 垂直文字工具
水平文本框工具 ← → 垂直文本框工具
路径输入工具 ← → 垂直路径输入工具
钢笔工具 ← → 删除锚点工具
添加锚点工具 ← → 转换锚点工具
矩形工具 ← → 圆角矩形工具
切角矩形工具 ← → 圆矩形工具
三角形工具 ← → 圆弧工具
椭圆工具 ← → 直线工具

预览 ←

图 8-5

- ▶（选择工具）：用来对工作区中的对象进行选择，包括字幕和各种几何图形。

- ↻（旋转工具）：选择该工具后，将鼠标移到当前所选对象上鼠标指针将变成旋转状，在对象所围边框的6个锚点上拖曳鼠标即可进行旋转。按【V】快捷键可以在选取工具和旋转工具之间相互切换。如图8-6所示为旋转前后的对比效果。

图 8-6

- T（水平文字工具）：选择该工具，然后在工作区单击鼠标会出现一个文本输入框，此时可以输入字幕文字。也可以按住鼠标左键在工作区拖曳出一个矩形文本框，输入的文字将自动在矩形框内进行多行排列。

- T（垂直文字工具）：选择该工具后输入文字时，文字将自动从上向下，从右到左竖着排列。

- ▦（水平文本框工具）：选择该工具后，需要先在工作区划出一个矩形框以输入多行文字。也就是先单击水平文本框工具按钮，然后划出文本输入框，如图8-7所示。

图 8-7

- ▦（垂直文本框工具）：选择该工具后需要先在工作区划出一个矩形框以输入多行文字。

- ↗（路径输入工具）：使输入的文字沿着绘制的曲线路径进行排列。输入的文本字符和路径是垂直的。

- ↖（垂直路径输入工具）：输入的字符和路径是平行的。

🎬 动手学：输入文字

01 选择菜单栏中的【文件】|【新建】|【旧版标题】命令，在弹出的对话框中单击【确定】按钮，如图8-8所示。

图 8-8

02 在【字幕】面板中选择 T（文字工具），然后在字幕工作区中单击鼠标左键出现文本框，如图8-9所示。接着输入文字，输入完成后单击空白处面板即可，最后可以使用 ▶（选择工具）适当调整文字位置，如图8-10所示。

图 8-9

图 8-10

03 关闭【字幕】面板，然后将字幕【字幕01】素材文件从【项目】面板中拖曳到V2轨道上即可，如图8-11所示。

图 8—11

04 此时，拖动播放指示器查看最终效果，如图8-12所示。

图 8—12

- （钢笔工具）：用于绘制贝塞尔曲线，并且可以选择曲线上的点和点上的控制手柄。

- （删除锚点工具）：选中该工具后单击贝塞尔曲线上的锚点可以将该点删除。

- （添加锚点工具）：选中该工具后在贝塞尔曲线上单击可以添加更多的锚点。

- （转换锚点工具）：默认情况下，锚点使用两条（外切）切线用来对该点处的弧度进行修改，选中该工具后单击该点，则该点处的曲线将转换为内切形式。

动手学：钢笔工具绘制图案

01 在【字幕工具】栏中选择 （钢笔工具），在字幕工作区中单击鼠标绘制图案，并适当调整锚点位置，如图8-13所示。

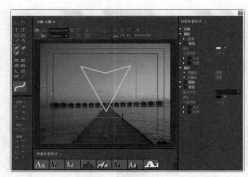

图 8—13

02 选择 （转换锚点工具），对一些锚点的控制手柄进行调节，完善图案效果，如图8-14所示。

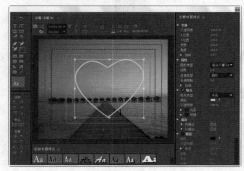

图 8—14

- （矩形工具）：选中该工具后可以在工作区域中绘制一个矩形框。矩形框颜色为默认的灰白，但可以被修改。

- （圆角矩形工具）：绘制的矩形在拐角处是弧形的，但4个边上始终有一段是直的。

- （切角矩形工具）：用来在工作区绘制一个八边形。

- （圆角矩形工具）：比上切角矩形工具提供更加圆角化的拐角，因而可以用它绘制出一个圆形——按住【Shift】键后绘制即可画出一个正圆。

- （楔形工具）：可以绘制出任意形状的三角状图形。按住【Shift】键后可以绘制一个等腰三角形。

- （弧形工具）：绘制任意弧度的弧形。按住【Shift】键后可以绘制一个90°的扇形。

- （椭圆工具）：绘制一个椭圆。按住【Shift】键后可以绘制出一个正圆。

- （直线工具）：绘制一个线段，按住鼠标左键后滑动即可在鼠标按下时的位置和松开时的位置两点之间绘制出一条线段。按住【Shift】键后可以绘制45°整数倍方向的线段。

动手学：图形工具绘制图案

在【字幕工具】栏中选择 （矩形工具），在字幕工作区中按住鼠标左键拖曳绘制图案，并适当调整其位置，如图8-15所示。

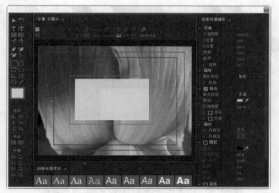

图 8-15

01 在【字幕属性】面板中可以在【图形类型】下拉菜单中选择该图案的类型，如图8-16所示。

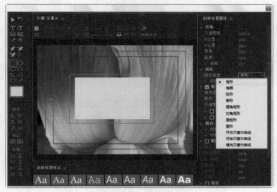

图 8-16

02 若选择关于贝塞尔曲线的图形类型，则可以使用（添加锚点工具）和 （转换锚点工具）对图案进行操作，如图8-17所示。

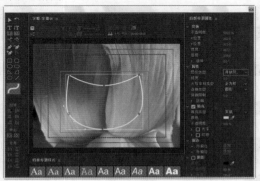

图 8-17

> **技巧提示**
> 其他图形工具的使用方法也与 □（矩形工具）相同。

8.2.2 字幕属性栏

技术速查：【字幕属性】栏用于新建字幕、设置字幕的运动、字体、对齐方式和视频背景等。

【字幕属性】栏，如图8-18所示。

图 8-18

> **技巧提示**
> 随着面板的大小调节，【字幕属性】栏中的选项和按钮等也会随之重新排列，如图8-19所示。

图 8-19

- （字幕列表）：如果创建了多个字幕，在不关闭【字幕】面板的情况下，可通过该列表在字幕文件之间切换编辑。

- ■（新建字幕）：在当前字幕的基础上创建一个新的字幕。

- ■（滚动/游动选项）：可设置字幕的类型、滚动方向和时间帧设置，如图8-20所示。

图 8-20

- 静止图像：字幕不会产生运动效果。

- 滚动：设置字幕沿垂直方向滚动。选中【开始于屏幕外】和【结束于屏幕外】复选框后，字幕将从下向上滚动。

- 向左游动：字幕沿水平向左滚动。

- 向右游动：字幕沿水平向右滚动。

- 开始于屏幕外：选中该复选框，字幕从屏幕外开始进入。

- 结束于屏幕外：选中该复选框，字幕滚到屏幕外结束。

- 预卷：设置字幕滚动的开始帧数。

- 缓入：设置字幕从滚动开始缓入的帧数。

- 缓出：设置字幕缓出结束的帧数。

- 过卷：设置字幕滚动的结束帧数。

- ▣ Aardvar... ▾（字体）：设置字体类型。

- ▣ Regular ▾（字体类型）：设置字体的字形，如 ▣（加粗）、▣（倾斜）、▣（下画线）。

- ▣ (字体大小)：设置文字的大小。

- ▣ (字偶间距)：设置文字的间距。

- ▣ (行距)：设置文字的行距。

- ▣ (左对齐)、▣ (居中)、▣ (右对齐)：设置文字的对齐方式。

- ▣ (显示背景视频)：单击将显示当前视频时间位置视频轨道的素材效果并显示出时间码。

▣ 动手学：设置文字属性

选择字幕工作区中的文字，然后即可在上方的【字幕属性】栏中调整 ▣（字体大小）、 Aardvar... ▾ （字体）和 Regular ▾ （字体类型）等参数，如图8-21所示。

图 8-21

8.2.3 字幕动作栏

技术速查：【字幕动作】栏用于选择对象的对齐与分布设置。

【字幕动作】栏如图8-22所示。

▣ 对齐：选择对象的对齐方式。

- ▣ (水平靠左)：所有选择的对象以最左边的基准对齐，如图8-23所示。

图 8-22

图 8-23

- ▣ (垂直靠上)：所有选择的对象以最上方的对象对齐。

- ▣ (水平居中)：所有选择的对象以水平中心的对象对齐。

- ▣ (垂直居中)：所有选择的对象以垂直中心的对象对齐。

- ▣ (水平靠右)：所有选择的对象以最右边的对象对齐，如图8-24所示。

- ▣ (垂直靠下)：所有选择的对象以最下方的对象对齐。

▣ 中心：设置对象在窗口中的中心对齐方式。

- ▣ (垂直居中)：选择对象与预演窗口在垂直方向居中对齐。

- ▣ (水平居中)：选择对象与预演窗口在水平方向居中对齐。

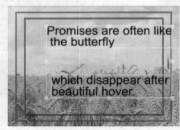

图 8-24

▣ 分布：设置3个以上对象的对齐方式。

- ▣ (水平靠左)：所有选择对象都以最左边的对象对齐。

- ▣ (垂直靠上)：所有选择对象都以最上方的对象对齐。

- ▣ (水平居中)：所有选择对象都以水平中心的对象对齐。

- ▣ (垂直居中)：所有选择对象都以垂直中心的对象对齐。

- ▣ (水平靠右)：所有选择对象都以最右边的对象对齐。

- ▣ (垂直靠下)：所有选择对象都以最下方的对象对齐。

- ▣ (水平等距间隔)：所有选择对象水平间距平均对齐。

- ▣ (垂直等距间隔)：所有选择对象垂直间距平均对齐。

8.2.4 字幕属性面板

技术速查：【字幕属性】面板用于更改文字的相关属性，共分为6栏。

【字幕属性】面板如图8-25所示。

变换

【变换】主要用于设置字幕的透明度、位置和旋转等参数。其参数面板如图8-26所示。

图 8-25   图 8-26

- 不透明度：控制所选对象的不透明度。如图8-27所示为设置【不透明度】分别为100和50的对比效果。

图 8-27

- X位置：设置在X轴的具体位置。
- Y位置：设置在Y轴的具体位置。
- 宽度：设置所选对象的水平宽度数值。
- 高度：设置所选对象的垂直高度数值。
- 旋转：设置所选对象的旋转角度。

属性

【属性】主要用于设置字幕的字体、字体样式和行距等参数。其参数面板如图8-28所示。

图 8-28

- 字体系列：设置文字的字体。
- 字体样式：设置文字的字体样式。
- 字体大小：设置文字的大小。
- 宽高比：设置文字的长度和宽度的比例。
- 行距：设置文字的行间距或列间距。
- 字偶间距：设置文字的字间距。如图8-29所示为【字偶间距】分别为0和20的对比效果。

图 8-29

- 字符间距：在字距设置的基础上进一步设置文字的字距。
- 基线位移：用来调整文字的基线位置。
- 倾斜：调整文字倾斜度。
- 小型大写字母：调整英文字母。
- 小型大写字母大小：调整大写字母的大小。
- 下画线：为选择文字添加下画线。
- 扭曲：将文字进行X轴或Y轴方向的扭曲变形。如图8-30所示为Y轴数值分别为0与-100%的对比效果。

图 8-30

技巧提示

【字幕属性】面板中的参数与【字幕属性】栏中的参数按钮的作用是相同的，如图8-31所示。

图 8-31

填充

【填充】用于对选择对象填充的操作。其参数面板如图8-32所示。

- 填充类型：可以设置颜色填充的类型。包括【实底】【线性渐变】【径向渐变】【四色渐变】【斜面】【消除】和【重影】7种。
  - 实底：为文字填充单一的颜色。
  - 线性渐变：为文字填充两种颜色混合的线性渐变，并可以调整渐变颜色的透明度和角度，如图8-33所示。

 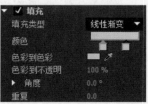

图 8-32　　　　　　图 8-33

  - 径向渐变：为文字填充两种颜色混合的径向渐变。
  - 四色渐变：为文字填充4种颜色混合的渐变，如图8-34所示。
  - 斜面：为文字设置斜面浮雕效果，如图8-35所示。

图 8-34　　　　　　图 8-35

  - 消除：消除文字的填充。
  - 重影：将文字的填充去除。

- 光泽：选中该复选框，可以为工作区中的文字或图案添加光泽效果。其参数面板如图8-36所示。

图 8-36

- 颜色：设置添加光泽的颜色。
- 不透明度：设置添加光泽的透明度。
- 大小：设置添加光泽的宽度。如图8-37所示为【大小】分别为10和70的对比效果。

图 8-37

- 角度：设置添加光泽的旋转角度。
- 偏移：设置光泽在文字或图案上的位置。
- 纹理：选中该复选框，可以为文字添加纹理效果。其参数面板如图8-38所示。

图 8-38

- 纹理：单击右侧的 ■，即可在弹出的【选择纹理图像】对话框中选择一张图片作为纹理进行填充。如图8-39所示为填充纹理前后的对比效果。

图 8-39

- 随对象翻转：选中该复选框，填充的图案和图形一起翻转。
- 随对象旋转：选中该复选框，填充图案和图形一起旋转。
- 缩放：对文字进行在X轴Y轴上的缩放、平铺设置，可水平、垂直缩放对象。
- 对齐：对文字进行X轴Y轴上的位置确定，可通过偏移和对齐调整填充图案的位置。
- 混合：可对填充色、纹理进行混合，也可以通过通道进行混合。

描边

【描边】用于为文字进行描边处理，可设置内部描边和外部描边效果。需要先单击【添加】超链接，才会出现参数面板，如图8-40所示。

图 8—40

- 内描边：为文字内侧添加描边。

- 类型：设置描边类型。包括【深度】【边缘】和【凹进】。

- 大小：设置描边宽度。如图8-41所示为添加【内描边】前后的对比效果。

图 8—41

- 外描边：为文字外侧添加描边。

技巧提示

　　多次单击【内部描边】和【外部描边】右侧的【添加】超链接，可以添加多个内部描边或外部描边效果。

阴影

　　【阴影】用于设置文字的阴影。其参数面板如图8-42所示。

图 8—42

- 颜色：设置阴影颜色。

- 不透明度：设置阴影的不透明度。

- 角度：设置阴影的角度。

- 距离：设置阴影与原图之间的距离。如图8-43所示为设置【距离】分别是0和30时的对比效果。

图 8—43

- 大小：设置阴影的大小。

- 扩展：设置阴影的扩展程度。

背景

　　【背景】用于控制字幕的背景。其参数面板如图8-44所示。

图 8—44

- 填充类型：设置背景填充的类型。包括【实底】【线性渐变】【径向渐变】【四色渐变】【斜面】【消除】和【重影】7种。

- 颜色：设置背景颜色。

- 不透明度：设置背景填充颜色的透明度。

8.2.5　字幕样式面板

技术速查：【字幕样式】面板用于给文字添加不同的字幕样式，很多默认自带的字幕样式可供选择，直接单击即可进行更换。

　　【字幕样式】面板如图8-45所示。

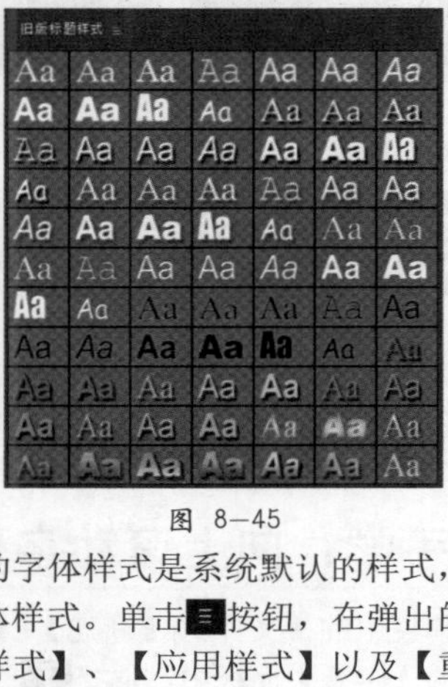

图 8—45

　　选项区中的字体样式是系统默认的样式，可以从中选择比较常用的字体样式。单击三按钮，在弹出的面板菜单中可以进行【新建样式】、【应用样式】以及【重置样式库】等操作，如图8-46所示。

- 浮动面板、关闭面板、关闭组中的其他面板、面板组设置：对面板进行相应的调整。
- 新建样式：选择该命令，可以在弹出的【新建样式】对话框中设置要保存文字样式的【名称】，如图8-47所示。

图 8-46　　　　　　　　图 8-47

- 应用样式：可对文字使用设置完成的样式。

- 应用带字体大小的样式：文字应用某样式时，应用该样式的全部属性。
- 仅应用样式颜色：文字应用某样式时，只应用该样式的颜色效果。
- 复制样式：选择某样式后，选择该选项可对样式进行复制。
- 删除样式：将不需要的样式清除。
- 重命名样式：对样式进行重命名。
- 重置样式库：选择该命令，样式库将还原。
- 追加样式库：添加样式种类，选中要添加的样式单击打开即可。
- 保存样式库：将样式库进行保存。
- 替换样式库：选择打开的样式库替换原来的样式库。
- 仅文本：选择该命令，样式库中只显示样式的名称。
- 小缩览图、大缩览图：调整样式库的图标显示大小。

8.2.6　动手学：添加新的字幕样式

01 在【字幕】面板中选择已经设置完成的文字，然后单击【字幕样式】面板上的 ≡ 按钮，在弹出的面板菜单中选择【新建样式】命令，如图8-48所示。

02 在弹出的对话框中可以设置新建字幕样式的【名称】，如图8-49所示。

03 此时，在【字幕样式】面板的最后出现了新添加的字幕样式，如图8-50所示。

图 8-48　　　　　　　图 8-49

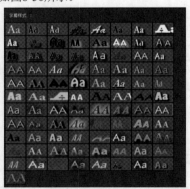

图 8-50

8.3　创建滚动字幕

滚动字幕可以设置在影片的开始或结束的位置，用来显示影片的相应信息。也可以放在影片中间，配合画面起到解释的作用。Premiere将滚动字幕分为"滚动"和"游动"两种。

在Adobe Premiere Pro CC 2018中创建滚动字幕的方法有以下两种。

8.3.1　动手学：向上滚动字幕

01 选择菜单栏中的【文件】|【新建】|【旧版标题】命令，在弹出的对话框中单击【确定】按钮，如图8-51所示。

02 在弹出的【字幕】面板中，选择 T （文字工具），在字幕工作区中输入文字，如图8-52所示。

图 8-51

图 8-52

03 单击【字幕属性】栏上的 ▤（滚动/游动选项）按钮，在弹出的对话框中选中【开始于屏幕外】复选框，如图8-53所示。

图 8-53

04 关闭【字幕】面板，然后将其添加到时间轴轨道中，拖动播放指示器查看字幕向上滚动效果，如图8-54所示。

图 8-54

8.3.2　动手学：左右游动字幕

01 在静态字幕中创建游动字幕。选择菜单栏中的【文件】|【新建】|【旧版标题】命令，在弹出的对话框中单击【确定】按钮，如图8-55所示。

02 单击【字幕属性】栏上的 ▤（滚动/游动选项）按钮，在弹出的对话框中选中【向左游动】单选按钮，接着选中【开始于屏幕外】和【结束于屏幕外】复选框，如图8-56所示。

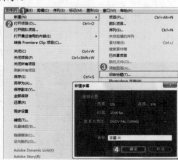

图 8-55　　　　　　　　　　图 8-56

03 此时，选择 T（文字工具），在字幕工作区中输入文字，如图8-57所示。

图 8-57

04 关闭【字幕】面板，将其添加到时间轴轨道中，拖动播放指示器查看字幕从右至左的游动效果，如图8-58所示。

图 8-58

 **技巧提示**

若选中【向右游动】单选按钮，则字幕会从左至右游动。

8.4 常用文字的制作方法

文字是信息传达的主要方式之一。在Adobe Premiere Pro CC 2018中创建文字，然后通过调整【字幕】面板中的属性参数和添加【效果】面板中的效果，可以制作出一些常用的文字效果。

8.4.1 基础字幕动画效果

技术速查：将制作完成的字幕添加到【时间轴】面板中后，可以在【效果控件】面板中设置其位置、大小和透明度等参数。

选择【时间轴】面板中的字幕素材，然后在其【效果控件】面板【运动】栏中单击【位置】、【缩放】或【旋转】等属性前面的 ⏱ （切换动画）按钮，即可添加该属性的关键帧动画，如图8-59所示。

处单击鼠标右键，在弹出的快捷菜单中选择【新建项目】|【序列】命令，在弹出的【新建序列】对话框中选择【DV-PAL】|【标准48kHz】选项，如图8-62所示。

图 8-61

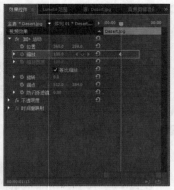

图 8-59

★ 案例实战——制作字幕的淡入淡出效果

案例文件	案例文件\第8章\字幕的淡入淡出 .prproj
视频教学	视频文件\第8章\字幕的淡入淡出 .mp4
难易指数	★★★★★
技术要点	文字工具、不透明度和动画关键帧效果的应用

案例效果

在播放视频时，经常会有标题字幕逐渐显现，然后又逐渐消失的效果，且画面不受影响。本例主要是针对"制作字幕的淡入淡出效果"的方法进行练习，如图8-60所示。

图 8-62

02 在【项目】面板空白处双击鼠标左键，在打开的对话框中选择所需的素材文件，并单击【打开】按钮导入，如图8-63所示。

03 将【项目】面板中的【01.jpg】素材文件拖曳到V1轨道上，如图8-64所示。

8.4.1 制作字幕
的淡入淡出效果

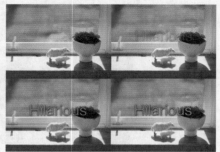

图 8-60

操作步骤

01 选择【文件】|【新建】|【项目】命令，在弹出的【新建项目】对话框中设置【名称】，并单击【浏览】按钮设置保存路径，如图8-61所示。然后在【项目】面板空白

图 8-63

Premiere Pro CC 中文版自学视频教程

扫码看视频

8.4.1 制作移动
字幕动画效果

扫码看视频

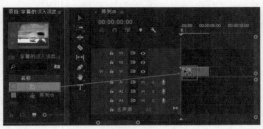

图 8-64

技巧提示

　　通常情况下，将【项目】面板中的素材拖曳到【时间轴】面板轨道上后，会发现素材显示的比较长或者比较短，此时，可以将其在【时间轴】面板中进行缩放，以达到更适合查看的效果，如图8-65所示。

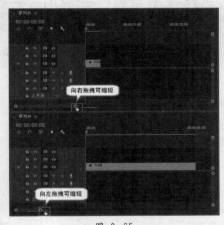

图 8-65

　　04 选择V1轨道上的【01.jpg】素材文件，在【效果控件】面板【运动】栏中设置【缩放】为51。如图8-66所示。此时效果如图8-67所示。

图 8-66

图 8-67

　　05 选择菜单栏中的【文件】|【新建】|【旧版标题】命令，在弹出的对话框中单击【确定】按钮，如图8-68所示。

　　06 在【字幕】面板中单击 **T**（文字工具），在字幕工作区输入文字【Hilarious】，并设置【字体】为【FZZhiYi-M12S】，【颜色】为浅红色。接着选中【阴影】复选框，设置【角度】为-173°，【扩展】为40，如图8-69所示。

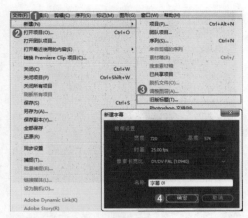

图 8-68

图 8-69

　　07 关闭【字幕】面板，然后将【字幕01】素材文件从【项目】面板中拖曳到V2轨道上，如图8-70所示。

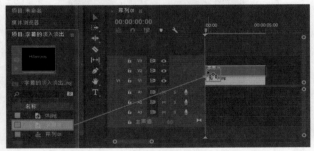

图 8-70

　　08 选择V2轨道上的【字幕01】素材文件，展开【效果控件】面板中的【不透明度】栏，将播放指示器到初始位置时设置【不透明度】为0，将播放指示器到1秒时设置【不透明度】为30%，将播放指示器到2秒时设置【不透明度】为90%，将播放指示器到3秒时设置【不透明度】为100%，将播放指示器到3秒23帧时设置【不透明度】为0，如图8-71所示。

　　09 此时，拖动播放指示器查看最终效果，如图8-72所示。

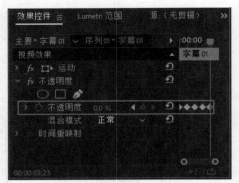

图 8—71

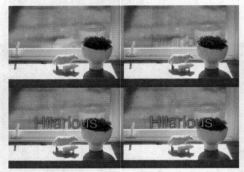

图 8—72

 技巧提示

在Premiere中，可以拖动播放指示器查看动画效果，当然也可以单击【节目】监视器中的播放按钮▶，进行播放，如图8—73所示。

图 8—73

☎ 答疑解惑：淡入淡出的效果是什么？

淡入淡出是影视中表示时间和空间转换的一种技巧。影视中常用来分隔时间、空间等，表明剧情段落。淡出表示一个段落的结束，淡入表示一个段落的开始，能使观众产生完整的段落感。

淡入淡出表示画面或文字渐隐渐显的过程。它节奏舒缓，能够制造出富有表现力的气氛。

★ 案例实战——制作移动字幕动画效果

案例文件	案例文件\第8章\移动字幕动画.prproj
视频教学	视频文件\第8章\移动字幕动画.mp4
难易指数	★★★★★
技术要点	文字工具、描边和动画关键帧效果的应用

案例效果

制作各种颜色的文字搭配不同的背景图案可以更加符合要表达的主题。本例主要是针对"制作移动字幕动画效果"的方法进行练习，如图8-74所示。

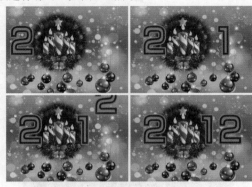

图 8—74

操作步骤

01 选择【文件】|【新建】|【项目】命令，在弹出的【新建项目】对话框中设置【名称】，并单击【浏览】按钮设置保存路径，如图8-75所示。然后在【项目】面板空白处单击鼠标右键，在弹出的快捷菜单中选择【新建项目】|【序列】命令，在弹出【新建序列】对话框中选择【DV-PAL】|【标准48kHz】选项，如图8-76所示。

图 8—75

图 8—76

02 在【项目】面板空白处双击鼠标左键，在打开的对话框中选择所需的素材文件，并单击【打开】按钮导入，如图8-77所示。

图 8-77

03 将【项目】面板中的【背景.jpg】素材文件拖曳到V1轨道上，如图8-78所示。

图 8-78

04 选择菜单栏中的【文件】|【新建】|【旧版标题】命令，在弹出的对话框中单击【确定】按钮，如图8-79所示。

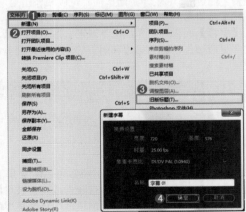

图 8-79

05 在【字幕】面板中单击 T （文字工具），在字幕工作区输入文字【2】，并设置【字体】为【HYZongYiJ】，【字体大小】为260，【颜色】为"绿色"，如图8-80所示。

06 单击【内描边】后面的【添加】超链接，并设置【大小】为27，【颜色】为深绿色。然后单击【外描边】后面的【添加】超链接，并设置【大小】为19，【颜色】为绿色，如图8-81所示。

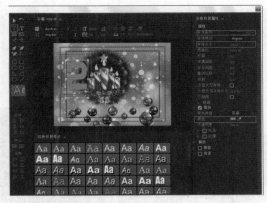

图 8-80

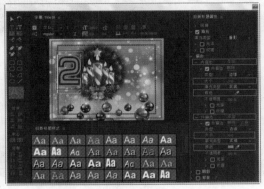

图 8-81

07 关闭【字幕】面板，将【项目】面板中的【Title 01】素材文件拖曳到【时间轴】面板V2轨道上，如图8-82所示。

图 8-82

08 以此类推，制作出【Title 02】和【Title 03】，然后分别拖曳到V3和V4轨道上，并设置起始时间为第1秒和第2秒的位置，如图8-83所示。

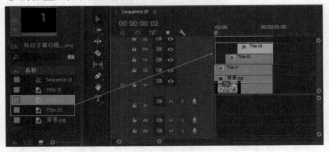

图 8-83

09 此时，拖动播放指示器查看效果，如图8-84所示。

10 选择V2轨道上的【字幕01】素材文件，在【效果控件】面板将播放指示器拖到起始帧的位置，单击【运动】栏中【位置】前面的按钮 ，开启自动关键帧，设置【位置】为（118,288）。最后将播放指示器拖到第1秒的位置，设置【位置】为（360,288），如图8-85所示。

图 8-84　　　　　　　　图 8-85

11 此时，拖动播放指示器查看效果，如图8-86所示。

图 8-86

12 选择V3轨道上的【字幕02】素材文件，在【效果控件】面板将播放指示器拖到第1秒的位置，单击【运动】栏中【位置】前面的按钮 ，开启自动关键帧，设置【位置】为（708,288）。最后将播放指示器拖到第2秒的位置，设置【位置】为（360,288），如图8-87所示。

图 8-87

13 此时，拖动播放指示器查看效果，如图8-88所示。

图 8-88

14 选择V4轨道上的【字幕03】素材文件，在【效果控件】面板将播放指示器拖到第2秒的位置，单击【运动】栏【位置】前面的 按钮，开启自动关键帧，设置【位置】为（360,-64）。最后将播放指示器拖到第3秒的位置，设置【位置】为（360,288），如图8-89所示。此时，拖动播放指示器查看最终效果，如图8-90所示。

 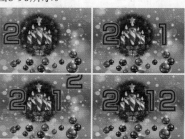

图 8-89　　　　　　　　图 8-90

☎ **答疑解惑：移动字幕主要应用在哪些方面？**

移动字幕可以在广告宣传时使用。也可以在制作视频时添加临时字幕，然后制作移动动画效果。

在制作移动字幕时，为文字添加各种不同的颜色和图案会更具有吸引力和视觉效果。

8.4.2　滚动字幕效果

技术速查：通过 （滚动/游动选项）可以制作出上下或左右的滚动字幕效果。

在【字幕】面板中制作出上下或左右的滚动字幕后，可以为文字更改颜色、添加描边和阴影等。制作出精美的滚动字幕效果。

★ **案例实战——制作画面底部滚动字幕效果**

案例文件	案例文件\第8章\底部滚动字幕 .prproj
视频教学	视频文件\第8章\底部滚动字幕 .mp4
难易指数	★★★★★
技术要点	文字工具、滚动/游动选项和描边效果的应用

案例效果

在看电视、电影和纪录片时，经常可以看见屏幕下方的滚动字幕，出现的文字常常为节目预告或当前节目的介绍等。本例主要是针对"制作画面底部滚动字幕效果"的方法进行练习，如图8-91所示。

扫码看视频

8.4.2 制作画面底部滚动字幕效果

图 8-91

操作步骤

01 选择【文件】|【新建】|【项目】命令，在弹出的【新建项目】对话框中设置【名称】，并单击【浏览】按钮设置保存路径，如图8-92所示。然后在【项目】面板空白处单击鼠标右键，在弹出的快捷菜单中选择【新建项目】|【序列】命令，在弹出【新建序列】对话框中选择【DV-PAL】|【标准48kHz】选项，如图8-93所示。

图 8-92

图 8-93

02 在【项目】面板空白处双击鼠标左键，然后在打开的对话框中选择所需的素材文件，并单击【打开】按钮导入，如图8-94所示。

03 将【项目】面板中的素材文件按顺序拖曳到【时间轴】面板V1轨道上。如图8-95所示。

图 8-94

图 8-95

04 选择菜单栏中的【文件】|【新建】|【旧版标题】命令，在弹出的对话框中设置【名称】为【字幕01】，然后单击【确定】按钮，如图8-96所示。

05 在【字幕】面板中单击 ▤（滚动/游动选项），在弹出的对话框中选中【滚动】单选按钮，并选中【开始于屏幕外】和【结束于屏幕外】复选框如图8-97所示。

图 8-96   图 8-97

📖 技巧提示

　　设置【滚动】【开始于屏幕外】【结束于屏幕外】【预卷】【缓入】【缓出】【过卷】的数值可调节滚动字幕。

06 单击 **T**（文字工具），在字幕工作区输入文字，接着设置【字体】为【黑体】，【大小】为34，【颜色】为白色。最后单击【外部描边】后面的【添加】超链接，并设置【大小】为25，【颜色】为蓝色，如图8-98所示。

图 8-98

07 关闭【字幕】面板，将【项目】面板中的【字幕01】素材文件拖曳到V2轨道上，并设置结束时间与V1轨道上的素材相同，如图8-99所示。

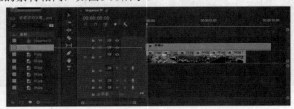

图 8-99

08 为素材制作淡入淡出效果。选择V1轨道上的素材，并在起始和结束附近单击 ◀ ◆ ▶ ，为素材添加4个关键帧，并选择起始和结束位置的关键帧，按住鼠标左键将其拖曳到下方，如图8-100所示。

图 8-100

09 在【效果】面板中将【叠加溶解】【带状滑动】【伸展】【时钟式擦除】和【缩放】视频过渡效果拖曳到V1轨道上的素材文件之间，如图8-101所示。

10 此时，拖动播放指示器查看最终效果，如图8-102所示。

图 8-101

图 8-102

 答疑解惑：滚动字幕可以表现哪些内容？

滚动字幕的内容可以是广告，也可以是新闻，还可以是介绍当前节目内容等，只要是不与当前画面所播出的内容产生过大的分歧，都是可以的。

制作滚动字幕时，要使字幕与当前画面所播出的内容颜色分明，可以适当地添加背景颜色条和调整字体颜色，或者添加描边效果等。

★ 案例实战——制作自下而上滚动字幕效果

案例文件	案例文件\第8章\自下而上滚动字幕.prproj
视频教学	视频文件\第8章\自下而上滚动字幕.mp4
难易指数	★★★★★
技术要点	文字工具、描边和滚动/游动选项效果的应用

案例效果

视频结束时经常会出现片尾字幕，且字幕是持续向上游动的，直到结束消失。本例主要是针对"制作自下而上滚动字幕效果"的方法进行练习，如图8-103所示。

扫码看视频

8.4.2 制作自下而上滚动字幕效果

图 8-103

操作步骤

01 选择【文件】|【新建】|【项目】命令，在弹出的【新建项目】对话框中设置【名称】，并单击【浏览】按钮设置保存路径，如图8-104所示。然后在【项目】面板空白处单击鼠标右键，在弹出的快捷菜单中选择【新建项目】|【序列】命令，在弹出的【新建序列】对话框中选择【DV-PAL】|【标准48kHz】选项，如图8-105所示。

图 8-104

图 8-105

02 在【项目】面板空白处双击鼠标左键，然后在打开的对话框中选择所需的素材文件，并单击【打开】按钮导入，如图8-106所示。

图 8-106

03 将【项目】面板中的【背景.jpg】素材文件拖曳到V1轨道上，设置【缩放】为50，如图8-107所示。

04 选择菜单栏中的【文件】|【新建】|【旧版标题】命令，在弹出的对话框中单击【确定】按钮，如图8-108所示。

图 8-107

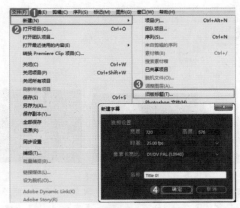

图 8-108

05 在【字幕】面板中选择■（矩形工具），并在字幕工作区绘制一个矩形，然后设置【填充类型】为【四色渐变】，【颜色】为白色，接着设置上面两个颜色块的【颜色到不透明度】为100%，设置下面两个颜色块的【颜色到不透明度】为0，最后再绘制一个矩形，与上面的矩形相反，如图8-109所示。

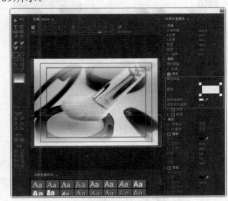

图 8-109

06 将【项目】面板中的【Title 01】素材文件拖曳到V2轨道上，如图8-110所示。

图 8-110

07 选择菜单栏中的【文件】|【新建】|【旧版标题】命令，在弹出的对话框中单击【确定】按钮，如图8-111所示。

08 在【字幕】面板中单击■（滚动/游动选项），在弹出的对话框中选中【滚动】单选按钮。接着选中【开始于屏幕外】和【结束于屏幕外】复选框，如图8-112所示。

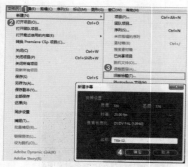

图 8-111　　　　　图 8-112

09 单击 **T**（文字工具），在字幕工作区中输入文字，并设置【字体】为Adobe Arabic，【字体大小】为56，【颜色】为"白色"。接着单击【外描边】后面的【添加】超链接，设置【大小】为30，【颜色】为"浅粉色"。最后选中【阴影】复选框，设置【不透明度】为50%，如图8-113所示。

图 8-113

10 关闭【字幕】面板，将【项目】面板中的【字幕

02 素材文件拖曳到V3轨道上，如图8-114所示。

图 8-114

11 此时，拖动播放指示器查看效果，如图8-115所示。

图 8-115

 答疑解惑：自下而上游动字幕可以应用在哪些地方？

　　自下而上游动字幕通常应用在片尾字幕上，但也可以应用在各种不同的场景中，例如，可以用来呈现一首诗，表现其自下而上地缓缓游动，也可以应用在广告上，细致阐明所表现的内容等。

8.4.3　文字色彩的应用

技术速查：在【字幕属性】面板中的【填充】栏，可以为文字设置合适的【颜色】和【光泽】效果。

　　选择字幕工作区中的文字，在【字幕属性】面板中设置合适的颜色，并选中【光泽】效果，如图8-116所示。

图 8-116

设置【光泽】下的【透明度】【大小】【角度】和【偏移】的参数，可以得到不同的光泽效果，如图8-117所示。

图 8-117

★ 案例实战——制作多彩光泽文字效果

案例文件	案例文件\第8章\多彩光泽文字.prproj
视频教学	视频文件\第8章\多彩光泽文字.mp4
难易指数	★★★★★
技术要点	文字工具、光泽、描边和阴影效果的应用

案例效果

文字在生活中必不可少，且丰富多彩，不同的颜色搭配带给人不同的视觉感受，而且好的文字色彩搭配可以吸引更多的注意力。本例主要是针对"制作多彩光泽文字效果"的方法进行练习，如图8-118所示。

扫码看视频

8.4.3 制作多彩光泽文字效果

图 8-118

操作步骤

01 选择【文件】|【新建】|【项目】命令，在弹出的【新建项目】对话框中设置【名称】，并单击【浏览】按钮设置保存路径，如图8-119所示。然后在【项目】面板空白处单击鼠标右键，在弹出的快捷菜单中选择【新建项目】|【序列】命令，在弹出的【新建序列】对话框中选择【DV-PAL】|【标准48kHz】，如图8-120所示。

图 8-119

图 8-120

02 在【项目】面板空白处双击鼠标左键，然后在打开的对话框中选择所需的素材文件，并单击【打开】按钮导入，如图8-121所示。

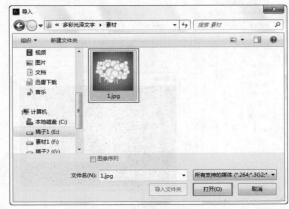

图 8-121

03 将【项目】面板中的【1.jpg】素材文件拖曳到V1轨道上，如图8-122所示。

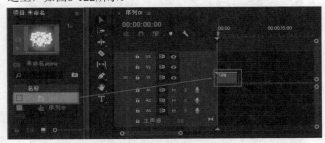

图 8-122

04 选择V1轨道上的【1.jpg】素材文件，在【效果控件】面板【运动】栏设置【缩放】为79，如图8-123所示。此时效果如图8-124所示。

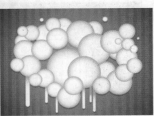

图 8-123　　　　　　图 8-124

05 创建字幕，选择菜单栏中的【文件】|【新建】|【旧版标题】命令，在弹出的对话框中单击【确定】按钮，如图8-125所示。

06 单击 **T**（文字工具），在字幕工作区中输入文字【NEW】，然后设置【字体】为【FZHuPo-M04T】，【字体大小】为170，每个字母的【颜色】分别为橙色、红色和紫色，如图8-126所示。

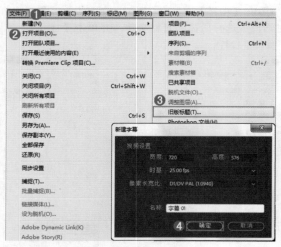

图 8-125

图 8-126

07 选择文字，然后选中【填充】栏中的【光泽】复选框，并设置【大小】为76，【角度】为25°，【偏移】为30。接着单击【内描边】后面的【添加】超链接，并设置【大小】为23，【颜色】为白色，如图8-127所示。

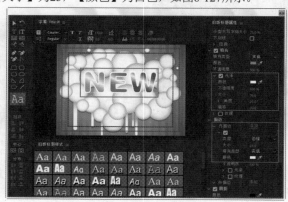

图 8-127

08 选择文字，然后选中【阴影】复选框，并设置【角度】为-230°，【距离】为28，【扩展】为40，如图8-128所示。

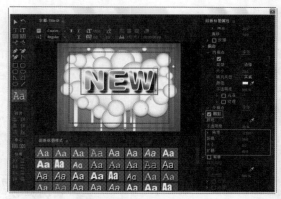

图 8-128

09 此时，拖动播放指示器查看最终效果，如图8-129所示。

图 8-129

★ **案例实战——制作创意纸条文字效果**

案例文件	案例文件\第8章\创意纸条文字.prproj
视频教学	视频文件\第8章\创意纸条文字.mp4
难易指数	★★★★★
技术要点	矩形工具、文字工具和渐变效果的应用

案例效果

文字或图案可以传递信息，也可以为文字设置不同的样式或颜色等作为画面的装饰。本例主要是针对"制作创意纸条文字效果"的方法进行练习，如图8-130所示。

扫码看视频

8.4.3 制作创意纸条文字效果

图 8-130

操作步骤

01 选择【文件】|【新建】|【项目】命令，在弹出的【新建项目】对话框中设置【名称】，并单击【浏览】按钮设置保存路径，如图8-131所示。然后在【项目】面板空白处单击鼠标右键，在弹出的快捷菜单中选择【新建项目】|

【序列】命令，在弹出的【新建序列】对话框中选择【DV-PAL】|【标准48kHz】选项，如图8-132所示。

图 8-131

图 8-132

02 在【项目】面板空白处双击鼠标左键，然后在打开的对话框中选择所需的素材文件，并单击【打开】按钮导入，如图8-133所示。

图 8-133

03 选择菜单栏中的【文件】|【新建】|【黑场视频】命令，如图8-134所示。

图 8-134

也可以单击【项目】面板中的 ▦ （新建项），然后在弹出的菜单中选择【黑场视频】命令，如图8-135所示。

图 8-135

04 将【项目】面板中的【黑场视频】素材文件拖曳到V1轨道上，如图8-136所示。

图 8-136

05 在【效果】面板中搜索【渐变】效果，按住鼠标左键将其拖曳到V1轨道的【黑场视频】素材文件上，如图8-137所示。

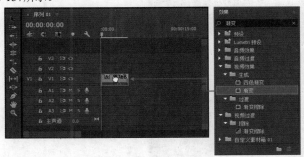

图 8-137

06 选择V1轨道上的【黑场视频】素材文件，在【效果控件】面板展开【渐变】栏，设置【渐变形状】为【径向渐变】。设置【渐变起点】为（349,288），【起始颜色】为"浅粉色"，【渐变终点】为（650,491），【结束颜色】为"浅粉色"，如图8-138所示。此时效果如图8-139所示。

读书笔记

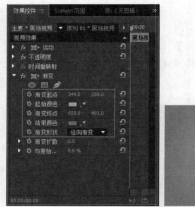

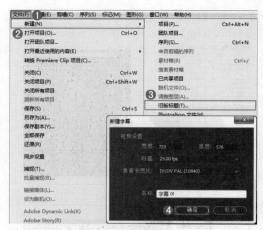

图 8-138　　　　　　图 8-139

图 8-143

07 将【项目】面板中的【边缘.png】素材文件拖曳到V2轨道上，如图8-140所示。

图 8-140

08 选择V2轨道上的【边缘.png】素材文件，在【效果控件】面板【运动】栏设置【缩放】为68，如图8-141所示，此时效果如图8-142所示。

图 8-144

图 8-141　　　　　　图 8-142

09 选择菜单栏中的【文件】|【新建】|【旧版标题】命令，在弹出的对话框中单击【确定】按钮，如图8-143所示。

10 在弹出的【字幕】面板中单击□（矩形工具），在字幕工作区中绘制一个矩形，并设置【旋转】为352°，【颜色】为"白色"。然后选中【阴影】复选框，设置【不透明度】为36%，【角度】为-188°，【距离】为26，【扩展】为65，如图8-144所示。

11 选择■（文字工具），在字幕工作区中输入文字【every body】，然后设置【旋转】为352°，【字体】为【Aharoni】，【字体大小】为41，【颜色】为"绿色"，并选择■（选择工具）进行适当移动，如图8-145所示。

图 8-145

12 关闭【字幕】面板，将【项目】面板中的【字幕01】素材文件拖曳到V3轨道上，如图8-146所示。

13 以此类推，复制出多个纸条文字并错落放置。此时，拖动播放指示器查看最终效果，如图8-147所示。

图 8-146

图 8-147

 答疑解惑：纸条的制作需要注意哪些问题？

在制作纸条时要将纸条制作成长条的形状，这样才符合纸条的含义。在制作纸条时可以制作出毛边和锯齿，也可以添加一些褶皱，用来表现不同环境下纸条的不同效果。纸条的颜色可以丰富多彩。根据需求可以调节成不同的颜色和字体。

★ **案例实战——制作广告宣传文字效果**

案例文件	案例文件\第8章\广告宣传文字.prproj
视频教学	视频文件\第8章\广告宣传文字.mp4
难易指数	★★★★★
技术要点	文字工具、矩形工具、描边属性的应用

案例效果

广告是为了某些特定的需要，通过各种形式的媒体，公开地、广泛地向公众传递信息的宣传手段。包括广告的文字宣传和影片宣传等。本例主要是针对"制作广告宣传文字效果"的方法进行练习，如图8-148所示。

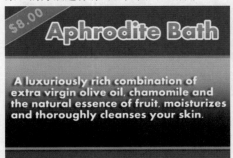

图 8-148

扫码看视频

8.4.3 制作广告宣传文字效果

操作步骤

01 选择【文件】|【新建】|【项目】命令，在弹出的【新建项目】对话框中设置【名称】，并单击【浏览】按钮设置保存路径。如图8-149所示。然后在【项目】面板空白处单击鼠标右键，在弹出的快捷菜单中选择【新建项目】|【序列】命令，在弹出的【新建序列】对话框中选择【DV-PAL】|【标准48kHz】选项，如图8-150所示。

图 8-149

图 8-150

02 选择菜单栏中的【文件】|【新建】|【颜色遮罩】命令，如图8-151所示。接着设置颜色为蓝色（R：49，G：108，B：149），如图8-152所示。

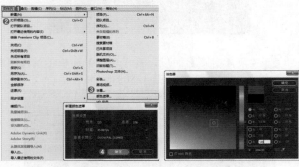

图 8-151   图 8-152

03 将【项目】面板中的【颜色遮罩】拖曳到V1轨道上，如图8-153所示。

第8章 文字效果

275

图 8-153

04 选择菜单栏中的【文件】|【新建】|【旧版标题】命令，在弹出的对话框中单击【确定】按钮，如图8-154所示。

图 8-154

05 在【字幕】面板中单击 T（文字工具），在字幕工作区中输入文字【Aphrodite Bath】，并设置【字体】为【Aharoni】，【字体大小】为84，【填充类型】为【线性渐变】，【颜色】为橙色和深橙色。接着单击【外描边】后面的【添加】超链接，并设置【大小】为45，如图8-155所示。

图 8-155

06 关闭【字幕】面板，将【项目】面板中的【字幕01】素材文件拖曳到V2轨道上，如图8-156所示。

图 8-156

07 新建字幕文件【字幕 02】，选择 ■（矩形工具），在字幕工作区中绘制一个矩形，并设置【填充类型】为【线性渐变】，【颜色】为灰色和深灰色。接着单击【外描边】后面的【添加】超链接，设置【填充类型】为【线性渐变】，【颜色】为橙色和黄色，如图8-157所示。

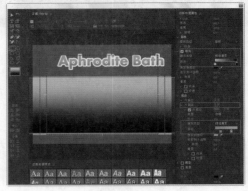

图 8-157

08 在【字幕】面板中单击 T（文字工具），在字幕工作区中输入文字，并设置【字体】为【Aharoni】，【字体大小】为41，【颜色】为白色。接着选中【阴影】复选框，并设置【角度】为-119°，如图8-158所示。

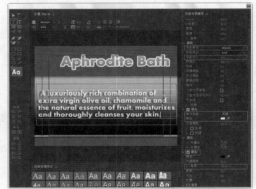

图 8-158

09 关闭【字幕】面板，然后将【项目】面板中的【字幕 02】素材文件拖曳到V3轨道上，如图8-159所示。

图 8-159

10 新建字幕文件【字幕 03】。选择 ■（矩形工具），在字幕工作区中绘制一个矩形，并设置【颜色】为红色。接着单击【内描边】后面的【添加】超链接，设置【颜色】为黄色，如图8-160所示。此时效果如图8-161所示。

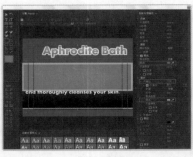

图 8-160　　　　　　图 8-161

11 在【字幕】面板中单击 T（文字工具），在字幕工作区中输入文字【$8.00】，并设置【字体】为Aharoni，【字体大小】为181，【颜色】为黄色，如图8-162所示。此时效果如图8-163所示。

图 8-162　　　　　　图 8-163

12 关闭【字幕】面板，将【项目】面板中的【字幕03】素材文件拖曳到V4轨道上，如图8-164所示。

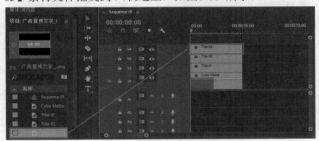

图 8-164

13 选择V4轨道上的【字幕 03】素材文件，在【效果控件】面板【运动】栏中设置【位置】为（75,47），【缩放】为40，【旋转】为-32°，如图8-165所示。此时，拖动播放指示器查看最终效果，如图8-166所示。

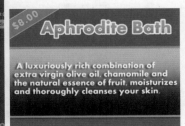

图 8-165　　　　　　图 8-166

☎ 答疑解惑：如何让广告宣传文字更具有吸引力？

　　首先要求广告宣传文字的颜色和层次分明。在制作文字广告时候要将重点突出表现出来，包括文字颜色等。这样才更加吸引人的注意力。可以根据产品的风格制作出符合的广告宣传文字效果。

8.4.4　制作三维空间文字

技术速查：为字幕添加描边效果，并设置【类型】为【深度】，即可模拟出类似三维空间的效果。

01 选择文字或图形，单击【外描边】后面的【添加】超链接。接着设置【类型】为【深度】，如图8-167所示。

02 继续设置文字或图形【外描边】下的【大小】和【角度】，并设置合适的【颜色】，如图8-168所示。

图 8-167

图 8-168

★ 案例实战——制作立体背景文字效果

案例文件	案例文件\第8章\立体背景文字.prproj
视频教学	视频文件\第8章\立体背景文字.mp4
难易指数	★★★★★
技术要点	矩形工具和描边效果的应用

案例效果

　　立方体的效果常给人力度和重量的感觉，为表达某物体代表文字的力度和视觉效果，可以在文字的基础上制造出立方体的效果。本例主要是针对"制作立体背景文字效果"的方法进行练习，如图8-169所示。

扫码看视频

8.4.4 制作立体背景文字效果

图 8-169

操作步骤

01 选择【文件】|【新建】|【项目】命令，在弹出的【新建项目】对话框中设置【名称】，并单击【浏览】按钮设置保存路径，如图8-170所示。然后在【项目】面板空白处单击鼠标右键，在弹出的快捷菜单中选择【新建项目】|【序列】命令，在弹出的【新建序列】对话框中选择【DV-PAL】|【标准48kHz】选项，如图8-171所示。

图 8-170

图 8-171

02 在【项目】面板空白处双击鼠标左键，然后在打开的对话框中选择所需的素材文件，并单击【打开】按钮导入，如图8-172所示。

03 将【项目】面板中的【书.jpg】素材文件拖曳到V1轨道上，如图8-173所示。

图 8-172

图 8-173

04 选择V1轨道上的【书.jpg】素材文件，在【效果控件】面板【运动】栏中设置【缩放】为53，如图8-174所示。此时效果如图8-175所示。

图 8-174　　　　　　　图 8-175

05 创建字幕，选择菜单栏中的【文件】|【新建】|【旧版标题】命令，在弹出的对话框中单击【确定】按钮，如图8-176所示。

06 在弹出的【字幕】面板中单击□（矩形工具），在字幕工作区中绘制一个矩形，并设置【颜色】为绿色。然后单击【描边】下【内描边】后面的【添加】超链接，接着设置【大小】为8，【颜色】为黄色，如图8-177所示。

图 8-176

图 8-177

07 单击【外描边】后面的【添加】超链接，然后设置【类型】为【深度】，【大小】为52，【角度】为165°，设置【填充类型】为【线性渐变】，【颜色】为浅绿色和深绿色，【角度】为140°，如图8-178所示。

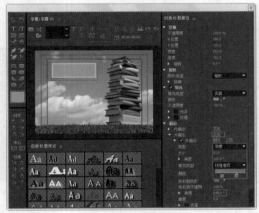
图 8-178

08 选择 T（文字工具），在字幕工作区中输入文字【读书】，然后设置【字体系列】为【方正毡笔黑简体】，【字体大小】为114，【颜色】为红色，如图8-179所示。

图 8-179

09 单击【外描边】后面的【添加】超链接，然后设置【大小】为38，【颜色】为白色，如图8-180所示。

10 此时，拖动播放指示器查看最终效果，如图8-181所示。

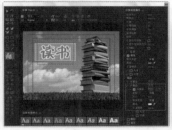
图 8-180

图 8-181

 答疑解惑：可以调节立方体的颜色和大小吗？

可以调节，在【字幕属性】面板的【外描边】中调整颜色和角度可以得到各种立方体效果。同样，文字的颜色也可以随意更换。

也可以改变立方体形状，在字幕工作区绘制不同形状的图形，然后填充并添加外描边就可以制作出各种不同形状的三维图形。

★ **案例实战——制作三维文字效果**

案例文件	案例文件\第8章\三维文字.prproj
视频教学	视频文件\第8章\三维文字.mp4
难易指数	★★★★★
技术要点	光照效果、描边和阴影效果的应用

案例效果

三维是指在平面二维系中又加入了一个方向向量构成的空间系，在这里可以通过添加深度描边效果模拟出类似三维的效果。本例主要是针对"制作三维文字效果"的方法进行练习，如图8-182所示。

扫码看视频

8.4.4 制作三维文字效果

图 8-182

操作步骤

01 选择【文件】|【新建】|【项目】，在弹出的【新建项目】对话框中设置【名称】，并单击【浏览】按钮设置保存路径，如图8-183所示。然后在【项目】面板空白处单击鼠标右键，在弹出的快捷菜单中选择【新建项目】|【序列】命令，在弹出的【新建序列】对话框中选择【DV-

PAL】|【标准48kHz】选择，如图8-184所示。

图 8-183

图 8-184

02 在【项目】面板空白处双击鼠标左键，然后在打开的对话框中选择所需的素材文件，并单击【打开】按钮导入，如图8-185所示。

图 8-185

03 将【项目】面板中的【背景.jpg】素材文件拖曳到V1轨道上，如图8-186所示。

图 8-186

04 在【效果】面板中搜索【光照效果】，按住鼠标左键将其拖曳到V1轨道的【背景.jpg】素材文件上，如图8-187所示。

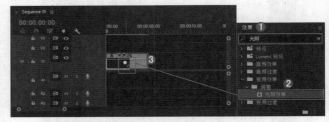

图 8-187

05 选择V1轨道上的【背景.jpg】素材文件，在【效果控件】面板展开【光照效果】栏，设置【光照类型】为【点光源】，【主要半径】为20，【角度】为1×11°，【强度】为21，【焦距】为-14，【环境光照强度】为45，【曝光度】为-4，如图8-188所示。此时效果，如图8-189所示。

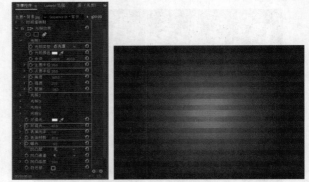

图 8-188   图 8-189

06 选择菜单栏中的【文件】|【新建】|【旧版标题】命令，在弹出的对话框中单击【确定】按钮，如图8-190所示。

07 在【字幕】面板中单击 T（文字工具），在字幕工作区中输入文字【STAR】，接着设置【字体系列】为【Aharoni】，【字体大小】为224，【填充类型】为【线性渐变】。然后将【颜色】分别设置为橙色、蓝色、紫色和绿色，如图8-191所示。

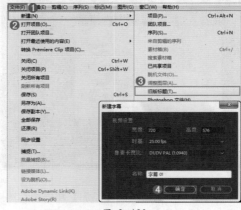

图 8-190

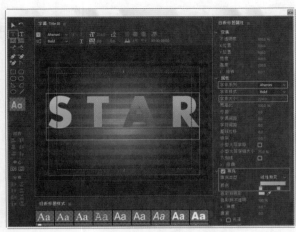

图 8-191

08 单击【外描边】后面的【添加】超链接，并设置【类型】为【深度】，【大小】为51，【填充类型】为【线性渐变】。然后将【颜色】分别按照字体颜色设置为渐变色。接着选中【阴影】复选框，并设置【角度】为77°，【距离】为31，【大小】为29，【扩展】为92，如图8-192所示。

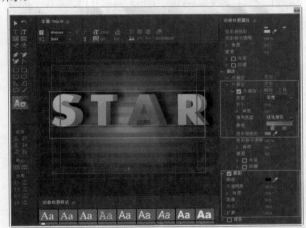

图 8-192

09 关闭【字幕】面板，然后将【项目】面板中的【Title 01】素材文件拖曳到V2轨道上，如图8-193所示。

图 8-193

10 用同样的方法制作出【Title 02】，并选中【填充】栏中的【光泽】复选框，然后设置【不透明度】为81%，【大小】为45，【角度】为14°，【偏移】为23°，如图8-194所示。

图 8-194

11 将【项目】面板中的【星星.png】素材文件同样拖曳到V4轨道上，如图8-195所示。

图 8-195

12 选择V4轨道上的【星星.png】素材文件，在【效果控件】面板【运动】栏中设置【缩放】为65，如图8-196所示。此时，拖动播放指示器查看最终效果，如图8-197所示。

图 8-196

图 8-197

 答疑解惑：三维效果在广告设计中产生的影响有哪些？

三维效果是广告市场的新媒体、新感觉、新潮流，立体文字广告的出现是广告行业一道亮丽的风景线。立体视觉的广告画面立体逼真，仿佛触手可及，给人们带来强烈的视觉冲击，从而产生强大的广告效应。

人眼对光影、明暗、虚实的感觉得到立体的感觉，而没有利用双眼的立体视觉，一只眼看和两只眼看都是一样的。

8.4.5 绘制字幕图案

技术速查：在【字幕】面板中利用钢笔工具等绘制图案，并通过调整其属性参数可以得到不同的画面效果。

案例效果

形体结构是图案中最基本的要素，而且会以比较简易的结构表现出物体的形象。本例主要是针对"制作简易图案效果"的方法进行练习，如图8-198所示。

扫码看视频

8.4.5 制作简易
图案效果

图 8-198

操作步骤

01 选择【文件】|【新建】|【项目】命令，在弹出的【新建项目】对话框中设置【名称】，并单击【浏览】按钮设置保存路径，如图8-199所示。然后在【项目】面板空白处单击鼠标右键，在弹出的快捷菜单中选择【新建项目】|【序列】命令，在弹出的【新建序列】对话框中选择【DV-PAL】|【标准48kHz】选项，如图8-200所示。

图 8-199

图 8-200

02 在【项目】面板空白处双击鼠标左键，然后在打开的对话框中选择所需的素材文件，并单击【打开】按钮导入，如图8-201所示。

图 8-201

03 将【项目】面板中的【1.jpg】素材文件拖曳到V1轨道上，如图8-202所示。

图 8-202

04 选择V1轨道上的【1.jpg】素材文件，在【效果控件】面板【运动】栏中设置【缩放】为23，如图8-203所示。此时效果如图8-204所示。

图 8-203

图 8-204

05 选择菜单栏中的【文件】|【新建】|【旧版标题】命令，在弹出的对话框中单击【确定】按钮，如图8-205所示。

06 在【字幕】面板中选择 （钢笔工具），然后单击鼠标左键绘制出蝴蝶形状的闭合曲线，并使用 （转换锚点工具）调节形状。接着设置【颜色】为浅绿色，最后选中【阴影】复选框，如图8-206所示。

图 8-205

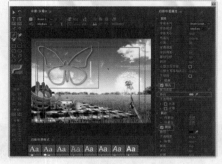

图 8-206

07 单击 T（文字工具），在字幕工作区中输入文字【butterfly】，接着设置【字体系列】为【Brush Script Std】，【字体大小】为110.8，【颜色】为浅绿色，然后选中【阴影】复选框如图8-207所示。

图 8-207

 技巧提示

Premiere中的文字显示不正确

　　在Premiere中制作文字非常简单，但是很容易出现一些问题。例如，有的时候打开一个项目文件，由于该计算机中没有制作该项目时使用的字体，那么会造成字体的缺失或显示不正确。因此建议读者在复制文件时，也将使用过的字体进行复制，并将字体安装到使用的计算机中，这样就不会出现文字显示不正确的问题了。

　　如图8-208所示为字体不正确和正确的对比效果。

图 8-208

08 关闭【字幕】面板，将【项目】面板中的【字幕01】素材文件拖曳到V2轨道上，如图8-209所示。

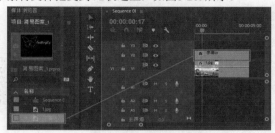

图 8-209

09 在【效果】面板中搜索【滑动】视频过渡效果，按住鼠标左键将其拖曳到V2轨道的【字幕01】素材文件上，如图8-210所示。

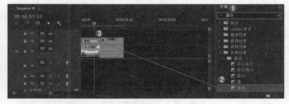

图 8-210

10 此时，拖动播放指示器查看效果，如图8-211所示。

图 8-211

 答疑解惑：绘制简易图案的方法有哪些？

　　绘制简易图案，需要了解所绘图案的主要特征。然后在绘制时凸显出来，尽可能用少量的线条绘制。

　　图案的细节特点，有的明显，有的却不大明显，通过比较，同中求异，可以运用夸张的方法把各种物体的细节特点表现得鲜明突出。例如，在画树的时候，树冠和枝干相似，就可以突出树叶或花果的不同特点，加以适当夸张。

★ 案例实战——制作积雪文字效果

案例文件	案例文件\第8章\积雪文字.prproj
视频教学	视频文件\第8章\积雪文字.mp4
难易指数	★★★★★
技术要点	文字工具、外部描边、阴影、钢笔工具和快速模糊效果的

案例效果

覆盖在物体表面的雪叫作积雪，积雪会因为物体的表面形状而形成高低不平的效果。本例主要是针对"制作积雪文字效果"的方法进行练习，如图8-212所示。

扫码看视频

8.4.5 制作积雪
文字效果

图 8-212

操作步骤

01 选择【文件】|【新建】|【项目】命令，在弹出的【新建项目】对话框中设置【名称】，并单击【浏览】按钮设置保存路径，如图8-213所示。然后在【项目】面板空白处单击鼠标右键，在弹出的快捷菜单中选择【新建项目】|【序列】命令，在弹出的【新建序列】对话框中选择【DV-PAL】|【标准48kHz】选项，如图8-214所示。

图 8-213

图 8-214

02 在【项目】面板空白处双击鼠标左键，然后在打开的对话框中选择所需的素材文件，并单击【打开】按钮导入，如图8-215所示。

图 8-215

03 将【项目】面板中的【背景.jpg】素材文件拖曳到V1轨道上，如图8-216所示。

图 8-216

04 选择V1轨道上的【背景.jpg】素材文件，在【效果控件】面板【运动】栏中设置【缩放】为66，如图8-217所示。此时效果如图8-218所示。

图 8-217　　　　　　图 8-218

05 选择菜单栏中的【文件】|【新建】|【旧版标题】命令，在弹出的对话框中单击【确定】按钮，如图8-219所示。

06 单击 **T**（文字工具），在字幕工作区中输入文字【SNOW】，并设置【字体系列】为【Aharoni】，【字体大小】为216，【填充类型】为【线性渐变】，接着分别设置每个字母的【颜色】，如图8-220所示。

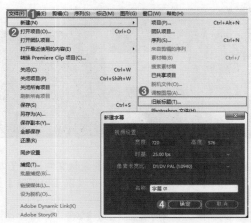

图 8-219

图 8-220

07 选择文字，单击【外描边】后面的【添加】超链接，设置【类型】为【深度】，【大小】为37，【角度】为173°，【填充类型】为【线性渐变】。分别设置每个字母的外描边【颜色】。最后设置【角度】为19°，如图8-221所示。

图 8-221

08 选择文字，然后选中【阴影】复选框，设置【角度】为-150°，【距离】为28，【扩展】为100，如图8-222所示。

图 8-222

09 关闭【字幕】面板，将【项目】面板中的【字幕01】素材文件拖曳到V2轨道上，如图8-223所示。

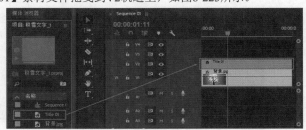

图 8-223

10 选择菜单栏中的【文件】|【新建】|【旧版标题】命令，在弹出的对话框中单击【确定】按钮，如图8-224所示。

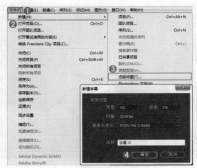

图 8-224

11 在【字幕】面板中单击 ✐（钢笔工具），然后单击鼠标左键绘制落雪效果的轮廓，并使用 ▶（转换锚点工具）调节形状，如图8-225所示。此时效果如图8-226所示。

图 8-225

图 8-226

12 选择所有绘制出的闭合曲线，设置【线宽】为20，【颜色】为白色，如图8-227所示。此时效果，如图8-228所示。

图 8-227

图 8-228

13 关闭【字幕】面板，将【项目】面板中的【Title 02】素材文件拖曳到V3轨道上，如图8-229所示。

图 8-229

14 在【效果】面板中搜索【快速模糊】效果，按住鼠标左键将其拖曳到V3轨道的【Title 02】素材文件上，如图8-230所示。

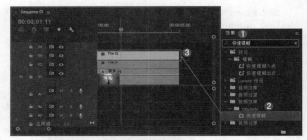

图 8-230

15 选择V3轨道上的【Title 02】素材文件，在【效果控件】面板中展开【快速模糊】栏，并设置【模糊度】为5，如图8-231所示。

16 此时，拖动播放指示器查看最终效果，如图8-232所示。

图 8-231　　　　　　　图 8-232

📞 答疑解惑：为什么在文字上的积雪添加模糊效果？

因为雪在自然中会反光，会融化，所以透过雪看物体时会有一种朦胧且模糊的感觉。为了模拟这一感觉，给制作的积雪添加一些模糊效果。在制作落雪形状时，要根据文字的高低起伏变化而变化，做出积雪高低不平的效果。

8.4.6　文字混合模式应用

技术速查：在文字制作完成后，可以在文字素材的【效果控件】面板中调整混合模式。与背景图案结合，可以制作出多种特殊的文字效果。

选择【时间轴】面板中的字幕素材，然后在【效果控件】面板中即可调整其混合模式，如图8-233所示。

图 8-233

★ 案例实战——制作光影文字效果

案例文件	案例文件\第8章\光影文字.prproj
视频教学	视频教学\第8章\光影文字.mp4
难易指数	★★★★★
技术要点	文字工具、亮度与对比度、混合模式效果的应用

案例效果

各种颜色的叠加和灯光的效果可以制作出各种色彩独特的特殊效果。光与影的互相搭配产生出各种各样的绚丽效果。本例主要是针对"制作光影文字效果"的方法进行练习，如图8-234所示。

扫码看视频

8.4.6 制作光影
文字效果

图 8-234

操作步骤

01 选择【文件】|【新建】|【项目】命令，在弹出的【新建项目】对话框中设置【名称】，并单击【浏览】按钮设置保存路径，如图8-235所示。然后在【项目】面板空白处单击鼠标右键，在弹出的快捷菜单中选择【新建项目】|【序列】命令，在弹出的【新建序列】对话框中选择【DV-PAL】|【标准48kHz】选择，如图8-236所示。

图 8-235

图 8-236

02 在【项目】面板空白处双击鼠标左键，然后在打开的对话框中选择所需的素材文件，并单击【打开】按钮导入，如图8-237所示。

图 8-237

03 将【项目】面板中的【01.jpg】素材文件拖曳到V1轨道上，如图8-238所示。

图 8-238

04 在【效果】面板中搜索【亮度与对比度】效果，按住鼠标左键将其拖曳到V1轨道的【01.jpg】素材文件上，如图8-239所示。

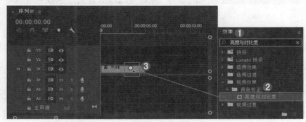

图 8-239

05 选择V1轨道上的【01.jpg】素材文件，在【效果控件】面板【运动】栏中设置【缩放】为66，展开【亮度与对比度】栏，设置【亮度】为16，【对比度】为19，如图8-240所示。此时效果如图8-241所示。

图 8-240 　　　　　　　　 图 8-241

06 将【项目】面板中的【02.png】素材文件拖曳到V6轨道上，如图8-242所示。

图 8-242

07 选择V6轨道上的【02.png】素材文件，在【效果控件】面板【运动】栏中设置【缩放】为63，在【不透明度】栏设置【混合模式】为【变亮】，如图8-243所示。此时效果如图8-244所示。

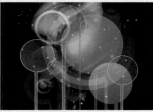

图 8-243　　　　　　图 8-244

08 选择菜单栏中的【文件】|【新建】|【旧版标题】命令，在弹出的对话框中单击【确定】按钮，如图8-245所示。

09 在【字幕】面板中单击 **T**（文字工具），在字幕工作区输入文字B，接着设置【字体系列】为Arial，【字体样式】为【Bold】，【字体大小】为140，【填充类型】为【线性渐变】，【颜色】为白色和蓝色，【角度】为321°，如图8-246所示。

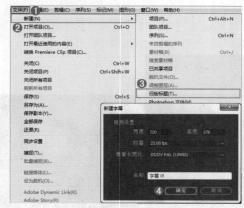

图 8-245

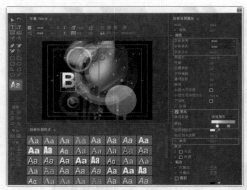

图 8-246

10 关闭【字幕】面板，将【项目】面板中的【Title 01】素材文件拖曳到V2轨道上，如图8-247所示。

图 8-247

11 选择【Title 01】素材文件，在【效果控件】面板【不透明度】栏设置【混合模式】为【差值】，如图8-248所示。此时效果如图8-249所示。

图 8-248　　　　　　图 8-249

12 以此类推，制作出【Title 02】【Title 03】和【Title 04】，然后分别拖曳到V3、V4和V5轨道上，如图8-250所示。

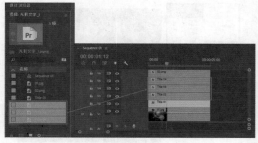

图 8-250

13 分别在【效果控件】面板【不透明度】栏设置【Title 02】【Title 03】【Title 04】的【混合模式】为【变亮】，如图8-251所示。此时，拖动播放指示器查看最终效果，如图8-252所示。

图 8-251　　　　　　图 8-252

 答疑解惑：文字与光影效果搭配应该注意哪些问题？

文字与光影效果搭配需要注意文字与效果的一致性，包括字体和字体颜色。尽可能地使其融入其中。

8.4.7 文字与视频特效的结合

技术速查：在文字制作完成后，可以将【效果】面板中的各种效果添加到文字素材上，从而制作出精美的文字效果。

在【效果】面板中选择某一视频效果，然后将该效果拖曳到【时间轴】面板中的文字素材上，如图8-253所示。

图 8-253

★ 案例实战——制作光晕背景文字效果

案例文件	案例文件\第8章\光晕背景文字.prproj
视频教学	视频文件\第8章\光晕背景文字.mp4
难易指数	★★★★★
技术要点	黑场、镜头光晕、轨道遮罩键、亮度与对比度效果的应用

案例效果

图像的色彩朦胧且有光线照入时的影像，给人一种梦幻的感觉。由于图像的不确定性，制造出了一个带给人们可供领悟、体会、选择的空间。本例主要是针对"制作光晕背景文字效果"的方法进行练习，如图8-254所示。

扫码看视频

8.4.7 制作光晕
背景文字效果

图 8-254

操作步骤

01 选择【文件】|【新建】|【项目】命令，在弹出的【新建项目】对话框中设置【名称】，并单击【浏览】按钮设置保存路径，如图8-255所示。然后在【项目】面板空白处单击鼠标右键，在弹出的快捷菜单中选择【新建项目】|【序列】命令，在会弹出的【新建序列】对话框中选择【DV-PAL】|【标准48kHz】选项，如图8-256所示。

图 8-255

图 8-256

02 在【项目】面板空白处双击鼠标左键，然后在打开的对话框中选择所需的素材文件，并单击【打开】按钮导入，如图8-257所示。

03 将【项目】面板中的【背景.jpg】素材文件拖曳到V1轨道上，如图8-258所示。

图 8-257

图 8-258

04 在【效果】面板中搜索【亮度与对比度】效果，按住鼠标左键将其拖曳到V1轨道的【背景.jpg】素材文件上，如图8-259所示。

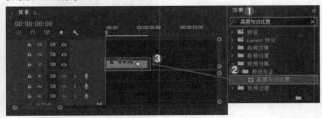

图 8-259

05 选择V1轨道上的【背景.jpg】素材文件，在【效果控件】面板【运动】栏中设置【缩放】为66。展开【亮度与对比度】效果，并设置【亮度】为-58，【对比度】为-4，如图8-260所示。此时效果如图8-261所示。

图 8-260　　　　　图 8-261

06 选择菜单栏中的【文件】|【新建】|【黑场视频】命令，在弹出的对话框中单击【确定】按钮，如图8-262所示。

07 将【项目】面板中的【黑场视频】素材文件拖曳到V2轨道上，如图8-263所示。

图 8-262

图 8-263

08 在【效果】面板中搜索【镜头光晕】效果，按住鼠标左键将其拖曳到V2轨道的【黑场视频】素材文件上，如图8-264所示。

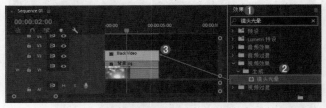

图 8-264

09 选择V2轨道上的【黑场视频】素材文件，在【效果控件】面板【不透明度】栏中设置【混合模式】为【滤色】。接着打开【镜头光晕】栏，设置【光晕中心】为(25,37)，【镜头亮度】为126%，【镜头类型】为【105毫米定焦】，如图8-265所示。此时效果如图8-266所示。

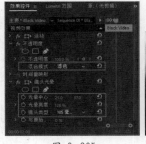

图 8-265　　　　　图 8-266

10 将V1轨道上的【背景.jpg】素材文件复制一份到V3轨道上，如图8-267所示。

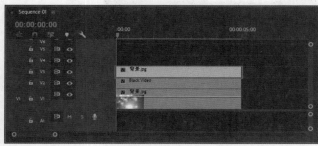

图 8-267

11 选择V3轨道上的【背景.jpg】素材文件，展开【效果控件】面板中的【亮度与对比度】栏，设置【亮度】为-100，【对比度】为-20，如图8-268所示。此时效果如图8-269所示。

图 8-268　　　　　图 8-269

12 创建字幕，选择菜单栏中的【文件】|【新建】|【旧版标题】命令，在弹出的对话框中单击【确定】按钮，如图8-270所示。

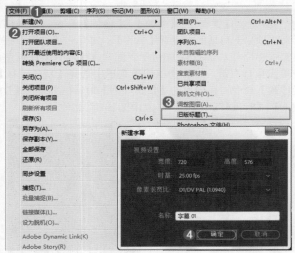

图 8-270

13 单击 **T** （文字工具），在字幕工作区中输入文字Love never dies，然后设置【字体系列】为Arial，【行距】为25，【颜色】为白色，如图8-271所示。

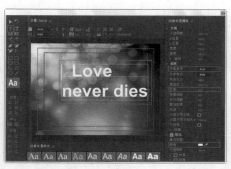

图 8-271

14 关闭【字幕】面板，将【项目】面板中的【字幕01】素材文件拖曳到V4轨道上，如图8-272所示。

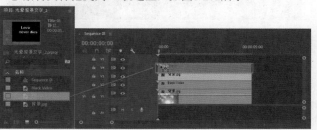

图 8-272

15 在【效果】面板中搜索【轨道遮罩键】效果，按住鼠标左键将其拖曳到V3轨道的【背景.jpg】素材文件上，如图8-273所示。

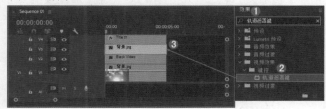

图 8-273

16 选择V3轨道上的【背景.jpg】素材文件，在【效果控件】面板展开【轨道遮罩键】栏，设置【遮罩】为【视频4】，如图8-274所示。此时效果如图8-275所示。

图 8-274　　　　　图 8-275

17 新建字幕文件【字幕 02】。单击 **T** （文字工具），在字幕工作区中输入文字【If I know what】，然后设置【字体系列】为【Arial】，【字体大小】为79，【颜色】

为白色，如图8-276所示。

图 8-276

[18] 以此类推，制作出更多的字幕并错落放置。此时，拖动播放指示器查看最终效果，如图8-277所示。

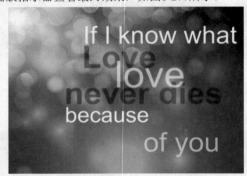

图 8-277

 答疑解惑：光晕背景所表现的效果是什么？

光晕背景效果侧重表达某些对象的不确定性，给人们留下想象的空间。轮廓模糊不清，强调难以辨认的效果。根据色调的变化制作出冷暖对比效果，还可以调节光线的进入方向，制作出更多光线效果。

★ 案例实战——制作火焰金属文字效果

案例文件	案例文件\第8章\火焰金属文字.prproj
视频教学	视频教学\第8章\火焰金属文字.mp4
难易指数	★★★★★
技术要点	文字工具、混合模式、斜面Alpha效果的应用

案例效果

文字的不同颜色和效果对应不同的环境，例如，蓝天和白云采用蓝色搭配白色给人清新自然的感觉。文字的不同颜色对应不同的环境感觉，文字的厚度效果还可以给人力量感和庄重感。本例主要是针对"制作火焰金属文字效果"的方法进行练习，如图8-278所示。

8.4.7 制作火焰金属文字效果

图 8-278

PROMPT 技巧提示

Logo（标志）的设计方法

在本案例中使用了字母作为Logo。字母设计在Logo设计中常以夸张的手法进行再现，运用各种对字母的变形赋予Logo不同的含义及内容，使Logo更加具有内涵，引起人们对其的兴趣与关注，赢得人们的喜爱与欣赏，起到对产品及品牌的推广作用，达到对品牌的宣传目的，使人以深刻印象，如图8-279所示。

图 8-279

操作步骤

[01] 选择【文件】|【新建】|【项目】命令，在弹出的【新建项目】对话框中设置【名称】，并单击【浏览】按钮设置保存路径，如图8-280所示。然后在【项目】面板空白处单击鼠标右键，在弹出的快捷菜单中选择【新建项目】|【序列】命令，在弹出的【新建序列】对话框中选择【DV-PAL】|【标准48kHz】选项，如图8-281所示。

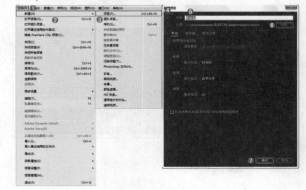

图 8-280

図 8-281

02 在【项目】面板空白处双击鼠标左键，然后在打开的对话框中选择所需的素材文件，并单击【打开】按钮导入，如图8-282所示。

03 将【项目】面板中的【金属.jpg】素材文件拖曳到V1轨道上，如图8-283所示。

図 8-282

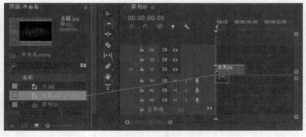

図 8-283

04 选择V1轨道上的【金属.jpg】素材文件，在【效果控件】面板【运动】栏中设置【位置】为（366,291），【缩放】为37，如图8-284所示。此时效果如图8-285所示。

図 8-284

図 8-285

05 将【项目】面板中的【火.jpg】素材文件拖曳到V4轨道上，如图8-286所示。

図 8-286

技巧提示

因为接下来制作的文字要在【火.jpg】素材文件的下面，所以将【火.jpg】素材文件拖曳到V4轨道上。

06 选择V4轨道上的【火.jpg】素材文件，在【效果控件】面板【运动】栏中设置【缩放】为40，在【不透明度】栏设置【混合模式】为【滤色】，如图8-287所示。此时效果如图8-288所示。

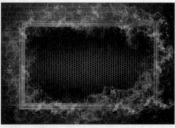

図 8-287   図 8-288

07 选择菜单栏中的【文件】|【新建】|【旧版标题】命令，在弹出的对话框中单击【确定】按钮，如图8-289所示。

08 单击（文字工具），在字幕工作区中输入文字，并设置【字体系列】为【FZCuQian-M17S】，【字体大小】为203，【填充类型】为【线性渐变】，【颜色】为黄色和深黄色。接着选中【光泽】复选框，设置【颜色】为黄色，【大小】为32，【偏移】为30，如图8-290所示。

读书笔记

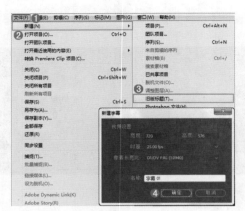

图 8-289

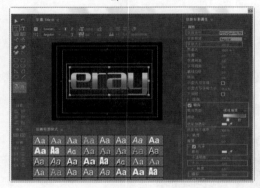

图 8-290

09 关闭【字幕】面板,将【项目】面板中的【字幕01】素材文件拖曳到V2轨道上,如图8-291所示。

图 8-291

10 在【效果】面板中搜索【斜面Alpha】效果,按住鼠标左键将其拖曳到V2轨道的【字幕01】素材文件上,如图8-292所示。

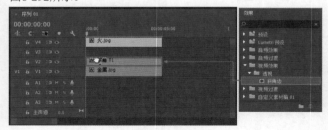

图 8-292

11 选择V2轨道上的【字幕01】素材文件,在【效果控件】面板展开【斜面Alpha】效果,设置【边缘厚度】为1.5,【光照角度】为90°,【光照强度】为0.3,如图8-293

所示。此时效果如图8-294所示。

图 8-293   图 8-294

12 以同样的方法制作出【字幕02】,并放置在V3轨道上。此时,拖动播放指示器查看最终效果,如图8-295所示。

图 8-295

 答疑解惑:火焰金属文字的特点有哪些?

火焰金属文字可以色彩绚丽,效果醒目,而且可以有反光的效果。

在制作金属文字时,为文字添加斜角效果,让文字更有立体感。还可以根据光线的不同方向调整反光的角度和偏移。

★ 案例实战——制作彩板文字效果

案例文件	案例文件\第8章\彩板文字.prproj
视频教学	视频文件\第8章\彩板文字.mp4
难易指数	★★★★
技术要点	文字工具、渐变、边角定位、斜面Alpha效果的应用

案例效果

文字的各种创意搭配,常常给人意想不到的效果,如彩色的背景搭配统一色调的文字等。本例主要是针对"制作彩板文字效果"的方法进行练习,如图8-296所示。

图 8-296

扫码看视频

8.4.7 制作彩板文字效果

操作步骤

`01` 选择【文件】|【新建】|【项目】命令，在弹出的【新建项目】对话框中设置【名称】，并单击【浏览】按钮设置保存路径，如图8-297所示。然后在【项目】面板空白处单击鼠标右键，在弹出的快捷菜单中选择【新建项目】|【序列】命令，在弹出的【新建序列】对话框中选择【DV-PAL】|【标准48kHz】选项，如图8-298所示。

图 8-297

图 8-298

`02` 选择菜单栏中的【文件】|【新建】|【黑场视频】命令，在弹出的对话框中单击【确定】按钮，如图8-299所示。

`03` 将【项目】面板中的【黑场视频】素材文件拖曳到V1轨道上，如图8-300所示。

图 8-299

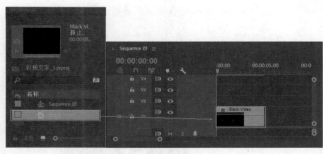

图 8-300

`04` 在【效果】面板中搜索【渐变】效果，按住鼠标左键将其拖曳到V1轨道的【黑场视频】素材文件上，如图8-301所示。

图 8-301

`05` 选择V1轨道上的【黑场视频】素材文件，在【效果控件】面板设置【渐变】栏中的【渐变形状】为【径向渐变】。接着设置【渐变起点】为（360,288），【起始颜色】为灰色，【结束颜色】为黑色，如图8-302所示。此时效果如图8-303所示。

图 8-302　　　　　　　　　图 8-303

`06` 选择菜单栏中的【文件】|【新建】|【旧版标题】命令，在弹出的对话框中设置【名称】为【紫色】，然后单击【确定】按钮，如图8-304所示。

`07` 选择 □（矩形工具），在字幕工作区中绘制一个矩形，并设置【填充类型】为【线性渐变】，【颜色】为深紫色和紫色，【角度】为270°，如图8-304所示。此时效果如图8-305所示。

读书笔记

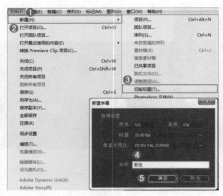

图 8-304

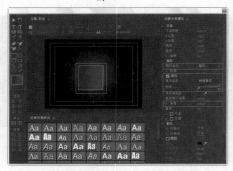

图 8-305

08 单击 T（文字工具），在字幕工作区中输入文字【C】，接着设置【字体系列】为【Arial】，【字体大小】为210，【颜色】为白色，如图8-306所示。

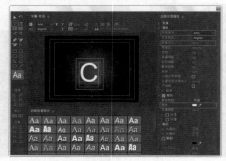

图 8-306

09 关闭【字幕】面板，将【项目】面板中的【紫色】素材文件拖曳到V2轨道上，如图8-307所示。

图 8-307

10 在【效果】面板中搜索【斜面Alpha】效果，按住鼠标左键将其拖曳到V2轨道的【紫色】素材文件上，如图8-308所示。

图 8-308

11 选择V2轨道上的【紫色】素材文件，在【效果控件】面板展开【斜面Alpha】栏，设置【边缘厚度】为10，【光照角度】为44°，如图8-309所示。此时效果如图8-310所示。

图 8-309

图 8-310

12 在【效果】面板中搜索【边角定位】效果，按住鼠标左键将其拖曳到V2轨道的【紫色】素材文件上。如图8-311所示。

图 8-311

13 选择V2轨道上的【紫色】素材文件，在【效果控件】面板【运动】栏中设置【位置】为（700,288）。展开【边角定位】栏，设置【左上】为（0,58），【右上】为（720,-69），【左下】为（0,506），【右下】为（720,651），如图8-312所示。此时效果如图8-313所示。

读书笔记

图 8-312　　　　　　　　图 8-313

14 以此类推,制作出【蓝色】【绿色】【橙色】【红色】4个彩板文字素材,并依次将其拖曳到【时间轴】面板中的V3、V4、V5、V6轨道上。此时拖动时间线滑块查看最终效果,如图8-314所示。

图 8-314

 答疑解惑:彩板文字搭配的方法有哪些?

主要表现在彩板的颜色和文字能否协调,一张彩板给人孤立且单薄的感觉,所以多种色彩的搭配,给人耳目一新的多彩感受。背板的不同效果和颜色需要搭配不同的字体。例如有立体感的方形彩板可以搭配比较正式和端庄风格的字体。

★ **案例实战——制作网格文字效果**

案例文件	案例文件\第8章\网格文字.prproj
视频教学	视频文件\第8章\网格文字.mp4
难易指数	★★★★★
技术要点	渐变、文字工具、描边和网格效果的应用

案例效果

文字上常常赋予不同的图案来彰显个性。由此可见在文字上添加不同的图案可以表现出不同的效果。本例主要是针对"制作网格文字效果"的方法进行练习,如图8-315所示。

扫码看视频

8.4.7 制作网格文字效果

图 8-315

操作步骤

01 选择【文件】|【新建】|【项目】,在弹出的【新建项目】对话框中设置【名称】,并单击【浏览】按钮设置保存路径,如图8-316所示。然后在【项目】面板空白处单击鼠标右键,在弹出的快捷菜单中选择【新建项目】|【序列】命令,在弹出的【新建序列】对话框中选择【DV-PAL】|【标准48kHz】选择,如图8-317所示。

图 8-316

图 8-317

02 选择菜单栏中的【文件】|【新建】|【黑场视频】命令,在弹出的对话框中单击【确定】按钮,如图8-318所示。

03 将【项目】面板中的【黑场视频】素材文件拖曳到V1轨道上，如图8-319所示。

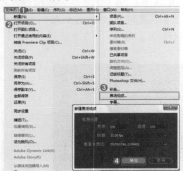

图 8-318

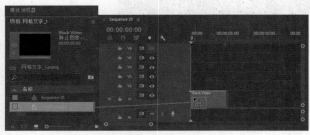

图 8-319

04 在【效果】面板中搜索【渐变】效果，按住鼠标左键将其拖曳到V1轨道的【黑场视频】素材文件上，如图8-320所示。

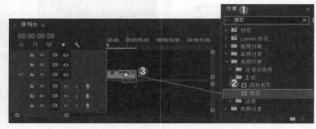

图 8-320

05 选择V1轨道上的【黑场视频】素材文件，在【效果控件】面板展开【渐变】，设置【起始颜色】为蓝色，【渐变终点】为（360，370），【结束颜色】为蓝黑色，【渐变形状】为【线性渐变】，如图8-321所示。此时效果如图8-322所示。

图 8-321   图 8-322

06 选择菜单栏中的【文件】|【新建】|【旧版标题】命令，在弹出的对话框中单击【确定】按钮，如图8-323所示。

07 在【字幕】面板中单击 T （文字工具），在字幕工作区中输入文字Davi，接着设置【字体系列】为【Chaparral Pro】，【字体大小】为233，【颜色】为红色，如图8-324所示。

图 8-323

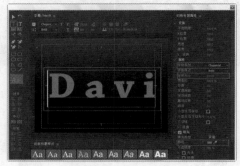

图 8-324

08 单击【外描边】后面的【添加】超链接，设置【大小】为32，【填充类型】为【线性渐变】，【颜色】为浅红色和深红色。接着选中【光泽】复选框，设置【大小】为24，【偏移】为-51，如图8-325所示。

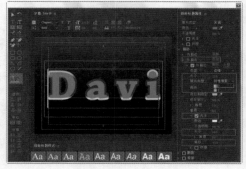

图 8-325

09 关闭【字幕】面板，将【项目】面板中的【字幕01】素材文件拖曳到V2轨道上，如图8-326所示。

图 8-326

10 将【项目】面板中的【字幕 01】素材文件复制出一份，并重命名为【字幕 02】，然后拖曳到V3轨道上，如图8-327所示。

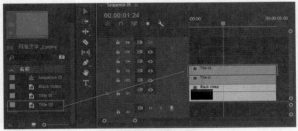

图 8-327

11 双击打开【字幕 02】素材文件，重新设置【颜色】为白色和深红色，【光泽】下的【大小】为29，【偏移】为-20，如图8-328所示。

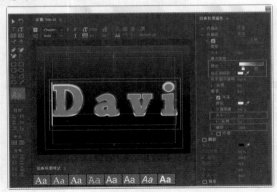

图 8-328

12 将【项目】面板中的【字幕 01】素材文件复制出一份，并重命名为【字幕 03】，然后拖曳到V4轨道上，如图8-329所示。

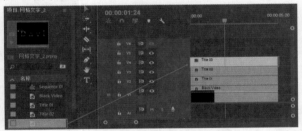

图 8-329

13 双击打开【字幕 03】素材文件，重新设置【颜色】

为红色和深红色，【光泽】下的【大小】为31，【偏移】为-37。单击【内描边】后面的【添加】超链接，然后设置【大小】为6，【不透明度】为70%，如图8-330所示。此时效果如图8-331所示。

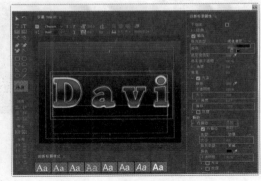

图 8-330

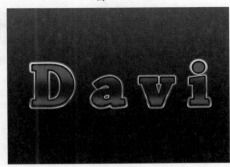

图 8-331

14 在【效果】面板中搜索【网格】效果，按住鼠标左键将其拖曳到V4轨道的【字幕 03】素材文件上，如图8-332所示。

图 8-332

15 选择V4轨道上的【字幕 03】素材文件，在【效果控件】面板展开【网格】栏，设置【大小依据】为【宽度滑块】，【宽度】为3，【边框】为2，【混合模式】为【相加】，如图8-333所示。此时，拖动播放指示器查看最终效果，如图8-334所示。

 读书笔记

第 8 章

fres

文字效果

图 8-333   图 8-334

图 8-336

 答疑解惑：【网格】效果还可以制作
出哪些效果？

　　【网格】效果即在素材上添加一个栅格，通过调
节网格数量、透明度和叠加方式来产生特殊的效果。例
如，可以制作出铁丝网的效果，还可以制作出棋盘格效
果等。

★ **案例实战——制作星光文字效果**

案例文件	案例文件\第8章\星光文字.prproj
视频教学	视频文件\第8章\星光文字.mp4
难易指数	★★★★★
技术要点	文字工具、描边、网格和镜头光晕效果的应用

案例效果

　　文字经过创新制作后，千姿百态，变化万千，越来越被
大众喜欢。本例主要是针对"制作星光文字效果"的方法进
行练习，如图8-335所示。

扫码看视频

8.4.7 制作星光
文字效果

图 8-335

操作步骤

　　01 选择【文件】|【新建】|【项目】命令，在弹出的
【新建项目】对话框中，设置【名称】，并单击【浏览】按
钮设置保存路径，如图8-336所示。然后在【项目】面板空
白处单击鼠标右键，在弹出的快捷菜单中选择【新建项目】|
【序列】命令，在弹出的【新建序列】对话框中选择【DV-
PAL】|【标准48kHz】选项，如图8-337所示。

图 8-337

　　02 在【项目】面板空白处双击鼠标左键，然后在打开
的对话框中选择所需的素材文件，并单击【打开】按钮导
入，如图8-338所示。

图 8-338

　　03 选择菜单栏中的【文件】|【新建】|【旧版标题】命
令，在弹出的对话框中单击【确定】按钮，如图8-339
所示。

　　04 在【字幕】面板中单击 T（文字工具），在字幕
工作区中输入文字【TWINKLE】，并设置【字体系列】为
【Impact】，【字体大小】为138，【填充类型】为【线性
渐变】，【颜色】为浅黄色和土黄色，如图8-340所示。

Premiere Pro CC 中文版自学视频教程

300

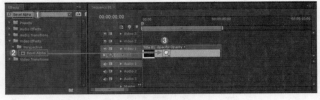

图 8－343

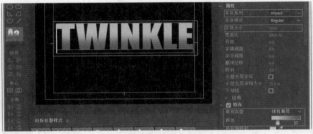

图 8－339

08 选择V1轨道上的【Title 01】素材文件，在【效果控件】面板展开【斜面Alpha】栏，设置【边缘厚度】为10，如图8-344所示。此时效果如图8-345所示。

图 8－344　　　　　　　　图 8－345

09 在【效果】面板中搜索【网格】效果，按住鼠标左键将其拖曳到V1轨道的【Title 01】素材文件上，如图8-346所示。

图 8－340

05 选中【填充】下面的【光泽】复选框，然后设置【大小】为67，【偏移】为47。接着单击【外描边】后面的【添加】超链接，并设置【大小】为14，【颜色】为白色，如图8-341所示。

图 8－346

10 选择V1轨道上的【Title 01】素材文件，在【效果控件】面板展开【网格】栏，设置【边角】为（354,279.6），【边框】为3，【颜色】为浅黄色，【混合模式】为【柔光】，如图8-347所示。此时效果如图8-348所示。

图 8－341

06 关闭【字幕】面板，将【项目】面板中的【Title 01】素材文件拖曳到V1轨道上，如图8-342所示。

图 8－342

07 在【效果】面板中搜索【斜面Alpha】效果，按住鼠标左键将其拖曳到V1轨道的【字幕 01】素材文件上，如

图 8－347　　　　　　　　图 8－348

⑪ 选择菜单栏中的【文件】|【新建】|【黑场视频】命令，在弹出的对话框中单击【确定】按钮，如图8-349所示。

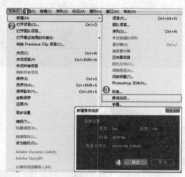

图 8-349

⑫ 将【项目】面板中的【黑场视频】素材文件拖曳到V2轨道上，如图8-350所示。

图 8-350

⑬ 在【效果】面板中搜索【镜头光晕】效果，按住鼠标左键将其拖曳到V2轨道的【黑场视频】素材文件上，如图8-351所示。

图 8-351

⑭ 选择V2轨道上的【黑场视频】素材文件，在【效果控件】面板【不透明度】栏设置【混合模式】为【滤色】。展开【镜头光晕】栏，设置【光晕中心】为（81,200），【光晕亮度】为73%，【镜头类型】为【105毫米定焦】，如图8-352所示。此时效果如图8-353所示。

读书笔记

图 8-352   图 8-353

⑮ 将【项目】面板中的【星光.png】素材文件拖曳到V3轨道上，如图8-354所示。

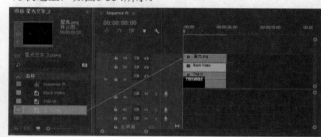

图 8-354

⑯ 选择V3轨道上的【星光.png】素材文件，在【效果控件】面板【运动】栏中设置【缩放】为90，如图8-355所示。此时，拖动播放指示器查看最终效果，如图8-356所示。

图 8-355   图 8-356

 答疑解惑：制作各种文字效果的思路有哪些？

为文字制作出各种效果，具有美观有趣、易认易识、醒目张扬等特性，是一种有图案意味或装饰意味的艺术。可以根据文字表达的含义制作出不同场景，添加视觉效果等。还可以从文字的义、形和结构特征出发，对文字的笔画和结构进行合理的变形装饰，制作出美观形象的文字效果。

★ 案例实战——制作记录片头字幕效果

案例文件	案例文件\第8章\记录片头字幕.prproj
视频教学	视频文件\第8章\记录片头字幕.mp4
难易指数	★★★★★
技术要点	动画关键帧、不透明度、矩形工具、垂直文字工具以及外描边效果的应用

案例效果

纪录片通常会添加字幕来介绍影片中出现的场景。具有中国特色的纪录片片头中可以加入具有中国色彩的文字效果进行搭配。本例主要是针对"制作记录片头字幕效果"的方法进行练习，如图8-357所示。

扫码看视频

8.4.7 制作记录
片头字幕效果

图 8-357

操作步骤

01 选择【文件】|【新建】|【项目】命令，在弹出的【新建项目】对话框中设置【名称】，并单击【浏览】按钮设置保存路径，如图8-358所示。然后在【项目】面板空白处单击鼠标右键，在弹出的快捷菜单中选择【新建项目】|【序列】命令，在弹出的【新建序列】对话框中选择【DV-PAL】|【标准48kHz】选项，如图8-359所示。

图 8-358

图 8-359

02 在【项目】面板空白处双击鼠标左键，然后在打开的对话框中选择所需的素材文件，并单击【打开】按钮导入，如图8-360所示。

图 8-360

03 将【项目】面板中的素材文件按顺序拖曳到【时间轴】面板中的V1轨道上，并设置每个素材的持续时间为3秒，如图8-361所示。

图 8-361

04 选择V1轨道上的【风景1.jpg】素材文件，在【效果控件】面板将播放指示器拖到起始帧，单击【运动】栏中【缩放】前面的按钮，开启自动关键帧。接着将播放指示器拖到第1秒的位置，设置【缩放】为50，如图8-362所示。

图 8-362

05 以此类推，将V1轨道上的其他风景素材文件也调整到合适的画面效果，如图8-363所示。

303

图 8-363

06 为素材创建字幕。选择菜单栏中的【文件】|【新建】|【旧版标题】命令，在弹出的对话框中单击【确定】按钮，如图8-364所示。

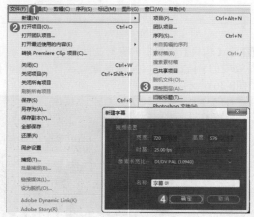

图 8-364

07 在【字幕】面板中单击■（矩形工具），在字幕工作区中绘制一个矩形，设置【颜色】为红色。接着单击【外描边】后面的【添加】超链接，设置【大小】为3，【颜色】为黄色，如图8-365所示。

图 8-365

08 单击■（垂直文字工具），在字幕工作区中输入文字，并设置【字体系列】为FZHuangCao-S09S，【字体大小】为91，【颜色】为白色，如图8-366所示。

图 8-366

09 关闭【字幕】面板，然后将【项目】面板中的【字幕 01】拖曳到V2轨道上，如图8-367所示。

图 8-367

10 制作动画。选择V2轨道上的【字幕 01】素材文件，在【效果控件】面板将播放指示器拖到起始帧的位置，单击【位置】和【缩放】前面的按钮，开启自动关键帧，设置【位置】为（-398,427），【缩放】为262，【不透明度】为0，如图8-368所示。

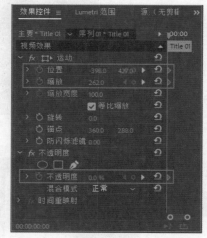

图 8-368

11 继续将播放指示器拖到第1秒的位置，设置【位置】为（360,288），【缩放】为100，【不透明度】为100%，如图8-369所示。

图 8-369

[12] 此时，拖动播放指示器查看效果，如图8-370所示。

图 8-370

[13] 利用复制的方法制作出字幕文件【字幕02】【字幕03】【字幕04】【字幕05】【字幕06】，然后分别添加到V2轨道相对应的位置，并适当调节字幕动画和位置。设置文字素材的起始时间与结束时间分别与下方的素材对齐，如图8-371所示。

图 8-371

[14] 在【效果】面板中将【划像形状】【推】【斜线滑动】【随机擦除】和【滑动】视频过渡效果拖曳到【时间轴】面板的素材文件之间，如图8-372所示。

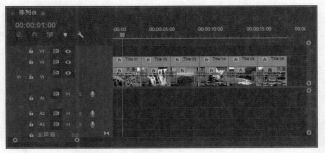

图 8-372

[15] 此时，拖动播放指示器查看最终效果，如图8-373所示。

图 8-373

 答疑解惑：怎样使画面中的介绍文字更加突出？

把握住画面的整体层次和色彩方向，使画面与文字分明。可以更换不同颜色来搭配画面效果。

也可以制作文字背景颜色和边框，但背景颜色要与画面风格相符。既突出文字效果，也与整体画面和谐统一。

本章小结

字幕的使用是非常频繁的。无论是进行平面设计，还是后期影片处理，无一例外都会被多次使用到。字幕的效果，很大程度上会影响画面效果和影片含义。所以通过本章学习，并通过不断练习可以精通字幕技术，能够制作各种类型的字幕效果。

 读书笔记

第9章

音频处理

本章内容简介：

在Adobe Premiere Pro CC 2018中可以为音频素材添加各种音频效果来制作画面音效，以及作为作品的背景音乐。为作品添加背景音乐和音效可以突出主题，烘托气氛。与作品画面相结合可以产生更加丰富的效果。本章介绍了如何添加、删除和编辑音频素材，以及编辑音频和音频效果的应用。

本章学习要点：

- 掌握音频的基本操作
- 了解音频效果
- 掌握音频效果的应用方法

9.1 初识音频

人类生活在一个声音的环境中，通过声音进行交谈、表达思想感情以及开展各种活动。不同的声音会使人产生不同的情绪，因此声音是很重要的。

在后期合成中有两个元素，一个是视频画面，另一个就是声音了。声音的处理在后期合成中非常重要，好的视频不仅需要画面和声音同步，而且需要声音的丰富变化效果。有些画面效果虽然比较简单，但声音效果和音色上的完美应用，可以营造一种非常强烈的气氛，如喜悦、悲伤、兴奋、平静等。

 思维点拨：什么是音色？

音色是指声音的感觉特性。不同的发声体能够产生不同的振动频率。可以通过音色去分辨发声体的声音特色。同样音量和音调的不同音色就像同样色度和亮度的不同色相效果一样。音色的不同取决于不同的泛音，每一种发声体发出的声音，都会有不同频率的泛音跟随，而这些泛音则决定了其不同的音色效果。

9.1.1 初识音频

在Premiere中，对声音的处理主要集中在音量增减、声道设置和特效运用上。因为Premiere是一个剪辑软件，所以声音的制作能力相对较弱，适合在已有声音上添加特效再处理，但如果对上述技术点能够灵活运用，往往也会取得不俗的表现。

9.1.2 音频的基本操作

动手学：添加音频

01 选择菜单栏中的【文件】|【导入】命令或者按【Ctrl+I】快捷键，然后在弹出的对话框中选择所需的音频素材文件，并单击【打开】按钮导入到【项目】面板中，如图9-1所示。

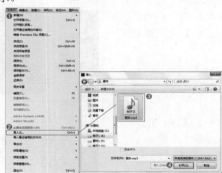

图 9-1

02 将【项目】面板中的音频素材文件按住鼠标左键拖曳到【时间轴】面板的音频轨道上，如图9-2所示。

图 9-2

动手学：删除音频

01 在【时间轴】面板中选择所要删除的音频文件，然后按【Delete】键删除，如图9-3所示。

02 也可以在【时间轴】面板中上所要删除的音频文件上单击鼠标右键，在弹出的快捷菜单中选择【清除】命令，即可删除所选音频文件，如图9-4所示。

按Delete键删除

图 9-3   图 9-4

动手学：编辑音频

01 选择【时间轴】面板中的音频素材文件，如图9-5所示。然后在【效果控件】面板中即可对音频素材文件进行编辑，如图9-6所示。

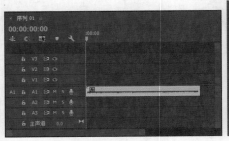

图 9-5　　　　　　　图 9-6

■ 动手学：添加音频效果

01 为音频素材文件添加效果。单击【效果】面板，选择所要添加的效果。按住鼠标左键将其拖曳到【时间轴】面板轨道的音频素材文件上，如图9-8所示。

02 选择【时间轴】面板中上添加效果的音频素材文件，然后在【效果控件】面板中即可调整该音频效果的参数，如图9-9所示。

02 在【效果控件】面板中添加关键帧并适当调节数值，能够制作出音频的淡入淡出等效果，如图9-7所示。

图 9-7

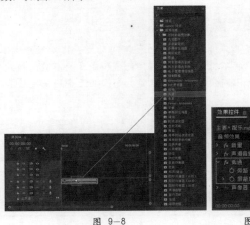

图 9-8　　　　　　　图 9-9

9.2 音频效果

技术速查：在音频效果中，主要的操作范围是音频的不同轨道。可以对音频添加单个效果或多个效果。

在Adobe Premiere Pro CC 2018中，音频效果是调节声音素材的声放属性的一种听觉特效。包括【过时的音频效果】【吉他套件】【多功能延迟】【多频段压缩器】【模拟延迟】【带通】【用右侧填充左侧】等51种音频效果，如图9-10所示。

9.2.1 过时的音频效果

技术速查：【过时的音频效果】中包含了多种低版本的音频效果。

【过时的音频效果】中包括【多频段压缩器（过时）】【Chorus（过时）】【DeClicker（过时）】【DeCrackler（过时）】【DeEsser（过时）】【DeHummer（过时）】【DeNoiser（过时）】【Dynamics（过时）】【EQ（过时）】【Flanger（过时）】【Phaser（过时）】【Reverb（过时）】【变调（过时）】【频谱降噪（过时）】14种音频效果，如图9-11所示。在使用该组效果时会弹出【音频效果替换】窗口，如图9-12所示。若单击【是】按钮，在参数面板中会显示出新版本参数值，该部分内容在本章节下方会有详细介绍，若单击【否】按钮，则显示Premiere老版本的音频效果参数面板。

图 9-10

 **读书笔记**

308

图 9-11　　　　　图 9-12

9.2.2　吉他套件

技术速查:【吉他套件】效果可以制作不同质感的音频效果, 如老学校、超市扬声器、醉酒滤镜等。

选择【效果】面板中的【音频效果】|【吉他套件】效果, 如图9-13所示。其参数面板如图9-14所示。

图 9-13　　　　　图 9-14

- ● 自定义设置: 单击【自定义设置】后面的【编辑】按钮会弹出【剪辑效果编辑器】对话框, 如图9-15所示。
- ● 单击【预设】下拉列表, 会弹出子菜单, 如图9-16所示。

图 9-15　　　　　图 9-16

- ● 各个参数: 展开可以调节【合成量】【滤镜频率】【滤镜共振】等参数数值。

9.2.3　多功能延迟

技术速查:【多功能延迟】效果可以对延时效果进行高程度控制, 使音频素材产生同步、重复回声效果。

选择【效果】面板中的【音频效果】|【多功能延迟】效果, 如图9-17所示。其参数面板如图9-18所示。

图 9-17　　　　　图 9-18

- ● 延迟: 设置回声和原音频素材延迟的时间。
- ● 反馈: 设置回声反馈的多少。
- ● 级别: 设置回声的音量。
- ● 混合: 设置回声和音频的混合程度。

9.2.4　多频段压缩器

技术速查:【多频段压缩器】效果可以对音频素材的低、中、高频段进行压缩。

选择【效果】面板中的【音频效果】|【多频段压缩器】效果, 如图9-19所示。其参数面板如图9-20所示。

图 9-19　　　　　图 9-20

- ● 自定义设置: 单击【自定义设置】后面的【编辑】按钮会弹出【剪辑效果编辑器】对话框, 如图9-21所示。

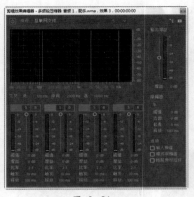

图 9-21

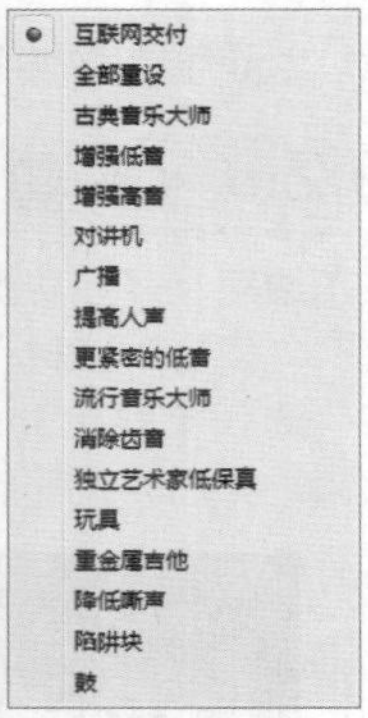

图 9-22

单击【预设】下拉列表，会弹出子菜单，如图9-22所示。

- 旁路：在【旁路】上单击鼠标右键会弹出子菜单，如图9-23所示。
- 低\中间\高：为音频素材的3个频段，分别对它们的音频信号进行压缩。

- 阈值：设置3个波段的压缩上限，当音频信号低于上限值时，压缩不需要的频段信息。

图 9-23

- 压缩系数：设定3个波段的压缩系数。
- 处理：设置3个波段压缩时的处理时间。
- 释放：设置3个波段压缩时的结束时间。
- 独奏：是否只播放被激活的波段音频。
- 波段调节：移动被压缩的波段。

9.2.5 模拟延迟

技术速查：【模拟延迟】效果可以模拟多种延迟效果，如峡谷回声、延迟到冲洗、循环延迟、配音延迟等。

选择【效果】面板中的【音频效果】|【模拟延迟】效果，如图9-24所示。其参数面板如图9-25所示。

- 自定义设置：单击【自定义设置】后面的【编辑】按钮会弹出【剪辑效果编辑器】对话框，如图9-26所示。

图 9-24

图 9-25

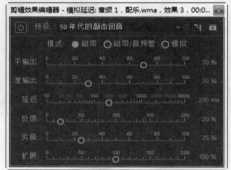

图 9-26

9.2.6 带通

技术速查：【带通】效果主要用作限制某些音频频率的输出。

选择【效果】面板中的【音频效果】|【带通】效果，如图9-27所示。其参数面板如图9-28所示。

图 9-27

图 9-28

9.2.7 用右侧填充左侧

技术速查：【用右侧填充左侧】效果将指定的音频素材旋转在左声道进行回放。

选择【效果】面板中的【音频效果】|【用右侧填充左侧】效果，如图9-29所示。该效果没有参数，将其拖曳到音频素材上即可产生作用，如图9-30所示。

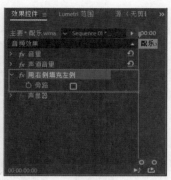

图 9-29　　　　　　　　　图 9-30

9.2.8　用左侧填充右侧

技术速查：【用左侧填充右侧】效果将指定的音频素材旋转在右声道进行回放。

选择【效果】面板中的【音频效果】|【用左侧填充右侧】效果，如图9-31所示。该效果没有参数，将其拖曳到音频素材上即可产生作用，如图9-32所示。

图 9-31　　　　　　　　　图 9-32

9.2.9　电子管建模压缩器

技术速查：【电子管建模压缩器】效果可以控制立体声左右声道的音量比。

选择【效果】面板中的【音频效果】|【电子管建模压缩器】效果，如图9-33所示。其参数面板如图9-34所示。

图 9-33　　　　　　　　　图 9-34

⊙ 自定义设置：单击【自定义设置】后面的【编辑】按钮会弹出【剪辑效果编辑器】对话框，如图9-35所示。

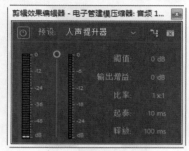

图 9-35

⊙ 各个参数：展开可以调节【增益】【阈值】【比例】【攻击】【释放】等参数数值。

9.2.10　强制限幅

技术速查：【强制限幅】效果可模拟多种限制声音分贝效果，如失真、限幅-3dB、限幅-6dB等。

选择【效果】面板中的【音频效果】|【强制限幅】效果，如图9-36所示。其参数面板如图9-37所示。

图 9-36　　　　　　　　　图 9-37

⊙ 自定义设置：单击【自定义设置】后面的【编辑】按钮会弹出【剪辑效果编辑器】对话框，如图9-38所示。

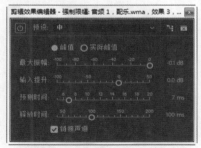

图 9-38

9.2.11　Binauralizer-Ambisonics

技术速查：【Binauralizer-Ambisonics】效果是采用双耳拾音技术和声场合成技术的原场传声器拾音。

选择【效果】面板中的【音频效果】|【Binauralizer-Ambisonics】效果，如图9-39所示。

图 9—39

9.2.12 FFT 滤波器

技术速查：【FFT 滤波器】效果可以控制一个数值上频率的输出。

选择【效果】面板中的【音频效果】|【FFT 滤波器】效果，如图9-40所示。其参数面板如图9-41所示。

图 9—40　　　　　　　　　图 9—41

◉ 自定义设置：单击【自定义设置】后面的【编辑】按钮会弹出【剪辑效果编辑器】对话框，如图9-42所示。

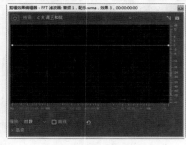

图 9—42

9.2.13 扭曲

技术速查：【扭曲】效果可以将音频设置为扭曲的效果，如无限扭曲、蛇皮等方式。

选择【效果】面板中的【音频效果】|【扭曲】效果，如图9-43所示。其参数面板如图9-44所示。

图 9—43　　　　　　　　　图 9—44

◉ 自定义设置：单击【自定义设置】后面的【编辑】按钮会弹出【剪辑效果编辑器】对话框，如图9-45所示。

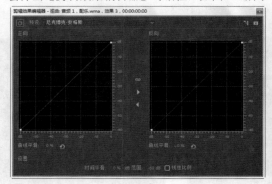

图 9—45

9.2.14 低通

技术速查：【低通】效果可以将音频素材文件的低频部分从声音中滤除。

选择【效果】面板中的【音频效果】|【低通】效果，如图9-46所示。其参数面板如图9-47所示。

图 9—46　　　　　　　　　图 9—47

◉ 屏蔽度：设置高频过滤的起始值。

9.2.15 低音

技术速查：【低音】效果可以调整音频素材的低音分贝。

选择【效果】面板中的【音频效果】|【低通】效果，如图9-48所示。其参数面板如图9-49所示。

图 9—48　　　　　　　　图 9—49

⊖ 提升：增加或降低素材的低音分贝。

★ 案例实战——制作低音效果

案例文件	案例文件\第9章\低音效果.prproj
视频教学	视频文件\第9章\低音效果.mp4
难易指数	★★★★★
技术要点	剃刀工具和低音效果的应用

案例效果

在音频中常常制作低音效果，用来增加和减少音频素材的低音分贝。本例主要是针对"制作低音效果"的方法进行练习。

> 扫码看视频
>
> 9.2.15 制作
> 低音效果

操作步骤

01 打开素材文件【01.prproj】，然后将【项目】面板中的【配乐.mp3】素材文件按住鼠标左键拖曳到A1轨道上，如图9-50所示。

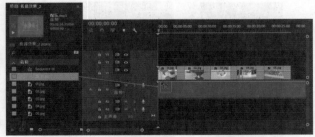

图 9—50

02 单击 ◆（剃刀工具），在【配乐.mp3】素材文件27秒03帧的位置，单击鼠标左键剪辑【配乐.mp3】素材文件，如图9-51所示。

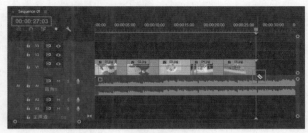

图 9—51

03 单击 ▶（选择工具），选中剪辑后半部分的【配乐.mp3】素材文件，按【Delete】键删除，如图9-52所示。

图 9—52

04 在【效果】面板中搜索【低音】效果，按住鼠标左键将其拖曳到A1轨道的【配乐.mp3】素材文件上，如图9-53所示。

图 9—53

05 选择A1轨道上的【配乐.mp3】素材文件，在【效果控件】面板中展开【低音】栏，设置【提升】为8，如图9-54所示。此时按空格键播放预览，可以听到音频的低音效果。

图9—54

在Adobe Premiere Pro CC 2018中，可以通过【效果控件】面板和【音轨混合器】调节音频。

【音轨混合器】对所有音频轨道上的素材文件起作用，可以对音频素材文件进行统一调整。但是，【效果控件】面板的参数调节只针对音频轨道中的某一个素材文件起作用，而对其他素材文件无效。

9.2.16　Panner-Ambisonics

技术速查：【Panner-Ambisonics】效果是一款简单、有用的通用音频插件，能对每一个不同的立体声音轨进行控制。

选择【效果】面板中的【音频效果】|【Panner-Ambisonics】效果，如图9-55所示。

图 9—55

9.2.17　平衡

技术速查：【平衡】效果可以控制立体声左右声道的音量比。

选择【效果】面板中的【音频效果】|【平衡】效果，如图9-56所示。其参数面板如图9-57所示。

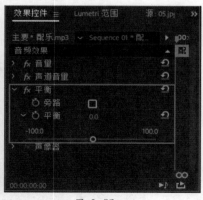

图 9—56　　　　　　图 9—57

● 平衡：拖动左右滑块，改变立体声道的音量比。

9.2.18　单频段压缩器

技术速查：【单频段压缩器】效果可以控制立体声左右声道的音量比。

选择【效果】面板中的【音频效果】|【单频段压缩器】效果，如图9-58所示。其参数面板如图9-59所示。

图 9—58　　　　　　图 9—59

● 自定义设置：单击【自定义设置】后面的【编辑】按钮会弹出【剪辑效果编辑器】对话框，如图9-60所示。

图 9—60

● 各个参数：展开可以调节【增益】【阈值】【比例】【攻击】【释放】等参数的数值。

9.2.19　镶边

技术速查：【镶边】效果可以将完好的音频素材调节成声音短期延误、停滞或随机间隔变化的音频信号。

选择【效果】面板中的【音频效果】|【镶边】效果，如图9-61所示。其参数面板如图9-62所示。

图 9—61　　　　　　图 9—62

- **自定义设置**：单击【自定义设置】后面的【编辑】按钮会弹出【剪辑效果编辑器】对话框，如图9-63所示。

单击【预设】下拉列表，会弹出子菜单，如图9-64所示。

图 9-63　　　　　　　　　　图 6-64

- **混合**：设置该音频特效与原音频素材的混合程度。
- **反馈**：设置振幅凝滞效果反馈到音频素材上的强弱。

9.2.20　陷波滤波器

技术速查：【陷波滤波器】效果可制作多种音频效果，如200Hz与八度音阶、C大调和弦、轻柔的等。

选择【效果】面板中的【音频效果】|【陷波滤波器】效果，如图9-65所示。其参数面板如图9-66所示。

图 9-65　　　　　　　　　　图 9-66

9.2.21　卷积混响

技术速查：【卷积混响】效果可重现从衣柜到音乐厅的各种空间。

选择【效果】面板中的【音频效果】|【卷积混响】效果，如图9-67所示。其参数面板如图9-68所示。

- **自定义设置**：单击【自定义设置】后面的【编辑】按钮会弹出【剪辑效果编辑器】对话框，如图9-69所示。

单击【预设】下拉列表，会弹出子菜单，如图9-70所示。

- **各个参数**：展开可以调节【混合】【增益】等参数数值。

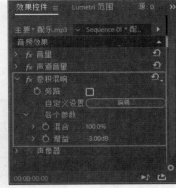

图 9-67　　　　　　　　　　图 9-68

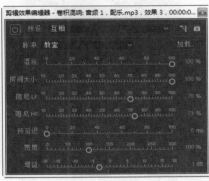

图 9-69　　　　　　　　　　图 9-70

9.2.22　静音

技术速查：【静音】效果可以使音频素材文件的指定部分静音。

选择【效果】面板中的【音频效果】|【静音】效果，如图9-71所示。其参数面板如图9-72所示。

图 9-71　　　　　　　　　　图 9-72

- **静音**：静音音频素材整体。
- **静音1**：静音音频素材的左声道。
- **静音2**：静音音频素材的右声道。

9.2.23 简单的陷波滤波器

技术速查：【简单的陷波滤波器】效果可通过设置旁路、中心、Q参数调整声音。

选择【效果】面板中的【音频效果】|【简单的陷波滤波器】效果，如图9-73所示。其参数面板如图9-74所示。

图 9-73　　　　　　　图 9-74

9.2.24 简单的参数均衡

技术速查：【简单的参数均衡】效果可调整声音音调，精确地调整频率范围。

选择【效果】面板中的【音频效果】|【简单的参数均衡】效果，如图9-75所示。其参数面板如图9-76所示。

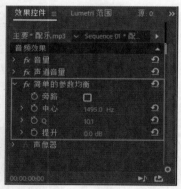

图 9-75　　　　　　　图 9-76

9.2.25 交换声道

技术速查：【交换声道】效果可以将音频素材的左右声道互换。

选择【效果】面板中的【音频效果】|【互换声道】效果，如图9-77所示。该效果没有参数，将其拖曳到音频素材上即可产生作用，如图9-78所示。

 读书笔记

图 9-77　　　　　　　图 9-78

9.2.26 人声增强

技术速查：【人声增强】效果可以使当前的人声更偏向于女性或更偏向于男性发音。

选择【效果】面板中的【音频效果】|【人声增强】效果，如图9-79所示。其参数面板如图9-80所示。

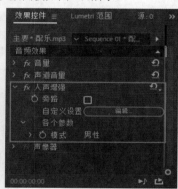

图 9-79　　　　　　　图 9-80

● 自定义设置：单击【自定义设置】后面的【编辑】按钮会弹出【剪辑效果编辑器】对话框，如图9-81所示。

图 9-81

单击【预设】下拉列表，会弹出子菜单，如图9-82所示。

图 9-82

● 各个参数：【人声增强】的参数调节。

9.2.27　动态

技术速查：【动态】效果是针对音频信号中的低音与高音之间的音调，可以消除或者扩大某一个范围内的音频信号，从而突出主体信号的音量或控制声音的柔和度。

选择【效果】面板中的【音频效果】|【动态】效果，如图9-83所示。其参数面板如图9-84所示。

图 9-83　　　　图 9-84

⊙ 自定义设置：单击【自定义设置】后面的【编辑】按钮会弹出【剪辑效果编辑器】对话框，如图9-85所示。

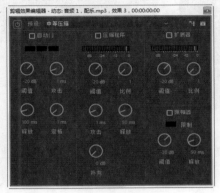

图 9-85

9.2.28　动态处理

技术速查：【动态处理】效果可以模拟低音鼓、击弦贝斯、劣质吉他、慢鼓手、浑厚低音、说唱表演等效果。

选择【效果】面板中的【音频效果】|【动态处理】效果，如图9-86所示。其参数面板如图9-87所示。

图 9-86　　　　图 9-87

⊙ 自定义设置：单击【自定义设置】后面的【编辑】按钮会弹出【剪辑效果编辑器】对话框，如图9-88所示。

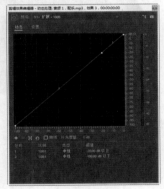

图 9-88

9.2.29　参数均衡器

技术速查：【参数均衡器】效果均衡设置，可以精确地调节音频的高音和低音，可以在相应的频段按照百分比来调节原始音频以实现音调的变化。

选择【效果】面板中的【音频效果】|【参数均衡器】效果，如图9-89所示。其参数面板如图9-90所示。

 读书笔记

图 9-89　　　　　图 9-90

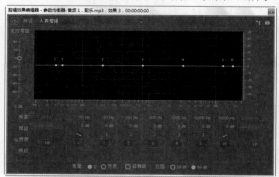

图 9-91

● 自定义设置：单击【自定义设置】后面的【编辑】按钮会弹出【剪辑效果编辑器】对话框，如图9-91所示。

9.2.30 反转

技术速查：【反转】效果可以反转当前声道状态。

　　选择【效果】面板中的【音频效果】|【反转】效果，如图9-92所示。其参数面板如图9-93所示。

图 9-92　　　　　图 9-93

9.2.31 和声/镶边

技术速查：【和声/镶边】效果通过添加多个短延迟和少量反馈，模拟一次性播放的多种声音或乐器。

　　选择【效果】面板中的【音频效果】|【和声/镶边】效果，如图9-94所示。其参数面板如图9-95所示。

图 9-94　　　　　图 9-95

● 自定义设置：单击【自定义设置】后面的【编辑】按钮会弹出【剪辑效果编辑器】对话框，如图9-96所示。

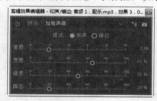

图 9-96

● 各个参数：【和声/镶边】的参数调节。

★ **案例实战——制作和声效果**

扫码看视频

案例文件	案例文件\第9章\和声效果.prproj
视频教学	视频文件\第9章\和声效果.mp4
难易指数	★★★★★
技术要点	剃刀工具以及和声/镶边效果的应用

9.2.31 制作和声效果

案例效果

　　和声可以理解为很多人一起合唱一首歌曲。歌曲中添加和声有时比单独演唱的效果要更加动听。可以通过添加和声音频效果来制作和声效果。本例主要是针对"制作和声效果"的方法进行练习。

操作步骤

　　01 打开素材文件【02.prproj】，然后将【项目】面板中的【配乐.wma】素材文件按住鼠标左键拖曳到A1轨道上，如图9-97所示。

图 9-97

02 单击 ✂（剃刀工具），在【配乐.wma】素材文件36秒的位置，单击鼠标左键剪辑【配乐.wma】素材文件，如图9-98所示。

图 9-98

03 单击 ▶（选择工具），选中剪辑【配乐.wma】素材文件的后半部分，并按【Delete】键删除，如图9-99所示。

按Delete键删除

图 9-99

04 在【效果】面板中搜索【和声/镶边】效果，然后按住鼠标左键将其拖曳到A1轨道的【配乐.wma】素材文件上，如图9-100所示。

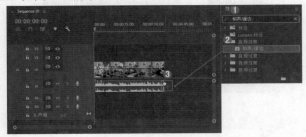

图 9-100

05 选择A1轨道上的【配乐.wma】素材文件，在【效果控件】面板展开【和声/镶边】栏，单击【自定义设置】后面的【编辑】按钮，此时会弹出【剪辑效果编辑器】对话框，选择【和声】模式并设置【速度】为1.2Hz，【宽度】为65%，【强度】为50%，【瞬态】为20%，如图9-101所示。此时按空格键播放预览，可以听到音频的和声效果。

图 9-101

☎ 答疑解惑：和声效果与镶边效果有何不同？

和声效果和镶边效果的参数完全相同，但对音频添加效果后的听觉效果完全不同。和声效果会有多人和音的效果，而镶边效果通过与原音频素材的混合能产生出声音短暂延误和随机变化音调的塑胶唱片的效果。该效果对话框如图9-102所示。

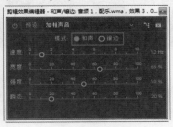

图 9-102

9.2.32 图形均衡器（10段）

技术速查：【图形均衡器（10段）】效果可模拟低保真度、敲击树干（小心）、现场歌声-提升、音乐临场感等效果。

选择【效果】面板中的【音频效果】|【图形均衡器（10段）】效果，如图9-103所示。其参数面板如图9-104所示。

● 自定义设置：单击【自定义设置】后面的【编辑】按钮会弹出【剪辑效果编辑器】对话框，如图9-105所示。

图 9-103　　图 9-104

图 9-105

9.2.33 图形均衡器（20段）

技术速查：【图形均衡器（20段）】效果可模拟八度音阶划分、弦乐、明亮而有力、重金属吉他等效果。

选择【效果】面板中的【音频效果】|【图形均衡器（20段）】效果，如图9-106所示。其参数面板如图9-107所示。

图 9-106　　　　图 9-107

● 自定义设置：单击【自定义设置】后面的【编辑】按钮会弹出【剪辑效果编辑器】对话框，如图9-108所示。

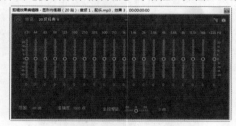

图 9-108

9.2.34 图形均衡器（30段）

技术速查：【图形均衡器（30段）】效果可模拟低音-增强清晰度、经典V、鼓等效果。

选择【效果】面板中的【音频效果】|【图形均衡器（30段）】效果，如图9-109所示。其参数面板如图9-110所示。

图 9-109　　　　图 9-110

● 自定义设置：单击【自定义设置】后面的【编辑】按钮会弹出【剪辑效果编辑器】对话框，如图9-111所示。

图 9-111

9.2.35 声道音量

技术速查：【声道音量】效果可以设置左、右声道的音量大小。

选择【效果】面板中的【音频效果】|【声道音量】效果，如图9-112所示。其参数面板如图9-113所示。

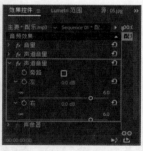

图 9-112　　　　图 9-113

● 左：设置左声道的音量大小。

● 右：设置右声道的音量大小。

9.2.36 室内混响

技术速查：【室内混响】效果可模拟多种室内的混响音频效果，如大厅、房间临场感、旋涡形混响等。

选择【效果】面板中的【音频效果】|【室内混响】效果，如图9-114所示。其参数面板如图9-115所示。

 读书笔记

图 9-114　　　　　　　图 9-115

● 自定义设置：单击【自定义设置】后面的【编辑】按钮会弹出【剪辑效果编辑器】对话框，如图9-116所示。

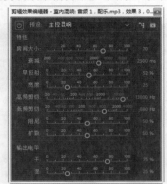

图 9-116

9.2.37　延迟

技术速查：【延迟】效果可以为音频素材添加回声效果。

选择【效果】面板中的【音频效果】|【延迟】效果，如图9-117所示。其参数面板如图9-118所示。

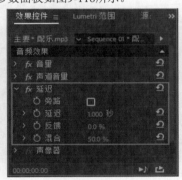

图 9-117　　　　　　　图 9-118

● 延迟：设置回声的延续时间。

● 反馈：设置回声的强弱。

● 混合：设置混响的强度。

★ 案例实战——制作延迟音频效果

案例文件	案例文件\第9章\延迟音频效果.prproj
视频教学	视频文件\第9章\延迟音频效果.mp4
难易指数	★★★★★
技术要点	剃刀工具和延迟效果的应用

扫码看视频

9.2.37 制作延迟音频效果

案例效果

许多电影或歌曲中会有回声的效果，可以通过为音频素材添加【延迟】效果来模拟回声的效果。本例主要是针对"制作延迟音频效果"的方法进行练习。

操作步骤

01 打开素材文件【03.prproj】，然后将【项目】面板中的【配乐.mp3】素材文件按住鼠标左键拖曳到A1轨道上，如图9-119所示。

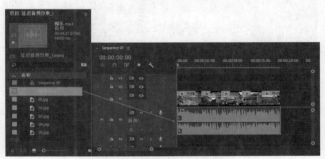

图 9-119

02 单击 （剃刀工具），在【配乐.mp3】素材文件18秒15帧的位置，单击鼠标左键剪辑【配乐.mp3】素材文件，如图9-120所示。

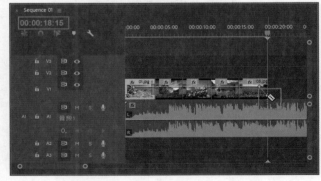

图 9-120

03 单击 （选择工具），选中剪辑【配乐.mp3】素材文件的后半部分，按【Delete】键删除，如图9-121所示。

04 在【效果】面板中搜索【延迟】效果，按住鼠标左键将其拖曳到A1轨道的【配乐.mp3】素材文件上，如图9-122所示。

05 选择A1轨道上的【配乐.mp3】素材文件，在【效果

第9章 音频处理

321

擦控件】面板展开【延迟】栏，设置【反馈】为30%，【混合】为90%，如图9-123所示。此时按空格键播放预览，可以听到音频的延迟效果。

图 9-121

图 9-122

图 9-123

 答疑解惑：利用【延迟】音频效果制作回声需要注意哪些问题？

首先要注意回声与原音频素材文件的延迟时间，声音延迟时间越长听起来越遥远，声音延迟时间越短听起来越近。还要注意设置有多少回声反馈到原音频素材文件上和混响的强度。

9.2.38 母带处理

技术速查：【母带处理】效果用于模拟梦的序列、温馨的音乐厅、立体声转换为单声道等效果。

选择【效果】面板中的【音频效果】|【母带处理】效果，如图9-124所示。其参数面板如图9-125所示。

图 9-124

图 9-125

● 自定义设置：单击【自定义设置】后面的【编辑】按钮会弹出【剪辑效果编辑器】对话框，如图9-126所示。

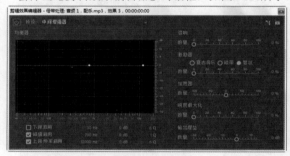

图 9-126

● 单击【预设】下拉列表，会弹出子菜单，如图9-127所示。

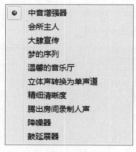

图 9-127

9.2.39 消除齿音

技术速查：【消除齿音】效果可以为音频素材自动消除齿音。

选择【效果】面板中的【音频效果】|【消除齿音】效果，如图9-128所示。其参数面板如图9-129所示。

图 9-128

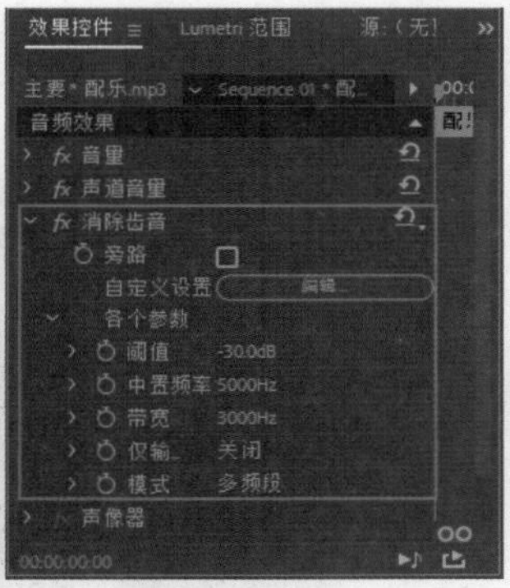

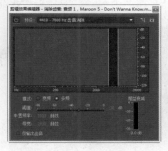

图 9-129

会弹出【剪辑效果编辑器】对话框,如图9-130所示。

● 单击【预设】下拉列表,会弹出子菜单,如图9-131所示。

图 9-130

图 9-131

● 自定义设置:单击【自定义设置】后面的【编辑】按钮

9.2.40 消除嗡嗡声

技术速查:【消除嗡嗡声】效果可以为音频素材自动消除齿音。

选择【效果】面板中的【音频效果】|【消除嗡嗡声】效果,如图9-132所示。其参数面板如图9-133所示。

图 9-132

图 9-133

● 自定义设置:单击【自定义设置】后面的【编辑】按钮

会弹出【剪辑效果编辑器】对话框,如图9-134所示。

单击【预设】下拉列表,会弹出子菜单,如图9-135所示。

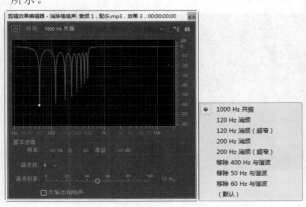

图 9-134

图 9-135

9.2.41 环绕声混响

技术速查:【环绕声混响】效果可以控制立体声左右声道的音量比。

选择【效果】面板中的【音频效果】|【环绕声混响】效果,如图9-136所示。其参数面板如图9-137所示。

图 9-136

图 9-137

● 自定义设置:单击【自定义设置】后面的【编辑】按钮会弹出【剪辑效果编辑器】对话框,如图9-138所示。

图 9-138

● 各个参数:展开可以调节【中心的输入增益】【LFE输入增益】【中心湿电平】【左右平衡】【前后平衡】【混合】【增益】等参数数值。

9.2.42　科学滤波器

技术速查：【科学滤波器】效果可以控制立体声左右声道的音量比。

选择【效果】面板中的【音频效果】|【科学滤波器】效果，如图9-139所示。其参数面板如图9-140所示。

● 自定义设置：单击【自定义设置】后面的【编辑】按钮会弹出【剪辑效果编辑器】对话框，如图9-141所示。

图 9-139

图 9-140

图 9-141

9.2.43　移相器

技术速查：【移相器】效果用于模拟低保真度相位、卡通效果、水下等效果。

选择【效果】面板中的【音频效果】|【移相器】效果，如图9-142所示。其参数面板如图9-143所示。

钮会弹出【剪辑效果编辑器】对话框，如图9-144所示。

单击【预设】下拉列表，会弹出子菜单，如图9-145所示。

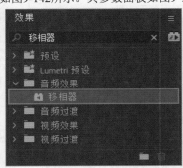

图 9-142

图 9-143

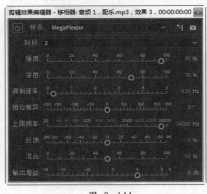

图 9-144

图 9-145

● 自定义设置：单击【自定义设置】后面的【编辑】按

9.2.44　立体声扩展器

技术速查：【立体声扩展器】效果可以控制立体声的扩展效果。

选择【效果】面板中的【音频效果】|【立体声扩展器】效果，如图9-146所示。其参数面板如图9-147所示。

● 自定义设置：单击【自定义设置】后面的【编辑】按钮会弹出【剪辑效果编辑器】对话框，如图9-148所示。

图 9-146

图 9-147

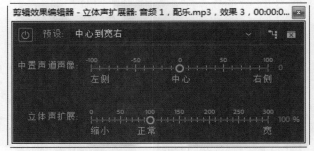

图 9-148

9.2.45　自适应降噪

技术速查：【自适应降噪】效果用于降噪处理，包括弱降噪、强降噪、消除单个源的混响等效果。

选择【效果】面板中的【音频效果】|【自适应降噪】效果，如图9-149所示。其参数面板如图9-150所示。

图 9-149　　　　　　图 9-150

● **自定义设置：**单击【自定义设置】后面的【编辑】按钮会弹出【剪辑效果编辑器】对话框，如图9-151所示。

● 单击【预设】下拉列表，会弹出子菜单，如图9-152所示。

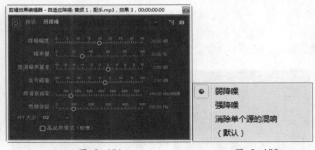

图 9-151　　　　　　　　　图 9-152

9.2.46　自动咔嗒声移除

技术速查：【自动咔嗒声移除】效果可以为音频素材自动消除咔嗒声。

选择【效果】面板中的【音频效果】|【自动咔嗒声移除】效果，如图9-153所示。其参数面板如图9-154所示。

图 9-153　　　　　　图 9-154

● **自定义设置：**单击【自定义设置】后面的【编辑】按钮会弹出【剪辑效果编辑器】对话框，如图9-155所示。

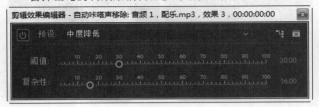

图 9-155

❖ **阈值：**设置清除咔嗒声的检验范围。

9.2.47　雷达响度计

技术速查：【雷达响度计】效果可通过调整目标响度、雷达速度、雷达分辨率、瞬时范围等参数更改音频效果。

选择【效果】面板中的【音频效果】|【雷达响度计】效果，如图9-156所示。其参数面板如图9-157所示。

图 9-156　　　　　　图 9-157

● **自定义设置：**单击【自定义设置】后面的【编辑】按钮会弹出【剪辑效果编辑器】对话框，如图9-158所示。

● 单击【预设】下拉列表，会弹出子菜单，如图9-159所示。

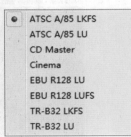

图 9-158　　　　　　图 9-159

● 各个参数：展开可以调节以下参数数值。

- 目标响度：【目标响度】参数单位在【音轨混合器】和时间轴工具提示中始终指示为 "LKFS"。
- 雷达速度：控制每个雷达扫描的时间雷达分辨力设置雷

达视界中每个同心圆之间响度的差异。

- 峰值指示器：将显示响度最大的峰值，直到指示器重置或者回放重启为止。

9.2.48 音量

技术速查：【音量】效果可以用于调节音频素材的音量大小。

选择【效果】面板中的【音频效果】|【音量】效果，如图9-160所示。其参数面板如图9-161所示。

图 9-160　　　　　　　图 9-161

9.2.49 音高换档器

技术速查：【音高换档器】效果可设置伸展、愤怒的沙鼠、黑魔王等特殊音频效果。

选择【效果】面板中的【音频效果】|【音高换档器】效果，如图9-162所示。其参数面板如图9-163所示。

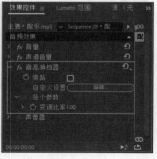

图 9-162　　　　　　　图 9-163

● 自定义设置：单击【自定义设置】后面的【编辑】按钮会弹出【剪辑效果编辑器】对话框，如图9-164所示。

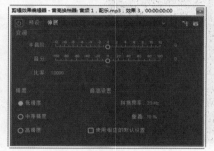

图 9-164

9.2.50 高通

技术速查：【高通】效果可以将音频信号的低频过滤。

选择【效果】面板中的【音频效果】|【高通】效果，如图9-165所示。其参数面板如图9-166所示。

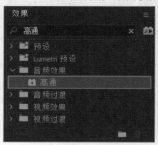
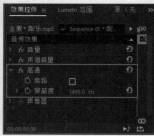

图 9-165　　　　　　　图 9-166

● 屏蔽度：设置低频过滤的起始值。

9.2.51 高音

技术速查：【高音】效果可调整音调，提升或降低高频部分。

选择【效果】面板中的【音频效果】|【高音】效果，如图9-167所示。其参数面板如图9-168所示。

图 9-167　　　　　　　图 9-168

● 提升：调节【高音】的数值。

 **读书笔记**

9.3 音频过渡

单击【效果】面板中的【音频过渡】|【交叉淡化】，其中包括3种音频过渡，分别是【恒定功率】【恒定增益】【指数淡化】，如图9-169所示。

图 9-169

9.3.1 恒定功率

技术速查：【恒定功率】音频过渡效果可以对音频素材文件制作出交叉淡入淡出的变化，且是在一个恒定的速率和剪辑之间的过渡。

【恒定功率】音频过渡效果的参数面板如图9-170所示。

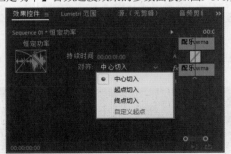

图 9-170

- 中心切入：以剪切处为中心，第一段音频素材末向第二段素材转场。
- 起点切入：从第二段音频素材开始处淡入。
- 终点切入：从第一段音频素材末处开始，到剪切中心淡出。
- 自定义起点：自定义开始转场开始与结束，不常用。

9.3.2 恒定增益

技术速查：【恒定增益】音频过渡效果可以对音频素材文件制作出交叉淡入淡出的变化，创建一个平稳，逐渐过渡的效果。

【恒定增益】音频过渡效果的参数面板如图9-171所示。

- 中心切入：以剪切处为中心，第一段音频素材末向第二段素材转场。
- 起点切入：从第二段音频素材开始处淡入。
- 终点切入：从第一段音频素材末处开始，到剪切中心淡出。

- 自定义起点：自定义开始转场开始与结束。

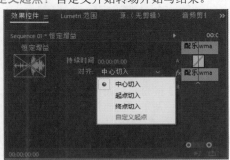

图 9-171

9.3.3 指数淡化

技术速查：【指数淡化】音频过渡效果可以淡化声音的线形及线段交叉，与【恒定增益】相比较为机械化。

【指数淡化】音频过渡效果的参数面板如图9-172所示。

图 9-172

- 中心切入：以剪切处为中心，第一段音频素材末向第二段素材转场。
- 起点切入：从第二段音频素材开始处淡入。
- 终点切入：从第一段音频素材末处开始，到剪切中心淡出。
- 自定义起点：自定义开始转场开始与结束，不常用。

9.4 音轨混合器

在【音轨混合器】面板，能在收听音频和观看视频的同时调整多条音频轨道的音量等级以及摇摆/均衡度。Premiere使用自动化过程来记录这些调整，然后在播放剪辑时再应用它们。【音轨混合器】面板就像一个音频合成控制台，为每一条音轨都提供了一套控制。选择【窗口】|【音轨混合器】|【Sequence 01】命令，如图9-173所示。此时进入【音轨混合器】面板，如图9-174所示。

图 9-173

图 9-174

【音轨混合器】的每一个通道都设有滤波器、均衡器和音量控制等，可以对声音进行调整。【音轨混合器】可以对若干路外来信号进行总体或单独的调整。每条单轨可根据【时间轴】面板中的相应编号，拖动每条轨道的音量调节滑块来调整音量。如图9-175所示为【音轨混合器】面板的各个功能菜单。

在使用【音轨混合器】面板进行调整时，可同时在【时间轴】面板中的音频素材上方创建关键帧，并将其进行相应的移动，可使声音更加细腻完美，如图9-175所示。

轨道输出分配→
摇摆/均衡控制器→

自动控制→
轨道状态控制→

音量控制→

音频轨道标签→
编辑播放控制→

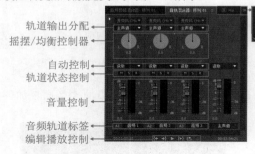

图 9-175

音频轨道标签

音频轨道标签主要用来显示音频的轨道。其参数面板如图9-176所示。

A1	音频 1	A2	音频 2	A3	音频 3	主声

图 9-176

自动控制

自动控制主要用来选择控制的方式。包括【关】【读取】【闭锁】【触动】【写入】。其参数面板如图9-177所示。

- 关：关闭模式。
- 读取：只是读入轨道的音量等级和摇摆／均衡数据，并保持这些控制设置不变。
- 闭锁：可在拖动音量调节滑块和摇摆／均衡控制的同时，修改之前保持的音量等级和摇摆／均衡数据，并随后保持这些控制设置不变。
- 触动：可只在拖动音量调节滑块和摇摆／均衡控制的同时，修改先前保存的音量等级和摇摆／均衡数据。在释放了鼠标左键后，控制将回到它们原来的位置。

图 9-177

- 写入：可基于音频轨道控制的当前位置来修改先前保存的音量等级和摇摆/均衡数据。在录制期间，不必拖动控件就可自动写入系统所进行的处理。

摇摆/均衡控制器

每个音轨上都有摇摆/均衡控制器，作用是将单声道的音频素材在左右声道来回切换，最后将其平衡为立体声。参数范围为-100～100。L表示左声道，R表示右声道。如图9-178所示，按住鼠标拖动按钮上的指针对音频轨道进行摇摆或均衡设置，也可以单击旋钮下边的数字，直接输入参数。负值表示将音频设定在左声道，正值表示将音频设定在右声道。

图 9-178

轨道状态控制

轨道状态控制主要用来控制轨道的状态。其参数面板如图9-179所示。

图 9-179

- M（静音轨道）：单击该按钮，音频素材播放时为静音。
- S（独奏轨道）：单击该按钮，只播放单一轨道上的音频素材，其他轨道上的音频素材则为静音。
- R（启用轨道以进行录制）：单击该按钮，将外部音频设备输入的音频信号录制到当前轨道。

音量控制

音量控制对当前轨道的声音进行调节，拖动（音量调节滑块），控制声音的高低，如图9-180所示。

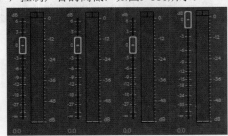

图 9-180

轨道输出分配

轨道输出分配主要用来控制轨道的输出，如图9-181所示。

主声道 ▼	主声道 ▼	主声道 ▼

图 9-181

编辑播放控制

编辑播放控制主要用来控制音频的播放状态，如图9-182所示。

图 9-182

- （跳转到入点）：单击该按钮，将播放指示器移到入点位置。
- （跳转到出点）：单击该按钮，将播放指示器移到出点位置。
- （播放停止）：单击该按钮，播放音频素材文件。
- （播放入点到出点）：单击该按钮，播放入点到出点间的音频素材内容。
- （循环）：单击该按钮，循环播放音频。
- （录制）：单击该按钮，开始录制音频设备输入的信号。

★ 案例实战——制作音频的自动控制效果

案例文件	案例文件\第9章\音频的自动控制.prproj
视频教学	视频文件\第9章\音频的自动控制.mp4
难易指数	★★★★★
技术要点	剃刀工具和音轨混合器的应用

案例效果

音频的音量和左右声道通常都要进行手动调节来实现，但是在一个音频素材中出现多次的音量和左右声道变化手动调节会非常麻烦，所以可以为音频制作自动控制效果。本例主要是针对"制作音频的自动控制效果"的方法进行练习。

扫码看视频

9.4 制作音频的自动控制效果

操作步骤

01 打开素材文件【04.prproj】，然后将【项目】面板中的【配乐.mp3】素材文件按住鼠标左键拖曳到A1轨道上，如图9-183所示。

图 9-183

02 单击 ✎（剃刀工具），在【配乐.mp3】素材文件27秒19帧的位置，单击鼠标左键剪辑【配乐.mp3】素材文件，如图9-184所示。

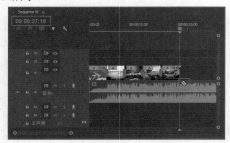

图 9-184

03 单击 ▶（选择工具），选中剪辑【配乐.mp3】素材文件的后半部分，按【Delete】键删除，如图9-185所示。

图 9-185

04 单击A1轨道前面的 ◎（显示关键帧）按钮，在弹出的菜单中选择【轨道关键帧】|【Volume】命令，如图9-186所示。

图 9-186

05 在【音轨混合器】面板中设置A1的【自动控制】为【写入】，如图9-187所示。

06 单击【音轨混合器】窗口下面的 ▶（播放）按钮播放音频，并同时上下滑动A1的音量调节滑块，如图9-188所示。

图 9-187

图 9-188

不仅单击【音轨混合器】面板下面的 ▶（播放）按钮播放音频来制作音频的自动控制有效。单击监视器面板下面的 ▶（播放）按钮也同样有效。

07 在适当的位置再次单击 ▶（播放）按钮停止播放。此时A1轨道的【配乐.mp3】素材文件上会出现很多音量的关键帧。此时已经完成了写入自动控制，如图9-189所示。

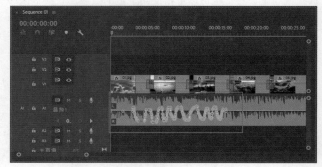

图 9-189

08 在【音轨混合器】面板中设置A1的【自动控制】为【触动】，如图9-190所示。

09 单击【音轨混合器】面板下面的 ▶（播放）按钮播放音频，并同时左右旋转A1的【摇摆/均衡控制器】旋钮，也可以直接输入数值，如图9-191所示。此时按空格键播放预览，可以听到音频的音量变化和左右声道来回变换的效果。

图 9-190   图 9-191

☎ 答疑解惑：制作音频的自动控制有哪些注意事项？

在制作音频的自动控制音量时，一定要先将【自动控制】设置为【写入】之后再调节音量。这样调节音量的关键帧才能被写入。同样，调节左右声道时也一定要将【自动控制】设置为【触动】。

9.5 音频特效关键帧

Premiere不仅可以添加音频特效，而且可以设置相应的关键帧，使其产生音频的变化。

9.5.1 手动添加关键帧

选择【时间轴】面板中的素材文件，然后将播放指示器拖到合适的位置，并单击前面的 ◀ ◇ ▶ 按钮，即可为音频素材文件添加一个关键帧，如图9-192所示。

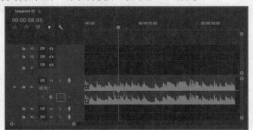

图 9-192

9.5.2 动手学：自动添加关键帧

01 选择【时间轴】面板中的素材文件，然后在其【效果控件】面板中拖动播放指示器到合适的位置，并设置【音量】栏中的【级别】为-10，则自动添加一个关键帧，如图9-193所示。

图 9-193

02 将播放指示器拖到合适的位置，再次设置【级别】为0，则自动添加一个关键帧，如图9-194所示。

图 9-194

★ 案例实战——改变音频的速度

案例文件	案例文件\第9章\改变音频的速度.prproj
视频教学	视频文件\第9章\改变音频的速度.mp4
难易指数	★★★★★
技术要点	剃刀工具和速度/持续时间的应用

案例效果

通过改变音频的速度可以改变音频的长短，并使声音产生粗细变化。本例主要是针对"改变音频的速度"的方法进行练习。

扫码看视频

9.5.2 改变音频的速度

操作步骤

01 打开素材文件【05.prproj】，然后将【项目】面板中的【配乐.wma】素材文件按住鼠标左键拖曳到A1轨道上，如图9-195所示。

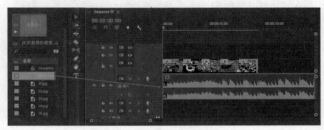

图 9-195

02 在A1轨道的【配乐.wma】素材文件上单击鼠标右键，在弹出的快捷菜单中选择【速度/持续时间】命令，然后在弹出的对话框中设置【速度】为110，如图9-196所示。

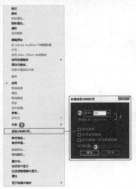

图 9-196

03 单击 ◇ （剃刀工具），在【配乐.wma】素材文件25秒20帧的位置，单击鼠标左键剪辑【配乐.wma】素材文件，如图9-197所示。

04 单击 ▶ （选择工具），选中剪辑后半部分的【配乐.wma】素材文件，按【Delete】键删除，如图9-198所示。此时按空格键播放预览，可以听到音频的速度变化效果。

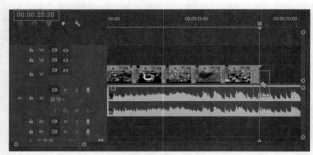

图 9-197

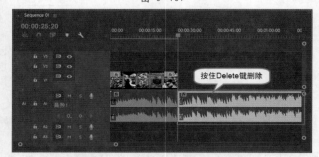

图 9-198

 答疑解惑：【音轨混合器】的主要功能有哪些?

　　【音轨混合器】是一个直观的音频工具，它将【时间轴】面板中的所有音频轨道收纳在窗口中，可以调节音频素材的音量和左右声道，还可以对多个音频轨道直接进行编辑，如添加音频效果、制作自动控制等。

★ 案例实战——声音的淡入淡出效果

案例文件	案例文件\第9章\声音的淡入淡出.prproj
视频教学	视频文件\第9章\声音的淡入淡出.mp4
难易指数	★★★★★
技术要点	剃刀工具和动画关键帧的应用

案例效果

　　影视作品中的插曲配乐等经常会有淡入淡出的效果，因为淡入淡出效果能够使音乐更好地融入影视作品中，而不会喧宾夺主。本例主要是针对"声音的淡入淡出效果"的方法进行练习。

扫码看视频

9.5.2 声音的淡入淡出效果

操作步骤

　　01 打开素材文件【06.prproj】，然后将【项目】面板中的【配乐.mp3】素材文件按住鼠标左键拖曳到A1轨道

📖 **读书笔记**

上，如图9-199所示。

图 9-199

 答疑解惑：声音的淡入淡出效果主要功能是什么?

　　声音的淡入淡出是表示声音逐渐从无到有和从有到无的效果。避免声音进入的过于突然和生硬。淡入表示一个段落的开始，淡出表示一个段落的结束。

　　声音的淡入淡出效果可以使节奏舒缓，能够制造出富有表现力的气氛。

　　02 单击 ◆ （剃刀工具），在【配乐.mp3】素材文件39秒20帧的位置，单击鼠标左键剪辑【配乐.mp3】素材文件，如图9-200所示。

图 9-200

　　03 单击 ▶ （选择工具），选中剪辑后半部分的【配乐.mp3】素材文件，按【Delete】键删除，如图9-201所示。

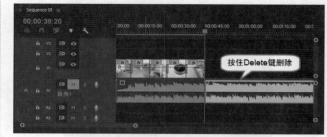

图 9-201

　　04 选择A1轨道上的【配乐.mp3】音频素材文件，在起始帧和结束帧的位置单击 ◇ 按钮，各添加一个关键帧。然后在3秒11帧的位置和36秒22帧的位置各添加一个关键帧，如图9-202所示。

　　05 将鼠标分别放置在第一个和最后一个关键帧上，并

按住鼠标左键向下拖曳，制作出音乐的淡入淡出效果，如图9-203所示。此时按空格键播放预览，可以听到音频的淡入淡出效果。

图 9—203

图 9—202

本章小结

　　音频效果是影片中的重要组成部分之一，可以通过音频烘托气氛，引导情感。本章讲解了如何添加和编辑音频素材，以及音频效果的使用。通过本章学习，可以掌握常用的编辑音频方法和技巧。

 读书笔记

第10章

关键帧动画和运动特效

本章内容简介：

在Adobe Premiere Pro CC 2018中，可以为【时间轴】面板中素材的相应属性添加关键帧，制作出相应动画效果。在应用关键帧之前，需要了解什么是关键帧。本章还介绍了关键帧的添加、移动、复制、粘贴和删除等基本操作，以及多个属性关键帧的结合应用。

本章学习要点：

- 了解什么是关键帧
- 掌握添加、移动和删除关键帧的基本操作
- 掌握复制和粘贴关键帧的方法
- 关键帧动画的应用
- 了解关键帧插值

10.1 初识关键帧

使用Premiere的关键帧功能可以修改时间轴上某些特定点处的视频效果。通过关键帧，可以使Premiere应用时间轴上某一点的效果设置逐渐变化到另一点的设置。使用关键帧可以让视频素材或静态素材更加生动。还可以导入标识静态帧素材，并通过关键帧为它创建动画。

任何动画要表现运动或变化，至少前后要有两个不同的关键状态，而中间状态的变化和衔接会自动完成，表示关键状态的帧动画叫作关键帧动画。

所谓关键帧动画，就是给需要动画效果的属性，准备一组与时间相关的值，这些值都是在动画序列中比较关键的帧中提取出来的，而其他时间帧中的值，可以利用这些关键值采用特定的插值方法计算得到，从而达到比较流畅的动画效果。如图10-1所示，分别为静止画面和关键帧动画的对比效果。

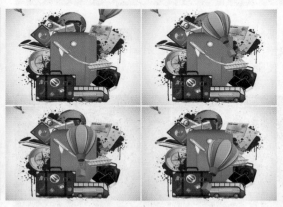

图 10—1

 思维点拨：什么是帧？

帧是影像动画中最小单位的单幅影像画面，相当于电影胶片上的每一格镜头。一帧就是一副静止的画面，连续的帧就形成了动画，如电影图像等。帧数，即在1秒钟时间里传输的图片帧数，也可以理解为图形处理器每秒钟能够刷新几次，通常用fps（Frames Per Second）表示。高的帧率可以得到更流畅、更逼真的动画。PAL电视标准，每秒25帧。NTSC电视标准，每秒29.97帧（简化为30帧）。

10.2 效果控件面板

导入的素材添加到视频轨道上后，单击选择素材，在【效果控件】面板中可以看到3栏，即【运动】【不透明度】【时间重映射】。这3栏中都包含相关参数，可以对素材进行关键帧动画等操作。

10.2.1 效果控件面板参数的显示与隐藏

技术速查：在【效果控件】面板中单击选项左侧的▶按钮可以显示和隐藏属性参数。

单击选项左侧的▶按钮，即可将该栏展开，显示栏中的选项。展开后该按钮会变成▼按钮，单击该按钮可折叠栏，如图10-2所示。

图 10-2

【效果控件】面板的上方有一个 ▶ （显示/隐藏时间轴视图）按钮，单击该按钮可隐藏时间轴视图，再次单击即可显示。便于查看和编辑关键帧，更好地掌握动画制作，如图10-3所示。

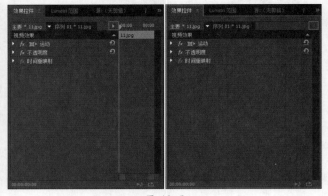

图 10-3

10.2.2 设置参数值

技术速查：可以利用鼠标拖动和输入数值来更改设置属性的参数。

单击属性后面的数值，即可输入新的参数值，如图10-4所示。或者将光标移动到参数值上，然后当光标变成双箭头时，按住鼠标左键来左右拖动，可以调节参数值的大小，如图10-5所示。

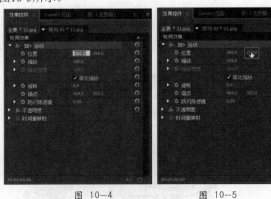

图 10-4　　　　　　图 10-5

 技巧提示

其他属性的参数设置方法也与上述方法相同。

10.3 创建与查看关键帧

在制作关键帧动画时，必须要为某一属性创建至少两个具有不同数值的关键帧，才能为素材设置该属性动画。在添加关键帧后，可以查看已经添加的关键帧参数。

10.3.1 创建和添加关键帧

技术速查：通过属性前面的 ◘（切换动画）按钮可以创建关键帧，而通过修改参数值和 ◆（添加/删除关键帧）按钮可以快速添加关键帧。

在Premiere中，每一个特效或者属性都有一个对应的 ◘（切换动画）按钮。制作关键帧动画之前要单击 ◘ 按钮将其激活，激活之后即可为素材创建关键帧。

 技巧提示

已经将 ◘ 按钮激活了，不能再次单击该按钮创建关键帧。因为再次单击 ◘ 按钮将自动删除全部关键帧。

为素材添加关键帧的方法主要有以下几种。

动手学：在【效果控件】面板中添加关键帧

01 在【效果控件】面板中将播放指示器拖动到合适的位置，然后单击属性前的 ◘ 按钮，并更改属性参数，会自动创建关键帧，如图10-6所示。

02 在已经激活 ◘ 按钮后，可以单击 ◆（添加/删除关键

336

帧）按钮，手动创建关键帧，而不更改参数，如图10-7
所示。

图 10—6

图 10—7

动手学：通过【节目】监视器添加关键帧

01 以【缩放】属性为例。在【效果控件】面板中将播放指示器拖动到合适的位置，然后单击属性前面的按钮，并更改属性参数，会自动创建关键帧，如图10-8所示。该操作是为素材设置第一个关键帧，此时效果如图10-9所示。

图 10—8

图 10—9

02 将当前播放指示器拖到要添加关键帧的位置，然后在【节目】监视器中直接改变素材文件大小（选择节目监视器中素材，双击鼠标左键，才可以调节素材），如图10-10所示。此时，素材参数也跟随更改，如图10-11所示。

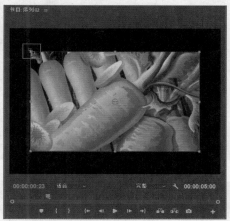

图 10—10

图 10—11

动手学：在【时间轴】面板中使用鼠标添加关键帧

01 单击【时间轴】面板中素材文件上的效果属性菜单，然后选择要设置动画的属性，如图10-12所示。

图 10-12

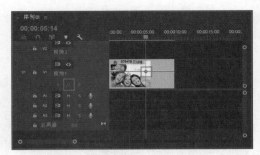

图 10-15

02 将鼠标指针移动到【时间轴】面板中素材上的直线附近，鼠标指针呈现状时，如图10-13所示。此时按住【Ctrl】键，然后单击鼠标左键即可添加关键帧，如图10-14所示。

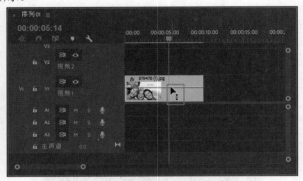

图 10-13

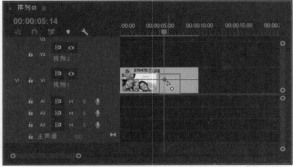

图 10-14

技巧提示

除了【位置】和【锚点】属性，其他基本属性都可用上述方法在【时间轴】面板中添加关键帧。

动手学：在【时间轴】面板中使用【添加/删除关键帧】按钮添加关键帧

将播放指示器拖到需要添加关键帧的位置，然后单击该素材轨道前面的（添加/删除关键帧）按钮，即可添加一个关键帧，如图10-15所示。

技巧提示

所有属性都可以利用（添加/删除关键帧）按钮添加关键帧。

10.3.2 查看关键帧

技术速查：通过关键帧导航器可以查看已经添加的关键帧。

创建关键帧后，可以使用关键帧导航器查看关键帧，如图10-16所示。同样，在【时间轴】面板中也可以通过关键帧导航器查看关键帧，如图10-17所示。

图 10-16

图 10-17

● ◀（跳转到前一关键帧）：可以跳转到前一个关键帧的位置。

● ▶（跳转到下一关键帧）：可以跳转到后一个关键帧的位置。

Premiere Pro CC 中文版自学视频教程

338

- ◆ （添加/删除关键帧）：为每个属性添加或删除关键帧。
- ◀◆▶：表示当前位置左右均有关键帧。
- ◆▶：表示当前位置右侧有关键帧。
- ◀◆：表示当前位置左侧有关键帧。
- ◆：表示当前播放指示器位于关键帧上。
- ◈：表示当前播放指示器位置没有关键帧。

若要让播放指示器与关键帧对齐，需要按住【Shift】键，然后向关键帧方向拖动播放指示器，播放指示器会自动与关键帧对齐，如图10-18所示。

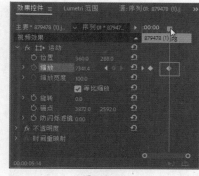

图 10-18

10.4　编辑关键帧

要为效果设置动画，创建完关键帧后，就要重新编辑关键帧，关键帧的编辑包括选择关键帧、移动关键帧、复制和粘贴关键帧以及删除关键帧等。

10.4.1　选择关键帧

选择关键帧之后，方便对选择的关键帧进行操作而不影响其他关键帧。

 动手学：选择指定关键帧

01 若要选择指定的关键帧，首先要单击▶（选择工具），然后在【效果控件】面板中单击需要选择的关键帧即可，如图10-19所示。

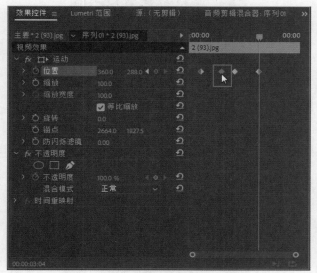

图 10-19

02 按住【Shift】键，可以多选。关键帧显示为蓝色时，表示该关键帧已经被选择，如图10-20所示。

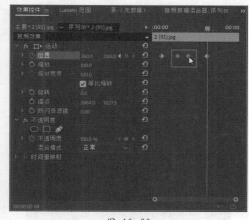

图 10-20

 技巧提示

使用同样的方法，也可在【时间轴】面板中选择关键帧，如图10-21所示。

图 10-21

动手学：选择某属性全部关键帧

若要选择某一属性的全部关键帧。在【效果控件】面板中双击该属性的名称，即可选择该属性的全部关键帧，如图10-22所示。

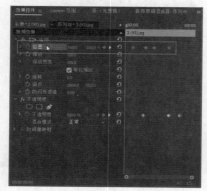

图 10-22

动手学：框选关键帧

可以利用鼠标框选多个关键帧。在需要选择的范围内按住鼠标左键，并拖曳出一个框选范围，如图10-23所示。然后释放鼠标左键，此时，在框选范围内的关键帧都已经被选择，如图10-24所示。

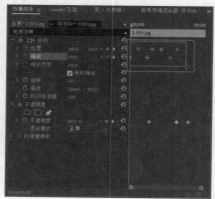

图 10-23

图 10-24

10.4.2 移动关键帧

在制作的关键帧的时间位置需要更改时，可以直接移动关键帧来修改动画的时间位置。

动手学：移动单个关键帧

单击 ▶ （选择工具），然后在【效果控件】面板中选择某一关键帧，如图10-25所示。按住鼠标左键，并将其进行左右拖曳，即可移动该关键帧的位置，如图10-26所示。移动到指定位置后释放鼠标左键即可。

图 10-25

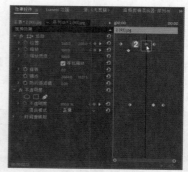

图 10-26

动手学：移动多个关键帧

可以同时移动多个关键帧。首先选择多个关键帧，如图10-27所示。然后在其中一个关键帧上按住鼠标左键，并将其进行左右拖曳，即可同时移动多个关键帧的位置，如图10-28所示。

图 10-27

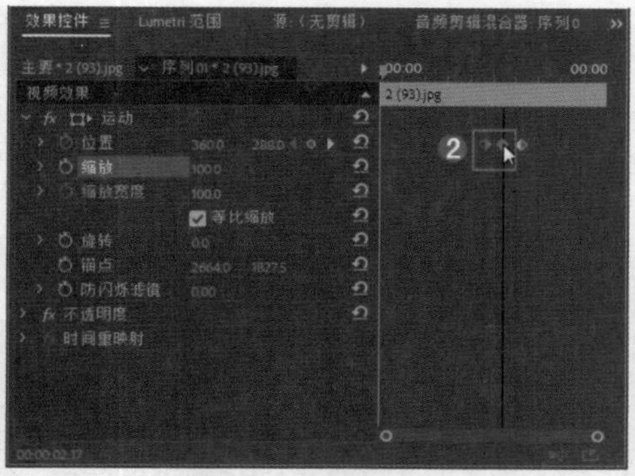

图 10-28

技巧提示

使用同样的方法，也可在【时间轴】面板中移动关键帧，如图10-29所示。

图 10-29

10.4.3 复制和粘贴关键帧

技术速查：通过快捷键和菜单命令的方法可以将关键帧进行复制和粘贴。

在制作多个相同动作的动画效果时，可以先创建出动画关键帧效果，然后将关键帧进行复制和粘贴，该方法使制作更加简单和快速。

复制和粘贴关键帧主要有以下两种方法。

🖱 动手学：拖动关键帧进行复制和粘贴

01 选择要复制的关键帧，如图10-30所示。然后按住【Alt】键，同时在该关键帧上按住鼠标左键拖到所需位置，即可在该位置出现一个相同的关键帧，如图10-31所示。接着释放鼠标左键即可。

图 10-30

技巧提示

使用上述方法时，选择多个关键帧，即可复制和粘贴出多个关键帧。如图10-32所示。

图 10-32

🖱 动手学：在右键快捷菜单中复制和粘贴关键帧

选择一个或多个关键帧，然后单击鼠标右键，在弹出的快捷菜单中选择【复制】命令，如图10-33所示。接着将播放指示器移动到要粘贴关键帧的位置，此时单击鼠标右键，在弹出快捷的菜单中选择【粘贴】命令，如图10-34所示。

图 10-31

图 10-33

341

图 10—34

10.4.4　删除关键帧

技术速查：可以通过快捷键、◆（添加/删除关键帧）按钮和右键快捷菜单命令来删除已经添加的关键帧。

　　有时候在操作中会添加了多余的关键帧，那么就需要将这些关键帧删除。删除已经添加的关键帧的方法有以下3种。

📱 动手学：快捷键删除关键帧

　　在【效果控件】面板中选择要删除的关键帧，然后按【Delete】键，如图10-36所示。即可删除该关键帧，如图10-37所示。

图 10—36

图 10—37

📱 动手学：【添加/删除关键帧】按钮删除关键帧

　　将播放指示器对齐到要删除的关键帧上，然后单击◆（添加/删除关键帧）按钮，如图10-38所示。即可删除该关键帧，如图10-39所示。

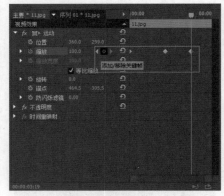

图 10—38

图 10—39

技巧提示

使用以上两种方法，也可在【时间轴】面板中删除关键帧。选择【时间轴】面板中素材文件上的关键帧，然后按【Delete】键即可删除，如图10-40所示。

图 10-40

将【时间轴】面板中的播放指示器与关键帧对齐，然后单击该轨道前面的 （添加/删除关键帧）按钮，即可删除该关键帧，如图10-41所示。

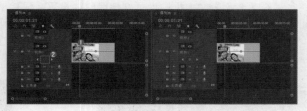

图 10-41

 读书笔记

动手学：右键快捷菜单删除关键帧

选择要删除的关键帧，然后单击鼠标右键，在弹出的快捷菜单中选择【清除】命令，如图10-42所示。即可删除该关键帧，如图10-43所示。

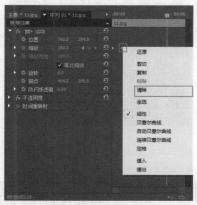

图 10-42

图 10-43

第10章 关键帧动画和运动特效

10.5 效果控件面板参数

技术速查：【运动】特效是所有素材所共有的特效，当素材添加到视频轨道上时，选择素材后，在【效果控件】面板中可看到该特效。

【运动】特效包括【位置】【缩放】【旋转】【锚点】【防闪烁滤镜】等，如图10-44所示。

10.5.1 位置选项

技术速查：【位置】用来设置图像的屏幕位置，这个位置是图像的中心点。【位置】的两个值分别代表水平位置和垂直位置。

【位置】的参数如图10-45所示。

 读书笔记

图 10-44

图 10-45

01 通过调节【位置】的参数值可以修改素材文件在【节目】监视器中的位置，如图10-46所示。

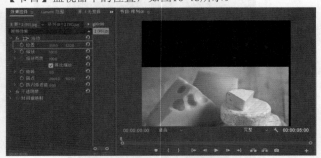

图 10-46

02 也可以选择【效果控件】面板中的 ▶ 运动 选项，然后直接在【节目】监视器中按住鼠标左键拖动素材文件来调整其位置，如图10-47所示。

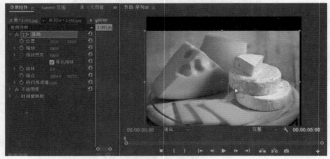

图 10-47

★ 案例实战——制作电影海报移动效果

案例文件	案例文件\第10章\电影海报移动效果.prproj
视频教学	视频文件\第10章\电影海报移动效果.mp4
难易指数	★★★★★
技术要点	位置和缩放效果的应用

扫码看视频

10.5.1 制作电影海报移动效果

案例效果

利用位移效果可以制作出电影海报画面和胶片一起移动的效果。本例主要是针对"制作电影海报移动效果"的方法进行练习，如图10-48所示。

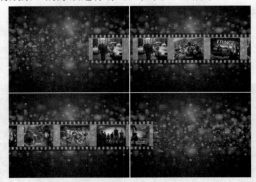

图 10-48

操作步骤

01 打开Adobe Premiere Pro CC 2018软件，单击【新建项目】按钮，在弹出的对话框中单击【浏览】按钮设置保存路径，在【名称】文本框中设置文件名称，设置完成后单击【确定】按钮。接着选择【文件】|【新建】|【序列】命令，在弹出的对话框中选择【DV-PAL】|【标准48kHz】选项，如图10-49所示。

图 10-49

02 在【项目】面板空白处双击鼠标左键，然后在打开的对话框中选择所需的素材文件，并单击【打开】按钮导入，如图10-50所示。

图 10-50

03 将【项目】面板中的【背景.jpg】和【胶片.jpg】素材文件拖曳到V1和V2轨道上，如图10-51所示。

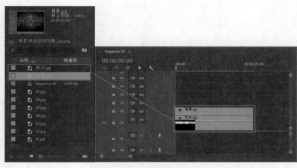

図 10−51

04 选择V1轨道上的【背景.jpg】素材文件，在【效果控件】面板【运动】栏中设置【缩放】为50，如图10-52所示。此时效果如图10-53所示。

图 10−52

图10−53

05 选择V2轨道上的【胶片.jpg】素材文件。在【效果控件】面板中将播放指示器拖到起始帧的位置，单击【运动】栏中的【位置】前面的 按钮，开启关键帧，设置【位置】为（1498,288），【不透明度】为55%。接着将播放指示器拖到第4秒05帧的位置，设置【位置】为（-818,288），如图10-54所示。此时效果如图10-55所示。

图 10−54

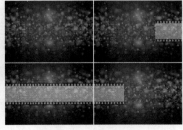

图 10−55

06 将【项目】面板中的【01.jpg】素材文件拖曳到V3轨道上，如图10-56所示。

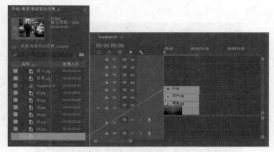

图 10−56

07 选择V3轨道上的【01.jpg】素材文件，在【效果控件】面板【运动】栏设置【缩放】为12。接着单击【位置】前面的 按钮，开启关键帧，设置【位置】为（828,288）。最后将播放指示器拖到第4秒的位置，设置【位置】为（-1339,288），如图10-57所示。此时效果如图10-58所示。

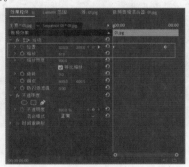

图 10−57

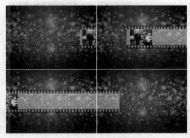

图 10−58

08 将【项目】面板中的【02.jpg】至【07.jpg】素材文件按顺序拖曳到V4至V9轨道上，如图10-59所示。

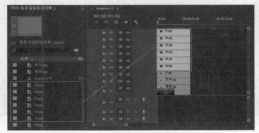

图 10−59

09 选择V3轨道上的【01.jpg】素材文件，将【效果控件】面板中的【位置】关键帧和【缩放】属性依次复制到【02.jpg】至【07.jpg】素材文件上，如图10-60所示。

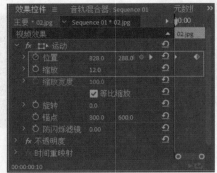

图 10-60

10 将【时间轴】面板中的【02.jpg】至【07.jpg】素材文件依次向后移动10帧的位置，如图10-61所示。

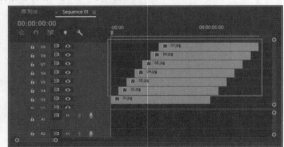

图 10-61

技巧提示

移动效果除了可以应用在电影海报外，也可以应用在视频和序列帧图片，这样在移动的同时可以产生动态的画面效果。

11 此时，拖动播放指示器查看最终效果，如图10-62所示。

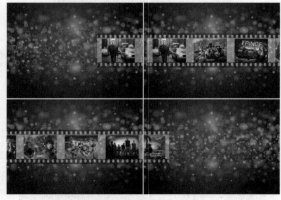

图 10-62

 答疑解惑：制作多个图片移动效果时需要注意哪些事项？

在制作多个图片移动效果时，其他粘贴关键帧的素材文件向后的移动时间长度，决定了素材移动时的间距。

10.5.2 缩放选项

技术速查：【缩放】可以调整当前素材文件的尺寸大小，可以直接修改参数。

【缩放】的参数如图10-63所示。

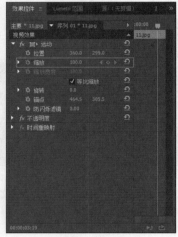

图 10-63

● 等比缩放：选中该复选框，素材可以进行等比例缩放，如图10-64所示。取消选中该复选框，将激活【缩放宽度】，同时【缩放】会变成【缩放高度】，此时可以分别缩放素材的宽度和高度，如图10-65所示。

图 10-64   图 10-65

01 通过调节【缩放】的参数可以修改素材文件在【节目】监视器中的大小，如图10-66所示。

图 10—66

技巧提示

通过左右拖动选项参数下面的滑块，也可以调整参数，如图10-67所示。

图 10—67

02 也可以选择【效果控件】面板中的 ▶ 运动 选项，然后直接在【节目】监视器中通过素材文件周围的控制点来调整其大小，如图10-68所示。

图 10—68

★ 案例实战——制作电脑图标移动效果

案例文件	案例文件\第10章\电脑图标移动.prproj
视频教学	视频文件\第10章\电脑图标移动.mp4
难易指数	★★★★★
技术要点	位置和缩放效果的应用

案例效果

在计算机桌面上按住鼠标左键移动图标，是一种移动桌面图标常用的方法。本例主要是针对"制作电脑图标移动效果"的方法进行练习，如图10-69所示。

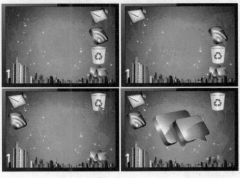

图 10—69

扫码看视频

10.5.2 制作电脑图标移动效果

操作步骤

01 打开Adobe Premiere Pro CC 2018软件，单击【新建项目】按钮，在弹出的对话框中单击【浏览】按钮设置保存路径，在【名称】文本框中设置文件名称，设置完成后单击【确定】按钮。接着选择【文件】|【新建】|【序列】命令，在弹出的对话框中选择【DV-PAL】|【标准48kHz】选项，如图10-70所示。

图 10—70

02 在【项目】面板空白处双击鼠标左键，然后在打开的对话框中选择所需的素材文件，并单击【打开】按钮导入，如图10-71所示。

图 10—71

03 将【项目】面板中的【背景.jpg】素材文件拖曳到V1轨道上，如图10-72所示。

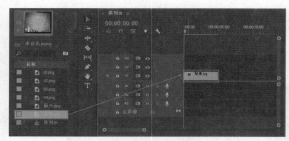

图 10-72

图 10-76

图 10-77

04 选择V1轨道上的【背景.jpg】素材文件，在【效果控件】面板【运动】栏中取消选中【等比缩放】复选框。接着设置【缩放高度】为45，【缩放宽度】为50，如图10-73所示。此时效果如图10-74所示。

图 10-73

图 10-74

05 将【项目】面板中的【01.png】至【04.png】素材文件按顺序拖曳到【时间轴】面板中的V2至V5轨道上，如图10-75所示。

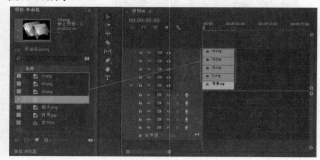

图 10-75

06 分别在【效果控件】面板【运动】栏中设置【01.png】【02.png】【03.png】和【04.png】素材文件的【缩放】为20。然后分别设置每个素材的【位置】，使4个素材文件在监视器中的右侧从上至下排列，如图10-76所示。此时效果如图10-77所示。

07 选择V2轨道上的【01.png】素材文件。在【效果控件】面板中将播放指示器拖到第15帧的位置，单击【运动】栏中【位置】前面的按钮，开启关键帧，设置【位置】为（595,94）。接着将播放指示器拖曳到第1秒的位置，设置【位置】为（95,94），如图10-78所示。此时效果如图10-79所示。

图 10-78

图 10-79

08 选择V3轨道上的【02.png】素材文件。在【效果控件】面板中将播放指示器拖到第1秒20帧的位置，单击【运动】栏中【位置】前面的按钮，开启关键帧，设置【位置】为（595,226）。接着将播放指示器拖曳到第2秒05帧的位置，设置【位置】为（95,226），如图10-80所示。此时效果如图10-81所示。

图 10-80

图 10-81

09 选择V4轨道上的【03.png】素材文件。在【效果控件】面板中将播放指示器拖到第3秒的位置，单击【运动】栏中【位置】前面的 按钮，开启关键帧，设置【位置】为（595,355）。接着将播放指示器拖曳到第3秒10帧的位置，设置【位置】为（595,92），如图10-82所示。此时效果如图10-83所示。

图 10-82

图 10-83

10 选择V5轨道上的【04.png】素材文件。在【效果控件】面板中将播放指示器拖到第4秒05帧的位置，单击【运动】栏中【位置】和【缩放】前面的 按钮，开启关键帧，并设置【位置】为（595,475）。接着将播放指示器拖曳到第4秒10帧的位置，设置【位置】为（371,288），【缩放】为58，如图10-84所示。此时效果如图10-85所示。

图 10-84

图 10-85

11 将【项目】面板中的【箭头.png】素材文件拖曳到V6轨道上，如图10-86所示。

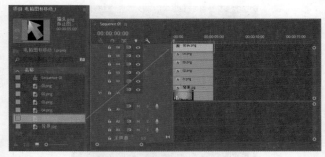

图 10-86

12 选择V6轨道上的【箭头.png】素材文件，在【效果控件】面板【运动】栏中设置【缩放】为10。将播放指示器拖到起始帧的位置，并单击【运动】栏中【位置】前面的 按钮，开启关键帧，设置【位置】为（813,120）。继续将播放指示器拖曳到第15帧的位置，设置【位置】为（616,124）。接着将播放指示器拖到第1秒的位置，设置【位置】为（116,124），如图10-87所示。此时效果如图10-88所示。

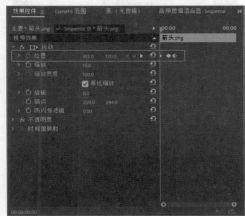

图 10-87

图 10-88

13 将播放指示器拖到第1秒20帧的位置，设置【位置】为（631,263）。接着将播放指示器拖到第2秒05帧的位置，设置【位置】为（130,263），如图10-89所示。此时效果如图10-90所示。

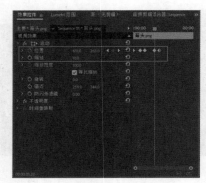

图 10-89

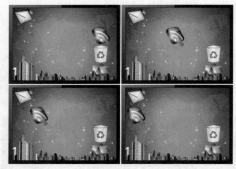

图 10-90

14 将播放指示器拖到第3秒的位置,设置【位置】为(612,382)。接着将播放指示器拖到第3秒10帧的位置,设置【位置】为(612,117)。最后将播放指示器拖到第3秒20帧的位置,设置【位置】为(612,498),如图10-91所示。此时效果如图10-92所示。

图 10-91

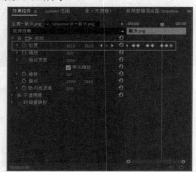

图 10-92

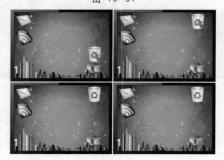

15 此时,拖动播放指示器查看最终效果,如图10-93所示。

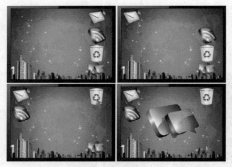

图 10-93

☎ 答疑解惑:制作电脑图标移动需要注意哪些问题?

制作电脑图标移动时,需注意鼠标的移动位置和时间。对应好图标和鼠标的动画关键帧的位置。

以此类推,可以制作出其他物体跟随移动的效果。

★ 案例实战——制作倒计时画中画效果

案例文件	案例文件\第10章\倒计时画中画效果.prproj
视频教学	视频文件\第10章\倒计时画中画效果.mp4
难易指数	★★★★★
技术要点	通用倒计时片头和位置、缩放效果的应用

案例效果

有些视频会在倒计时后切换到播放画面。Adobe Premiere Pro CC 2018软件中自带的通用倒计时片头,可以制作倒计时片头效果。本例主要是针对"制作倒计时画中画效果"的方法进行练习,如图10-94所示。

扫码看视频

10.5.2 制作倒计时画中画效果

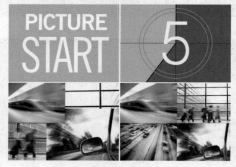

图 10-94

操作步骤

01 打开Adobe Premiere Pro CC 2018软件,单击【新建项目】按钮,在弹出的对话框中单击【浏览】按钮设置保存路径,在【名称】文本框中设置文件名称,设置完成后单击【确定】按钮。接着选择【文件】|【新建】|【序列】命

令，在弹出的对话框中选择【DV-PAL】|【标准48kHz】选项，如图10-95所示。

图 10-95

02 在【项目】面板空白处双击鼠标左键，然后在打开的对话框中选择所需的素材文件，并单击【打开】按钮导入，如图10-96所示。

03 单击【项目】面板下面的 ■（新建项）按钮，在弹出的列表中选择【通用倒计时片头】选项。接着，在弹出的对话框中单击【确定】按钮，如图10-97所示。

图 10-96

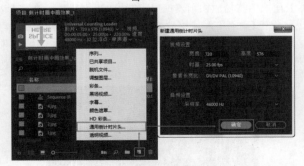

图 10-97

也可以选择【文件】|【新建】|【通用倒计时片头】命令，如图10-98所示。

图 10-98

04 在【通用倒计时设置】对话框中，设置【擦除颜色】为蓝色，【背景色】为灰色，【目标颜色】为黄色，【数字颜色】为白色。最后单击【确定】按钮，如图10-99所示。

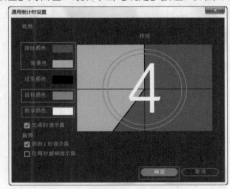

图 10-99

05 在【项目】面板的【通用倒计时片头】素材文件上单击鼠标右键，在弹出的快捷菜单中选择【速度/持续时间】命令，在弹出的对话框中设置【持续时间】为5秒，如图10-100所示。

图 10-100

06 将【项目】面板中的【通用倒计时片头】素材文件拖曳到V1轨道上，如图10-101所示。

07 将【项目】面板中的图片素材文件按顺序拖曳到【时间轴】面板的轨道中，如图10-102所示。

图 10-101

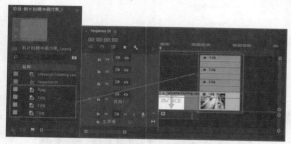

图 10-102

08 选择V4轨道上的【4.jpg】素材文件，在【效果控件】面板中将播放指示器拖曳到5秒10帧的位置，单击【运动】栏中【位置】和【缩放】前面的█按钮，开启关键帧，设置【缩放】为63。接着将播放指示器拖到第6秒10帧的位置，设置【位置】为（165,140），【缩放】为32，如图10-103所示。此时效果如图10-104所示。

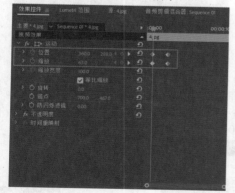

图 10-103

图 10-104

09 选择V3轨道上的【3.jpg】素材文件，在【效果控件】面板中将播放指示器拖曳到6秒10帧的位置，单击【运动】栏中【位置】和【缩放】前面的█按钮，开启关键帧，设置【缩放】为58。接着将播放指示器拖到第7秒10帧的位置，设置【位置】为（562,466），【缩放】为30，如图10-105所示。此时效果如图10-106所示。

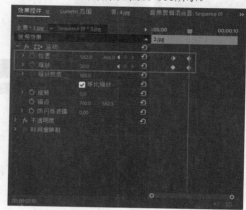

图 10-105

图 10-106

10 选择V2轨道上的【2.jpg】素材文件，在【效果控件】面板中将播放指示器拖曳到7秒10帧的位置，单击【运动】栏中【位置】和【缩放】前面的█按钮，开启关键帧，设置【缩放】为62。接着将播放指示器拖到第8秒10帧的位置，设置【位置】为（574,148），【缩放】为32，如图10-107所示。此时效果如图10-108所示。

图 10-107

图 10-108

11 选择V1轨道上的【1.jpg】素材文件,在【效果控件】面板中将播放指示器拖曳到8秒10帧的位置,单击【运动】栏中【位置】和【缩放】前面的◎按钮,开启关键帧,设置【缩放】为68。接着将播放指示器拖到第9秒10帧的位置,设置【位置】为(188,420),【缩放】为35,如图10-109所示。最终效果如图10-110所示。

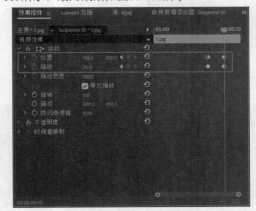

图 10-109

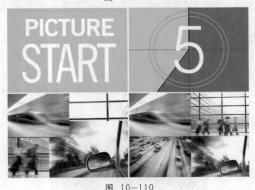

图 10-110

10.5.3 旋转选项

技术速查:【旋转】可以使素材沿某一中心点进行旋转,正数代表顺时针,负数代表逆时针。

【旋转】的参数如图10-111所示。

图 10-111

01 通过调节【旋转】的参数可以修改素材文件在【节目】监视器中旋转的角度,如图10-112所示。

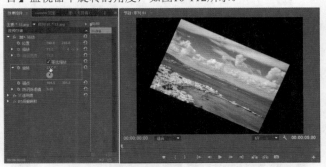

图 10-112

02 也可以选择【效果控件】面板中的■▶运动选项,然后直接在【节目】监视器中通过素材文件周围的控制点来调整其旋转角度,如图10-113所示。

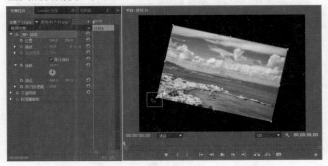

图 10-113

★ **案例实战——制作气球升空效果**

案例文件	案例文件\第10章\气球升空效果.prproj
视频教学	视频文件\第10章\气球升空效果.mp4
难易指数	★★★★★
技术要点	位置和旋转效果的应用

扫码看视频

10.5.3 制作气球升空效果

案例效果

通过为旋转属性添加关键帧动画可以制作出素材的多种动画效果,如摇摆、旋转和偏移等。本例主要是针对"制作気球升空效果"的方法进行练习，如图10-114所示。

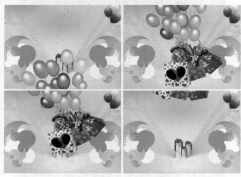

图 10-114

操作步骤

01 打开Adobe Premiere Pro CC 2018软件，单击【新建项目】按钮，在弹出的对话框中单击【浏览】按钮设置保存路径，在【名称】文本框设置文件名称，设置完成后选择【确定】按钮。接着选择【文件】|【新建】|【序列】命令，在弹出的对话框中选择【DV-PAL】|【标准48kHz】选项，如图10-115所示。

图 10-115

02 在【项目】面板空白处双击鼠标左键，然后在打开的对话框中选择所需的素材文件，并单击【打开】按钮导入，如图10-116所示。

03 将【项目】面板中的【背景.jpg】素材文件拖曳到V1轨道上，如图10-117所示。

图 10-116

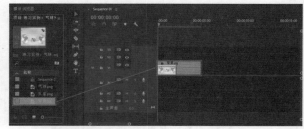

图 10-117

04 选择V1轨道上的【背景.jpg】素材文件，在【效果控件】面板【运动】栏中设置【缩放】为51，如图10-118所示。此时效果如图10-119所示。

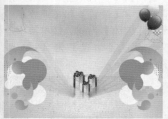

图 10-118　　　图 10-119

05 将【项目】面板中的【礼盒.png】和【气球.png】素材文件分别拖曳到V2和V3轨道上，如图10-120所示。

图 10-120

06 选择V2轨道上的【礼盒.png】素材文件，在【效果控件】面板【运动】栏设置【缩放】为41，【锚点】为（800,387）。接着将播放指示器拖到起始帧的位置，单击【位置】前面的按钮，开启关键帧，设置【位置】为（365,1140）。最后将播放指示器拖到第4秒的位置，设置【位置】为（365,-380），如图10-121所示。

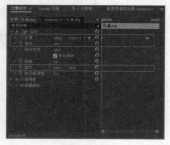

图 10-121

Premiere Pro CC 中文版自学视频教程

354

07 此时，拖动播放指示器查看效果，如图10-122所示。

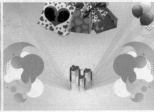

图 10-122

08 选择V3轨道上【气球.png】素材文件，在【效果控件】面板【运动】栏中设置【缩放】为74。接着将播放指示器拖到起始帧的位置，并单击【位置】前面的 按钮，开启关键帧，设置【位置】为（306,885）。最后将播放指示器拖到第4秒的位置，设置【位置】为（306,-545），如图10-123所示。此时效果，如图10-124所示。

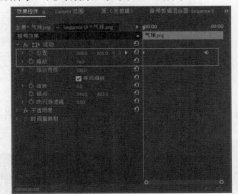

图 10-123

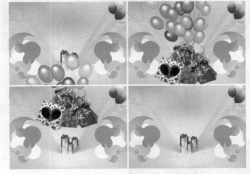

图 10-124

09 选择V2轨道上的【礼盒.png】素材文件，在【效果控件】面板中将播放指示器拖到第1秒10帧的位置，单击【旋转】前面的 按钮，开启关键帧。接着将播放指示器拖到第2秒15帧的位置时，设置【旋转】为-33°。最后将播放指示器拖到第4秒的位置时，设置【旋转】为27°，如图10-125所示。

10 此时，拖动播放指示器查看最终效果，如图10-126所示。

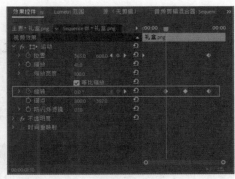

图 10-125

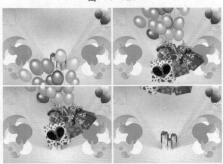

图 10-126

☎ **答疑解惑：制作气球升空效果时需要注意哪些问题？**

在制作气球升空效果时，为气球携带的礼物制作出左右摇摆效果，在制作礼物左右摇摆前，一定要将其中心点移动到合适的位置，以保证左右摇摆时使其整体效果更加自然。

10.5.4 锚点选项

技术速查：【锚点】即素材文件的中心点，可以使素材沿某一中心点进行旋转等操作。

【锚点】的参数如图10-127所示。

图 10-127

通过调节【锚点】的参数可以修改在【节目】监视器中素材文件的中心点位置，如图10-128所示。

图 10-128

 技巧提示

在【节目】监视器中素材文件上的 ⊕ 代表【锚点】位置。修改【锚点】位置会直接影响素材的旋转中心点。

★ 案例实战——制作旋转风车效果

案例文件	案例文件\第10章\旋转风车效果.prproj
视频教学	视频文件\第10章\旋转风车效果.mp4
难易指数	★★★★★
技术要点	位置、缩放和旋转效果的应用

案例效果

学习类宣传动画，经常采用明亮的颜色和富有学习气氛的物品来制作。添加一定的动态效果可以使画面有很好的动感效果和观赏性。本例主要是针对"制作旋转风车效果"的方法进行练习，如图10-129所示。

扫码看视频

10.5.4 制作旋转风车效果

图 10-129

操作步骤

01 打开Adobe Premiere Pro CC 2018软件，单击【新建项目】按钮，在弹出的对话框中单击【浏览】按钮设置保存路径，在【名称】文本框中设置文件名称，设置完成后单击【确定】按钮。接着选择【文件】|【新建】|【序列】命令，在弹出的对话框中选择【DV-PAL】|【标准48kHz】选项，如图10-130所示。

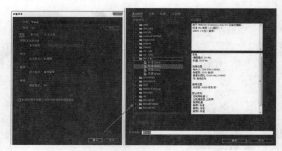

图 10-130

02 在【项目】面板空白处双击鼠标左键，然后在打开的对话框中选择所需的素材文件，并单击【打开】按钮导入，如图10-131所示。

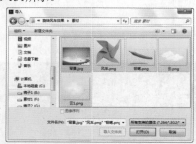

图 10-131

03 将【项目】面板中的素材文件按顺序拖曳到V1轨道上，如图10-132所示。

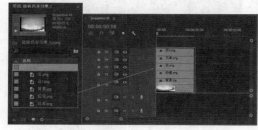

图 10-132

04 选择V1轨道上的【背景.jpg】素材文件，在【效果控件】面板【运动】栏中设置【缩放】为55，如图10-133所示。隐藏其他轨道上的素材文件并查看此时效果，如图10-134所示。

图 10-133　　　　　图 10-134

05 显示并选择V4轨道上的【风车.png】素材文件，在【效果控件】面板【运动】栏中设置【位置】为（373,163），【缩放】为38，【锚点】为（947,1082）。将播放指示器拖到起始帧的位置，单击【旋转】前面的◎按钮，开启关键帧。接着将播放指示器拖到第4秒22帧的位置，设置【旋转】为5×0.0°，如图10-135所示。此时效果如图10-136所示。

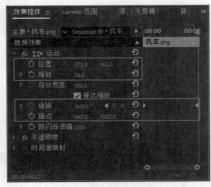

图 10-155

图 10-136

因为旋转属性是按中心点旋转的，所以制作风车旋转动画前，注意风车素材文件的中心点要在风车的正中间，如图10-137所示。

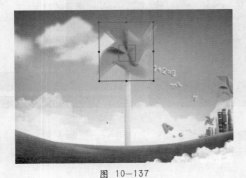

图 10-137

06 显示并选择V2轨道上的【铅笔.png】素材文件，在【效果控件】面板将播放指示器拖到起始帧位置，单击【运动】栏中【位置】和【缩放】前面的◎按钮，开启关键帧，设置【位置】为（1016,500），【缩放】为11。最后将播放指示器拖到第12帧的位置，设置【位置】为（306,380），【缩放】为38，如图10-138所示。此时效果如图10-139所示。

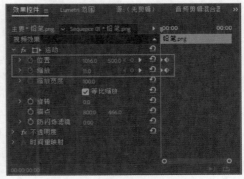

图 10-138

图 10-139

07 显示并选择V3轨道上的【云.png】素材文件，在【效果控件】面板【运动】栏中设置【缩放】为44，在【不透明度】栏设置【不透明度】为85%。接着将播放指示器拖到起始帧位置，单击【位置】前面的◎按钮，开启关键帧，设置【位置】为（257,131）。接着将播放指示器拖到4秒22帧的位置，设置【位置】为（833,131），如图10-140所示。此时效果如图10-141所示。

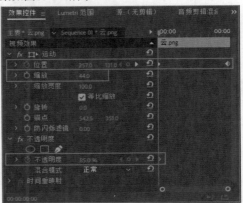

图 10-140

图 10—141

08 显示并选择V5轨道上的【云1.png】素材文件，在【效果控年】面板【运动】栏中设置【缩放】为48。接着将播放指示器拖到起始帧位置，单击【位置】前面的按钮，开启关键帧，并设置【位置】为（-6,131）。最后将播放指示器拖到第4秒22帧的位置，设置【位置】为（559,131），如图10-142所示。最终效果如图10-143所示。

图 10—142

图 10—143

☎ 答疑解惑：关键帧的作用有哪些？

在Adobe Premiere Pro CC 2018软件中，基本所有的动画效果都需要关键帧来制作，关键帧是制作动画的主要方式和基本元素。

一般制作关键帧动画至少需要两个关键帧，为素材添加的效果也可以用关键帧来制作动画。关键帧即是制作动画的基础和关键。

★ 案例实战——制作花朵动画效果

案例文件	案例文件\第10章\花朵动画效果.prproj
视频教学	视频文件\第10章\花朵动画效果.mp4
难易指数	★★★★★
技术要点	位置、缩放、旋转和不透明度效果的应用

案例效果

扫码看视频

利用关键帧动画可以制作出许多素材的运动效果，使动画效果更加丰富多彩。本例主要是针对"制作花朵动画效果"的方法进行练习，如图10-144所示。

10.5.4 制作花朵动画效果

图 10—144

操作步骤

01 打开Adobe Premiere Pro CC 2018软件，单击【新建项目】按钮，在弹出的对话框中单击【浏览】按钮设置保存路径，在【名称】文本框中设置文件名称，设置完成后单击【确定】按钮。接着选择【文件】|【新建】|【序列】命令，在弹出的对话框中选择【DV-PAL】|【标准48kHz】选项，如图10-145所示。

图 10—145

02 在【项目】面板空白处双击鼠标左键，然后在打开的对话框中选择所需的素材文件，并单击【打开】按钮导入，如图10-146所示。

03 将【项目】面板中的【背景.jpg】素材文件拖曳到V1轨道上，并设置结束时间为第5秒10帧的位置，如图10-147所示。

图 10-146

图 10-147

04 选择V1轨道上的【背景.jpg】素材文件，在【效果控件】面板【运动】栏中设置【缩放】为22，如图10-148所示。此时效果如图10-149所示。

图 10-148

图 10-149

05 将【项目】面板中的【花.png】素材文件拖曳到V2轨道上，并与V1轨道的素材文件对齐，如图10-150所示。

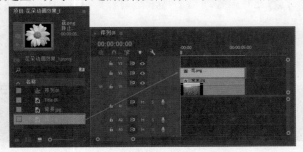

图 10-150

06 选择V2轨道上的【花.png】素材文件，在【效果控件】面板将播放指示器拖到起始帧的位置，单击【运动】栏中【位置】和【缩放】前面的⏱按钮，开启关键帧，设置【位置】为（-145,73），【缩放】为18，如图10-151所示。此时效果如图10-152所示。

图 10-151

图 10-152

07 将播放指示器拖到第2秒的位置，设置【位置】为（324,329），【缩放】为13。接着将播放指示器拖到第4秒的位置，设置【位置】为（783,527），【缩放】为10，如图10-153所示。此时效果如图10-154所示。

图 10-153

图 10-154

08 将播放指示器拖到起始帧的位置，单击【旋转】前面的⏱按钮，开启关键帧，并设置【旋转】为0°，接着将播放指示器拖到第2秒的位置，设置【旋转】为1×180°，最后将播放指示器拖到第4秒的位置，设置【旋转】为3×70°，如图10-155所示。此时效果如图10-156所示。

第10章

关键帧动画和运动特效

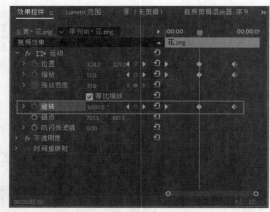

图 10—155

图 10—156

09 选择菜单栏中的【文件】|【新建】|【旧版标题】命令，在弹出的对话框中单击【确定】按钮，如图10-157所示。

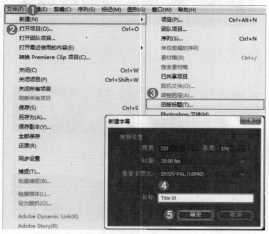

图 10—157

10 在【字幕】面板中单击 T（文字工具），然后在字幕工作区中输入文字【Flower】，接着设置【字体系列】为【Champagne】，【字体大小】为168，【颜色】为绿色，如图10-158所示。

图 10—158

11 关闭【字幕】面板，将【项目】面板中的【Title 01】素材文件拖曳到V3轨道上，设置起始时间为第2秒13帧的位置，结束时间为第5秒10帧的位置，如图10-159所示。

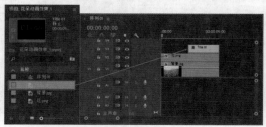

图 10—159

12 选择V3轨道上的【Title 01】素材文件，在【效果控年】面板中将播放指示器拖到起始帧的位置，设置【不透明度】为0，接着将播放指示器拖到第4秒21帧的位置，设置【不透明度】为100%，如图10-160所示。

图 10—160

13 此时，拖动播放指示器查看效果，如图10-161所示。

图 10—161

14 将【项目】面板中的【花.png】素材文件拖曳到V4轨道上，设置起始时间为第4秒的位置，结束时间为第5秒10帧的位置，如图10-162所示。

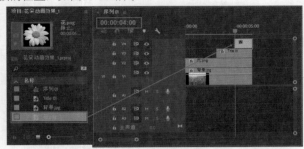

图 10-162

15 选择V4轨道上的【花.png】素材文件，在【效果控件】面板【运动】栏中设置【位置】为（555,288），【缩放】为15。接着将播放指示器拖到起始帧位置，设置【不透明度】为0，最后将播放指示器拖到第4秒05帧的位置，设置【不透明度】为100%，如图10-163所示。

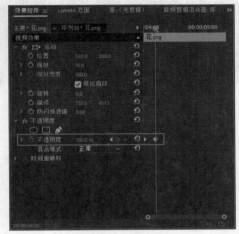

图 10-163

16 此时，拖动播放指示器查看最终效果，如图10-164所示。

图 10-164

 答疑解惑：制作关键帧动画需要注意哪些问题？

在Adobe Premiere Pro CC 2018中，制作关键帧动画必须要单击 ⏱ （切换动画）按钮，来开启关键帧。 ⏱ 即为开启关键帧状态，否则再次输入数值时会替换之前所输数值。

在制作关键帧动画时，可以单击相应属性后面的 ◀ ● ▶ （添加/删除关键帧）按钮为素材添加关键帧。

若想取消动画效果，可以再次单击 ⏱ 按钮，即可关闭关键帧效果，并且之前所记录的所有动画效果也一并消失。

10.5.5 防闪烁过滤镜选项

技术速查：【防闪烁过滤镜】用于过滤运动画面在隔行扫描中产生的抖动；值比较大时，过滤快速运动产生的抖动；值比较小时，过滤运动速度较慢产生的抖动。

【防闪烁过滤镜】的参数如图10-165所示。

图 10-165

10.5.6 不透明度选项

技术速查：【不透明度】用来控制素材的透明程度，一般情况下，素材除了包含通道的素材具有透明区域，其他素材都是以不透明的形式出现。

【不透明度】的参数如图10-166所示。

图 10-166

● 混合模式：包含多种图层混合模式，默认为【正常】模式，如图10-167所示。常用于两个素材文件的叠加混合，如图10-168所示为设置不同混合模式的对比效果。

图 10-167　　　　　　图 10-168

01 通过调节【不透明度】的参数可以修改素材文件在【节目】监视器中的透明度，且会在该素材的播放指示器所在位置自动添加关键帧，如图10-169所示。

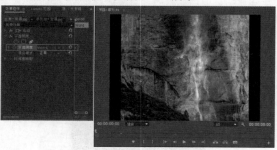

图 10-169

02 或者展开素材文件所在的视频轨道，然后将鼠标指针移动到素材的黄线上，当鼠标指针呈现 状时，按住鼠标左键上下拖动，也可以改变素材的不透明度，如图10-170所示。此时在【节目】监视器中的素材文件效果如图10-171所示。

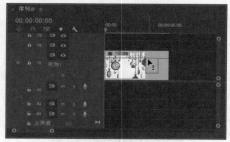

图 10-170

图 10-171

★ 案例实战——制作动画的不透明度效果

案例文件	案例文件\第10章\动画的不透明度.prproj
视频教学	视频文件\第10章\动画的不透明度.mp4
难易指数	★★★★★
技术要点	位置、缩放和不透明度效果的应用

案例效果

在影视作品中的前景上有时会添加各种效果和装饰。调节过渡动画背景的亮度和不透明度等还可以制作出画面转场效果。本例主要是针对"制作动画的不透明度效果"的方法进行练习，如图10-172所示。

扫码看视频

10.5.6 制作动画的不透明度效果

图 10-172

操作步骤

01 打开Adobe Premiere Pro CC 2018软件，单击【新建项目】按钮，在弹出的对话框中单击【浏览】按钮设置保存路径，在【名称】文本框中设置文件名称，设置完成后单击【确定】按钮。接着选择【文件】|【新建】|【序列】命令，在弹出的对话框中选择【DV-PAL】|【标准48kHz】选项，如图10-173所示。

图 10-173

02 在【项目】面板空白处双击鼠标左键，然后在打开的对话框中选择所需的素材文件，并单击【打开】按钮导入，如图10-174所示。

03 将【项目】面板中的【01.jpg】素材文件拖曳到V1轨道上，如图10-175所示。

图 10-174

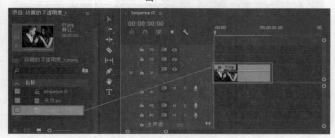

图 10-175

04 选择V1轨道上的【01.jpg】素材文件，在【效果控件】面板【运动】栏中设置【缩放】为14，如图10-176所示。此时效果如图10-177所示。

图 10-176　　　　图 10-177

05 为素材制作不透明度动画。选择V1轨道上的【01.jpg】素材文件，在【效果控件】面板中将播放指示器拖到第2秒的位置，设置【不透明度】为100%，最后将播放指示器拖到2秒23帧的位置，设置【不透明度】为55%，如图10-178所示。

图 10-178

06 此时，拖动播放指示器查看效果，如图10-179所示。

图 10-179

07 将【项目】面板中的【光效.avi】素材文件拖曳到V2轨道上，并设置起始时间为3秒03帧的位置，如图10-180所示。

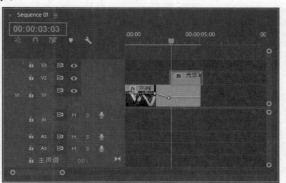

图 10-180

08 选择V2轨道上的【光效.avi】素材文件，在【效果控件】面板【运动】栏中设置【位置】为（365,274），【缩放】为214，【混合模式】为【滤色】，如图10-181所示。

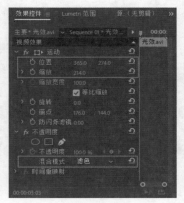

图 10-181

09 此时，拖动播放指示器查看最终效果，如图10-182所示。

读书笔记

图 10—182

★ 案例实战——制作水墨文字的淡入效果

案例文件	案例文件\第10章\水墨文字的淡入效果.prproj
视频教学	视频文件\第10章\水墨文字的淡入效果.mp4
难易指数	★★★★★
技术要点	位置、缩放和不透明度效果的应用

案例效果

水墨画上的题词，也称题辞，是礼仪类文体之一，是为给人、物或事留作纪念而题写的文字。为题词制作出如同墨般的淡入效果，可以体现出水墨画的悠久历史韵味。本例主要是针对"制作水墨文字的淡入效果"的方法进行练习，如图10-183所示。

扫码看视频

10.5.6 制作水墨文字的淡入效果

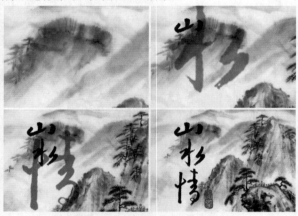

图 10—183

操作步骤

📁 **Part01 制作水墨背景动画**

01 打开Adobe Premiere Pro CC 2018软件，单击【新建项目】按钮，在弹出的对话框中单击【浏览】按钮设置保存路径，在【名称】文本框中设置文件名称，设置完成后单击【确定】按钮。接着选择【文件】|【新建】|【序列】命令，在弹出的对话框中选择【DV-PAL】|【标准48kHz】选

项，如图10-184所示。

图 10—184

02 在【项目】面板空白处双击鼠标左键，然后在打开的对话框中选择所需的素材文件，并单击【打开】按钮导入，如图10-185所示。

图 10—185

03 将【项目】面板中的【画.jpg】素材文件拖曳到V1轨道上，选择V1轨道上的【画.jpg】素材文件，单击鼠标右键，执行【缩放为帧大小】，如图10-186所示。

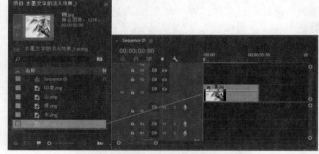

图 10—186

04 选择V1轨道上的【画.jpg】素材文件，在【效果控件】面板【运动】栏中单击【位置】和【缩放】前面的🔘按钮，开启关键帧。接着将播放指示器拖到第1秒的位置，设置【位置】为（562,734），【缩放】为340，如图10-187所示。此时效果如图10-188所示。

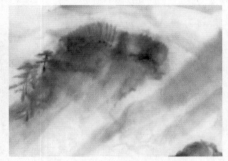

图 10-187

图 10-188

05 将播放指示器拖到第2秒的位置，设置【位置】为（526,664），【缩放】为304。接着将播放指示器拖到4秒07帧的位置，设置【位置】为（360,344），【缩放】为140，如图10-189所示。此时效果如图10-190所示。

图 10-189

图 10-190

Part02 制作水墨文字动画

01 将【项目】面板中的【山.png】素材文件拖曳到V2轨道上，设置结束时间为6秒24帧的位置，如图10-191所示。

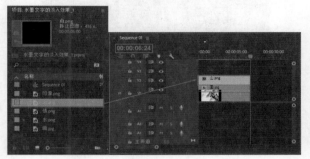

图 10-191

02 选择V2轨道上的【山.png】素材文件，在【效果控件】面板将播放指示器拖到第1秒的位置，单击【运动】栏中【位置】和【缩放】前面的按钮，开启关键帧，设置【位置】为（423,210），【缩放】为333，【不透明度】为0，如图10-192所示。此时效果如图10-193所示。

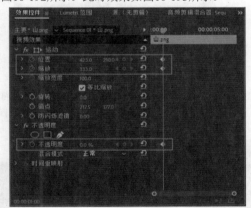

图 10-192

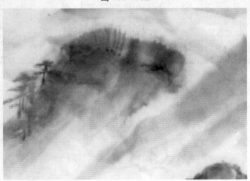

图 10-193

03 将播放指示器拖到第2秒的位置，在【效果控件】面板【运动】栏中设置【位置】为（190,101），【缩放】为46，在【不透明度】栏设置【不透明度】为100%，如

图10-194所示。此时效果如图10-195所示。

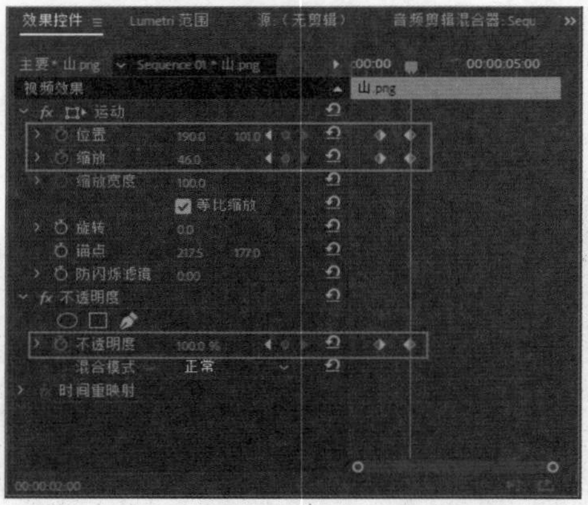

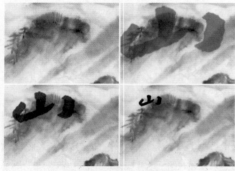

图 10-194

图 10-197

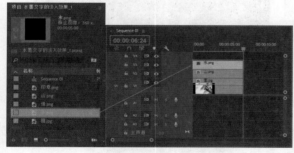

图 10-195

04 将【项目】面板中的【水.png】素材文件拖曳到V3轨道上，设置结束时间为6秒24帧的位置，如图10-196所示。

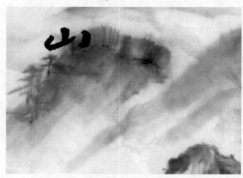

图 10-198

06 将播放指示器拖到第3秒的位置，设置【位置】为（212,245），【缩放】为50，【不透明度】为100%，如图10-199所示。此时效果如图10-200所示。

图 10-196

05 选择V3轨道上的【水.png】素材文件，在【效果控件】面板【运动】栏中单击【位置】和【缩放】前面的 按钮，开启关键帧。接着将播放指示器拖到第2秒的位置，设置【位置】为（380,245），【缩放】为239，【不透明度】为0，如图10-197所示。此时效果如图10-198所示。

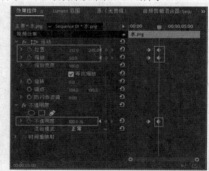

图 10-199

读书笔记

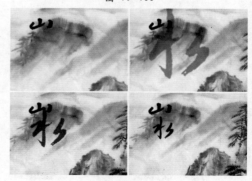

图 10-200

07 将【项目】面板中的【情.png】素材文件拖曳到V4轨道上，设置结束时间为6秒24帧的位置，如图10-201所示。

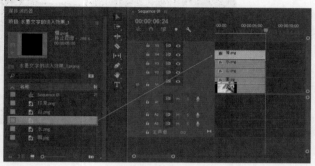

图 10-201

08 选择V4轨道上的【情.png】素材文件，在【效果控件】面板【运动】栏中单击【位置】和【缩放】前面的 按钮，开启关键帧。接着将播放指示器拖到第3秒的位置，设置【位置】为（309,247），【缩放】为219，【不透明度】为0，如图10-202所示。此时效果如图10-203所示。

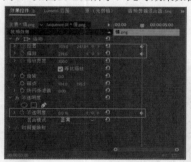

图 10-202　　　　　　图 10-203

09 将播放指示器拖到第4秒的位置，设置【位置】为（185,433），【缩放】为59，【不透明度】为100%，如图10-204所示。此时效果如图10-205所示。

图 10-204

图 10-205

10 将【项目】面板中的【印章.png】素材文件拖曳到V5轨道上，设置结束时间为6秒24帧的位置，如图10-206所示。

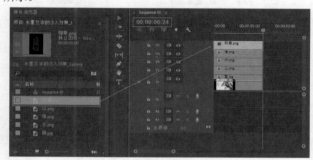

图 10-206

11 选择V5轨道上的【印章.png】素材文件，在【效果控件】面板【运动】栏中设置【位置】为（291,508），【缩放】为65，如图10-207所示。此时效果如图10-208所示。

图 10-207　　　　　　图 10-208

12 选择V5轨道上的【印章.png】素材文件，将播放指示器拖到第4秒的位置，设置【不透明度】为0，接着将播放指示器拖到第5秒的位置，设置【不透明度】为100%，如图10-209所示。此时效果如图10-210所示。

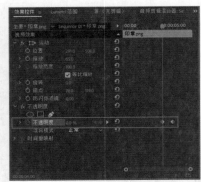

图 10-209

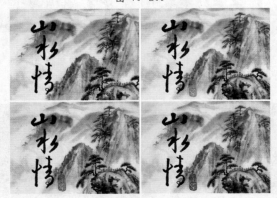

图 10-210

13 此时，拖动播放指示器查看最终效果，如图10-211所示。

图 10-211

★ 案例实战——制作产品展示广告效果

案例文件	案例文件\第10章\产品展示广告.prproj
视频教学	视频文件\第10章\产品展示广告.mp4
难易指数	★★★★★
技术要点	位置、缩放、不透明度和混合模式效果的应用

案例效果

　　电子产品展示广告中，常有展示电子产品的画面。可以通过添加关键帧动画来实现这一效果。本例主要是针对"制作产品展示广告效果"的方法进行练习，如图10-212所示。

扫码看视频

10.5.6 制作产品展示广告效果

图 10-212

操作步骤

Part01 制作背景和产品动画

　　01 打开Adobe Premiere Pro CC 2018软件，单击【新建项目】按钮，在弹出的对话框中单击【浏览】按钮设置保存路径，在【名称】文本框中设置文件名称，设置完成后单击【确定】按钮。接着选择【文件】|【新建】|【序列】命令，在弹出的对话框中选择【DV-PAL】|【标准48kHz】选项，如图10-213所示。

图 10-213

　　02 在【项目】面板空白处双击鼠标左键，然后在打开的对话框中选择所需的素材文件，并单击【打开】按钮导入，如图10-214所示。

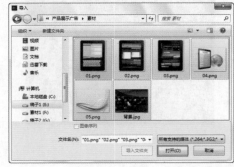

图 10-214

　　03 将【项目】面板中的【背景.jpg】素材文件拖曳到V1轨道上，设置结束时间为第8秒的位置，如图10-215所示。

图 10-215

图 10-219

04 选择V1轨道上的【背景.jpg】素材文件，在【效果控件】面板【运动】栏中设置【缩放】为50，如图10-216所示。此时效果如图10-217所示。

图 10-216　　　　　　　图 10-217

05 将【项目】面板中的【01.png】素材文件拖曳到V2轨道上，设置结束时间为第8秒的位置，如图10-218所示。

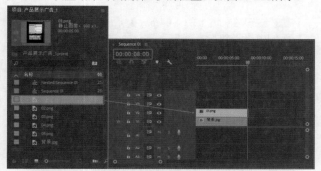

图 10-218

06 选择V2轨道上的【01.png】素材文件。在【效果控件】面板中将播放示器拖到起始帧的位置，单击【运动】栏【缩放】前面的 按钮，开启关键帧，设置【缩放】为0。接着将播放指示器拖到第20帧的位置，设置【缩放】为49。最后将播放指示器拖到第1秒15帧的位置，设置【缩放】为18，如图10-219所示。此时效果如图10-220所示。

图 10-220

07 选择V2轨道上的【01.png】素材文件。在【效果控件】面板中将播放指示器拖到第20帧的位置，单击【位置】前面的 按钮，开启关键帧，设置【位置】为（360,288）。接着将播放指示器拖到第1秒15帧的位置，设置【位置】为（109,288），如图10-221所示。此时效果如图10-222所示。

图 10-221

读书笔记

图 10-222

08 以此类推，制作出【02.png】和【03.png】素材文件的动画效果，如图10-223所示。

图 10-223

Part02 制作剩余的动画

01 选择【时间轴】面板中的【01.jpg】【02.jpg】和【03.jpg】素材文件，并单击鼠标右键，在弹出的快捷菜单中选择【嵌套】命令，如图10-224所示。

图 10-224

02 在【时间轴】面板中选择形成的嵌套序列【Nested Sequence 01】，在【效果控件】面板中将播放指示器拖到第5秒15帧的位置，单击【运动】栏【位置】前面的■按钮，开启关键帧。接着将播放指示器拖到第6秒的位置，并设置【位置】为（360,700），如图10-225所示。此时效果如图10-226所示。

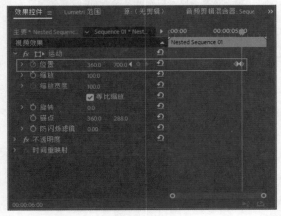

图 10-225

图 10-226

03 将【项目】面板中的【04.png】素材文件拖曳到V3轨道上，设置结束时间为第8秒的位置，如图10-227所示。

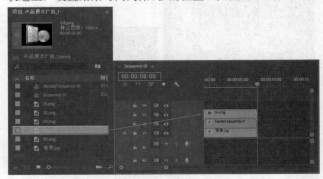

图 10-227

04 选择V3轨道上的【04.png】素材文件。在【效果控件】面板中将播放指示器拖到第5秒15帧的位置，单击【运动】栏【位置】前面的■按钮，开启关键帧，设置【位置】为（360,-195）。接着将播放指示器拖到第6秒的位置，设置【位置】为（360,288），如图10-228所示。此时效果如图10-229所示。

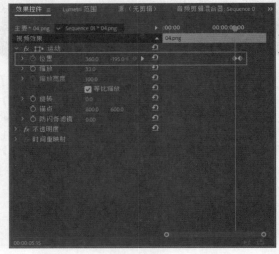

图 10-228

图 10-229

05 将【项目】面板中的【05.png】素材文件拖曳到V4轨道上，设置结束时间为第8秒的位置，如图10-230所示。

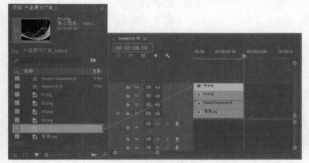

图 10-230

06 选择V4轨道上的【05.png】素材文件。在【效果控件】面板【运动】栏中设置【缩放】为50。接着将播放指示器拖到6秒05帧的位置，设置【不透明度】为0。最后将播放指示器拖到第6秒20帧的，设置【不透明度】为100%，设置【混合模式】为【变亮】，如图10-231所示。

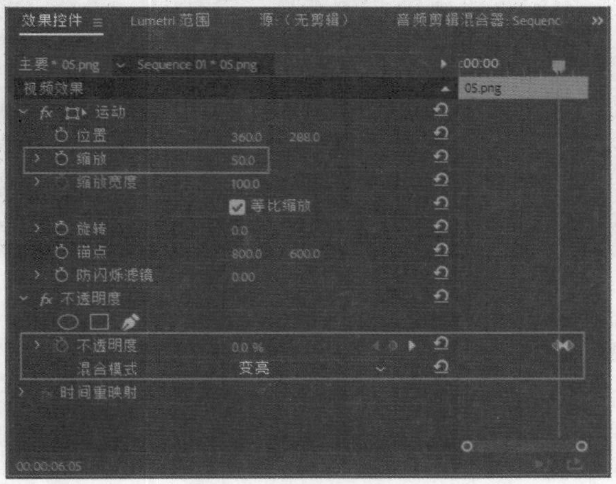

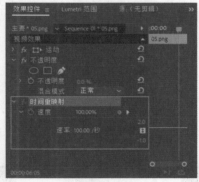

图 10-231

07 此时，拖动播放指示器查看最终效果，如图10-232所示。

图 10-232

答疑解惑：产品展示广告的优势有哪些?

不同产品交叉出现的产品展示广告效果，介绍产品和展示外观的同时，可以吸引人们更多的注意力，提升产品知名度等。可以利用这种方法来制作其他产品的展示广告。

10.5.7 时间重映射选项

技术速查：【时间重映射】可以实现素材快动作、慢动作、倒放和静帧等效果。

【时间重映射】的参数如图10-233所示。

图 10-233

- 速率：显示当前素材设置的速率百分比。速度同时影响素材的时间长度。速率越大，【时间轴】面板中的素材时间长度越短；速率越小，则素材时间长度越长。

01 展开【时间重映射】栏后，在时间轴视图中有一根白色的线，将鼠标指针移动到白线上，鼠标指针呈现 状时，按住鼠标左键上下拖动白线，即可改变素材的速率，如图10-234所示。

02 白线越向上，速率越大；越向下，则速率越小。如图10-235所示为速率是100%和50%时素材长度的对比效果。

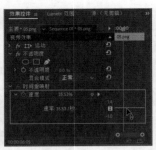

图 10-234

图 10-235

10.6 关键帧插值的使用

从一个关键帧变化为下一个关键帧称为插值。关键帧插值可以是时间的（时间相关）、空间的（空间相关）。Adobe Premiere Pro CC 2018中的所有关键帧都使用时间插值。默认情况下，使用线性插值，创建关键帧之间统一的变化速率，给动画效果增加了节奏。如果要更改从一个关键帧到下一个关键帧的变化速率，可以使用贝塞尔插值。

插值方法对每个关键帧有所不同，因此属性可以从起始关键帧加速，到下一个关键帧减速。插值方法对于更改动画的运动速度很有用。

10.6.1 空间插值

技术速查： 在【运动】的【位置】参数中包含有【空间插值】，通过对【空间插值】的修改可以让动画产生平滑或者突然变化的效果。

修改【位置】的参数和添加关键帧，可以制作素材的位移动画。在【效果控件】面板中单击 运动 图标，如图10-236所示。可以在【节目】监视器中显示出素材位移运动的路径，这就是空间插值，如图10-237所示。

图 10-236

图 10-237

10.6.2 空间插值的修改及转换

选择任意一个关键帧，在该关键帧上单击鼠标右键，在弹出的快捷菜单中选择【空间插值】命令，其子菜单中包括【线性】【贝塞尔曲线】【自动贝塞尔曲线】【连续贝塞尔曲线】4种类型，如图10-238所示。

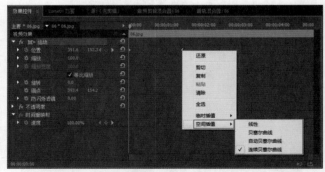

图 10-238

线性

选择【线性】命令时，关键帧的角度转折明显，关键帧两侧显示直线效果，播放动画时产生位置突变的效果，如图10-239所示。

图 10-239

贝塞尔曲线

【贝塞尔曲线】可以最精确地控制关键帧，可手动调整关键帧两侧路径段的形状。通过控制柄调整曲线效果，如图10-240所示。

图 10-240

自动贝塞尔曲线

【自动贝塞尔曲线】可创建关键帧中平滑的变化速率。更改自动贝塞尔关键帧数值时，方向手柄的位置会自动更改，以保持关键帧之间速率的平滑变化。这些调整将更改关键帧两侧线段的形状。如果手动调整自动贝塞尔曲线的方向手柄，则可以将其转换为连续贝塞尔曲线的关键帧，如图10-241所示。

图 10-241

连续贝塞尔曲线

【连续贝塞尔曲线】与【自动贝塞尔曲线】一样，也会创建关键帧中的平滑变化速率。可以手动设置连续贝塞尔曲线方向手柄的位置，调整操作将更改关键帧两侧线段的形状，如图10-242所示。

图 10-242

10.6.3 临时插值

技术速查：在【运动】的【位置】参数中，不仅包含【空间插值】，还包含【临时插值】，通过临时插值的修改，可以修改素材的运动速度。

修改【位置】的参数和添加关键帧，可以制作素材的位移动画。在【效果控件】面板中展开【位置】栏的参数选项。可以看到位置的临时插值效果。当选择其中某个关键帧时，速率曲线上将显示出与该关键帧相关的节点，如图10-243所示。

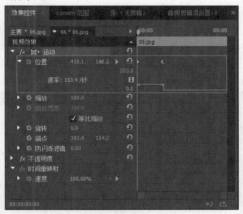

图 10-243

10.6.4 临时插值的修改及转换

选择任意一个关键帧，在该关键帧上单击鼠标右键，在弹出的快捷菜单中选择【临时插值】命令，其子菜单中共包括7个选项，分别是【线性】【贝塞尔曲线】【自动贝塞尔曲线】【连续贝塞尔曲线】【定格】【缓入】【缓出】，如图10-244所示。

图 10-244

线性

选择【线性】命令时，呈线性匀速过渡，当播放动画到关键帧位置时有明显变化。该关键帧样式为，如图10-245所示。

图 10-245

贝塞尔曲线

选择【贝塞尔曲线】命令时，速率曲线在关键帧位置显示为曲线效果，并且可通过拖动控制柄来调节曲线两侧，从而改变运动速度。可单独调节其中一个控制柄，同时另一个控制柄不发生变化。该关键帧样式为，如图10-246所示。

图 10-246

自动贝塞尔曲线

选择【自动贝塞尔曲线】命令时，速率曲线根据转换情况自动显示为曲线效果，在曲线节点的两侧会出现两个没有控制线的控制点，该关键帧样式为，拖动控制点可将自动曲线转换为【贝塞尔曲线】，如图10-247所示。

图 10-247

连续贝塞尔曲线

选择【连续贝塞尔曲线】命令时，速率曲线节点两侧将出现两个控制柄，可以通过拖动控制柄来改变两侧的曲线效果。该关键帧样式为，如图10-248所示。

图 10-248

定格

选择【定格】命令时，速率曲线节点两个将根据节点的运动效果自动调节速率曲线。当动画播放到该关键帧时，将出现保持前一关键帧画面的效果。该关键帧样式为，如图10-249所示。

图 10-249

缓入

选择【缓入】命令时，速率曲线节点前面将变成缓入的曲线效果。当播放动画时，可以使动画在进入该关键帧时速度减缓，以消除速度的突然变化。该关键帧样式为，如图10-250所示。

图 10—250

曲线效果。当播放动画时，可以使动画在离开该关键帧时速率减缓，以消除速度的突然变化。该关键帧样式为 ，如图10-251所示。

图 10—251

缓出

选择【缓出】命令时，速率曲线节点后面将变成缓出的

10.7 关键帧动画的综合应用

对素材的【位置】【缩放】【旋转】【不透明度】等多个属性同时添加动画关键帧，可以制作出精美和丰富的动画效果。

★ 案例实战——制作花枝生长效果

案例文件	案例文件\第10章\花枝生长效果.prproj
视频教学	视频文件\第10章\花枝生长效果.mp4
难易指数	★★★★★
技术要点	位置、缩放、不透明度和径向擦除效果的应用

案例效果

在Adobe Premiere Pro CC 2018软件中，可以为素材文件添加视频特效。还可以添加关键帧来制作动画效果，达到特效和动画的结合。本例主要是针对"制作花枝生长效果"的方法进行练习，如图10-252所示。

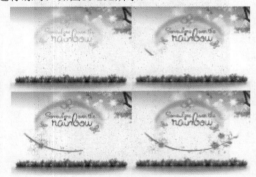

图 10—252

操作步骤

01 打开Adobe Premiere Pro CC 2018软件，单击【新建项目】按钮，在弹出的对话框中单击【浏览】按钮设置保存路径，在【名称】文框中设置文件名称，设置完成后单击【确定】按钮。接着选择【文件】|【新建】|【序列】命令，在弹出的对话框中选择【DV-PAL】|【标准48kHz】选项，如图10-253所示。

图 10—253

02 在【项目】面板空白处双击鼠标左键，然后在打开的对话框中选择所需的素材文件，并单击【打开】按钮导入，如图10-254所示。

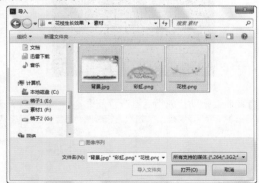

图 10—254

03 将【项目】面板中的素材文件分别按顺序拖曳到V1、V2和V3轨道上，如图10-255所示。

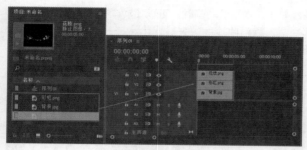

07 在【效果】面板中搜索【径向擦除】效果，按住鼠标左键将其拖曳到V3轨道的【花枝.png】素材文件上，如图10-260所示。

图 10-255

04 选择V1轨道上的【背景.jpg】素材文件，在【效果控件】面板【运动】栏中设置【位置】为（360,300），【缩放】为20，如图10-256所示。此时效果如图10-257所示。

图 10-260

08 选择V3轨道上的【花枝.png】素材文件，在【效果控件】面板将播放指示器拖到起始帧的位置，开启关键帧，设置【过渡完成】为100%，如图10-261所示。此时效果如图10-262所示。

图 10-256

图 10-257

图 10-261

图 10-262

05 选择V2轨道上的【彩虹.png】素材文件，在【效果控件】面板【运动】栏中设置【位置】为（360,137），【缩放】为20。接着将播放指示器拖曳到起始帧的位置时，在【不透明度】栏中设置【不透明度】为0，最后将播放指示器拖曳到第1秒的位置时，设置【不透明度】为100%，如图10-258所示。

09 将播放指示器拖到第1秒位置，设置【过渡完成】为50%，继续将播放指示器拖到第3秒20帧位置，设置【过渡完成】为0，如图10-263所示。

图 10-258

06 此时，拖动播放指示器查看效果，如图10-259所示。

图 10-263

10 此时，拖动播放指示器滑块查看最终效果，如图10-264所示。

图 10-259

 读书笔记

图 10-264

☎ 答疑解惑：如何修改关键帧的位置和
参数？

　　若是对某一个关键帧进行更改参数，可以将播放指示
器拖到此处更改参数值即可替换该关键帧。

　　若是修改某一时间段内的多关键帧，可以选择这几个
关键帧按【Delete】键删除，然后重新编辑。

　　若是修改属性的关键帧数量较少时，也可以单击该属
性前面的 ◎ 按钮关闭关键帧开关来重新编辑关键帧。

★ 案例实战——制作地球旋转效果　　扫码看视频

案例文件	案例文件\第10章\地球旋转效果.prproj
视频教学	视频文件\第10章\地球旋转效果.mp4
难易指数	★★★★★
技术要点	位置、缩放、旋转和不透明度效果的应用

10.7 制作地球
旋转效果

案例效果

　　通过关键帧动画可以制作出画面旋转放大逐渐过渡的效
果，带给人精彩的视觉冲击。本例主要是针对"制作地球旋
转效果"的方法进行练习，如图10-265所示。

图 10-265

操作步骤

　　01 打开Adobe Premiere Pro CC 2018软件，单击【新建
项目】按钮，在弹出的对话框中单击【浏览】按钮设置保存

路径，在【名称】文本框中设置文件名称，设置完成后单
击【确定】按钮。接着选择【文件】|【新建】|【序列】命
令，在弹出的对话框中选择【DV-PAL】|【标准48kHz】选
项，如图10-266所示。

图 10-266

　　02 在【项目】面板空白处双击鼠标左键，然后在打开
的对话框中选择所需的素材文件，并单击【打开】按钮导
入，如图10-267所示。

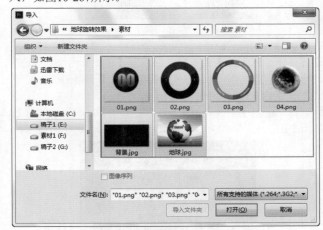

图 10-267

　　03 将【项目】面板中的素材文件分别按顺序拖曳到
【时间轴】面板中的轨道上，如图10-268所示。

图 10-268

　　04 隐藏除了【地球.jpg】素材文件以外的其他轨道，
然后在【效果控件】面板中将播放指示器拖到第2秒08帧的
位置，单击【缩放】前面的 ◎ 按钮，开启关键帧，设置【缩
放】为113。接着将播放指示器拖到第3秒，设置【缩放】为
51，如图10-269所示。此时效果如图10-270所示。

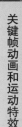

图 10-269

图 10-270

05 显示并选择V2轨道上的【背景.jpg】素材文件，在【效果控件】面板【运动】栏中设置【缩放】为201。接着将播放指示器拖到第2秒03帧的位置，在【不透明度】栏设置【不透明度】为100%。最后将播放指示器拖到第2秒10帧的位置，设置【不透明度】为0，如图10-271所示。此时效果如图10-272所示。

图 10-271

图 10-272

06 显示并选择V4轨道上的【02.png】素材文件，将播放指示器拖到第15帧的位置。接着单击在【效果控件】面板【运动】栏中【缩放】前面的按钮，开启关键帧，设置【缩放】为70。最后将播放指示器拖到1秒10帧的位置，设置【缩放】为265，如图10-273所示。此时效果如图10-274所示。

图 10-273

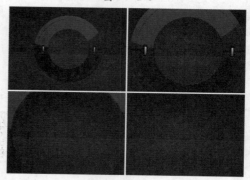

图 10-274

07 显示并选择V3轨道上的【01.png】素材文件，在【效果控件】面板【运动】栏中设置【位置】为（369,288），【缩放】为73。接着将播放指示器拖到起始帧的位置，设置【不透明度】为100%。最后将播放指示器拖到第15帧的位置，设置【不透明度】为0，如图10-275所示。此时效果如图10-276所示。

图 10-275

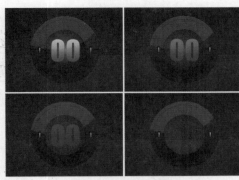

图 10-276

08 显示并选择V5轨道上的【03.png】素材文件,在
【效果控件】面板将播放指示器拖到第15帧的位置,在【不
透明度】栏中设置【不透明度】为0。接着将播放指示器拖
到第1秒10帧的位置,单击【运动】栏中【缩放】前面的 按钮,开启关键帧,设置【缩放】为25,【不透明度】为
100%。最后将播放指示器拖到第2秒的位置,设置【缩放】
为87,如图10-277所示。此时效果如图10-278所示。

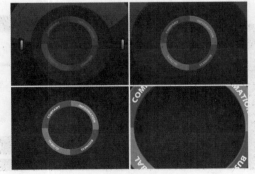

图 10-277

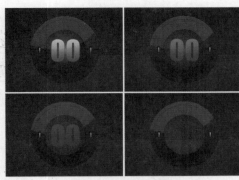

图 10-278

09 显示并选择V6轨道上的【04.png】素材文件,在
【效果控件】面板【运动】栏中将时间线拖到1秒20帧的位
置,接着单击【缩放】前面的 按钮,开启关键帧,设置
【缩放】为25。最后将播放指示器拖到第2秒10帧的位置
时,设置【缩放】为97,如图10-279所示。此时效果如
图10-280所示。

图 10-279

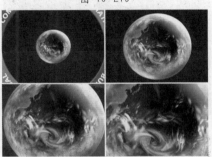

图 10-280

10 选择V6轨道上的【04.png】素材文件。在【效果控
件】面板【运动】栏中将播放指示器拖到第15帧的位置,然
后单击【旋转】前面的 按钮,开启关键帧。接着将播放
指示器拖到第2秒10帧的位置,设置【旋转】为1×90°,
如图10-281所示。此时效果如图10-282所示。

图 10-281

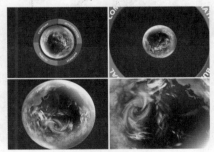

图 10-282

第10章

关键帧动画和运动特效

[11] 选择V6轨道上的【04.png】素材文件。在【效果控件】面板将播放指示器拖到第15帧的位置，设置【不透明度】为0；接着将播放指示器拖到第1秒的位置，设置【不透明度】为100%；继续将播放指示器拖到第2秒10帧的位置，设置【不透明度】为100%；最后将播放指示器拖到2秒20帧的位置，设置【不透明度】为0，如图10-283所示。此时效果如图10-284所示。

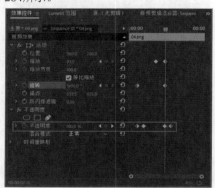

图 10-283

图 10-284

[12] 此时，拖动播放指示器查看最终效果，如图10-285所示。

图 10-285

📞 答疑解惑：本例主要利用哪些方法制作？

主要利用图形素材文件的旋转和不透明度效果来制作逐渐过渡效果。还利用缩放效果来模拟推镜头和拉镜头的画面感觉，突出素材主题。

★ 案例实战——制作天空岛合成

扫码看视频

案例文件	案例文件\第10章\天空岛合成.prproj
视频教学	视频文件\第10章\天空岛合成.mp4
难易指数	★★★★★
技术要点	位置、缩放和不透明度效果的应用

10.7 制作天空岛合成

案例效果

明亮颜色的创意素材搭配，使颜色与主题和谐统一，可以通过关键帧动画制作素材的合成效果。本例主要是针对"制作天空岛合成"的方法进行练习，如图10-286所示。

图 10-286

操作步骤

[01] 打开Adobe Premiere Pro CC 2018软件，单击【新建项目】按钮，在弹出的对话框中单击【浏览】设置保存路径，在【名称】文本框中设置文件名称，设置完成后单击【确定】按钮。接着选择【文件】|【新建】|【序列】命令，在弹出的对话框中选择【DV-PAL】|【标准48kHz】选项，如图10-287所示。

图 10-287

[02] 在【项目】面板空白处双击鼠标左键，然后在打开的对话框中选择所需的素材文件，并单击【打开】按钮导入，如图10-288所示。

[03] 将【项目】面板中的【背景.jpg】【山.png】【叶子.png】素材文件按顺序拖曳到【时间轴】面板轨道上，并设置结束时间为第8秒的位置，如图10-289所示。

图 10-288

图 10-289

04 选择V1轨道上的【背景.jpg】素材文件并隐藏其他轨道素材，在【效果控件】面板【运动】栏中设置【缩放】为40。如图10-290所示。此时效果如图10-291所示。

图 10-290

图 10-291

05 显示并选择V2轨道上的【山.png】素材文件，在【效果控件】面板【运动】栏中设置【位置】为（360,358）。接着取消选中【等比缩放】复选框，设置【缩放高度】为40。将播放指示器拖到起始帧位置，然后单击【缩放宽度】前面的 █按钮，开启关键帧，设置【缩放宽

度】为0，最后将播放指示器拖到第1秒的位置时，设置【缩放宽度】为40，如图10-292所示。此时效果如图10-293所示。

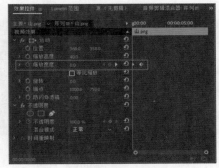

图 10-292

图 10-293

06 显示并选择V3轨道上的【叶子.png】素材文件，在【效果控件】面板【运动】栏中设置【位置】为（324,291），【缩放】为40。接着将播放指示器拖到第1秒的位置，在【不透明度】栏设置【不透明度】为0，最后将播放指示器拖到第2秒的位置时，设置【不透明度】为100%，如图10-294所示。此时效果如图10-295所示。

图 10-294

图 10-295

07 将【项目】面板中的【植物.png】素材文件拖曳到V4轨道上，并设置起始时间为第2秒的位置，结束时间与下面素材对齐，如图10-296所示。

图 10-296

08 选择V4轨道上的【植物.png】素材文件，在【效果控件】面板【运动】栏中设置【位置】为（320,180），【缩放】为40，如图10-297所示。此时效果如图10-298所示。

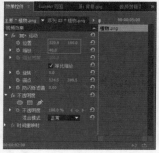

图 10-297　　　　　　图 10-298

09 在【效果】面板中搜索【滑动】效果，按住鼠标左键将其拖曳到V4轨道的【植物.png】素材文件上，如图10-299所示。

图 10-299

10 此时，拖动播放指示器查看效果，如图10-300所示。

图 10-300

11 将【项目】面板中的【小动物.png】【鸟.png】

【小山.png】素材文件按顺序拖曳到【时间轴】面板轨道上，并与下面素材对齐，如图10-301所示。

图 10-301

12 选择V5轨道上的【小动物.png】素材文件，并隐藏V6和V7轨道上的素材。在【效果控件】面板【运动】栏中设置【位置】为（360,322），【缩放】为40。接着将播放指示器拖到第3秒的位置时，在【不透明度】栏中设置【不透明度】为0，最后将播放指示器拖到第3秒12帧的位置时，设置【不透明度】为100%，如图10-302所示。此时效果如图10-303所示。

图 10-302

图 10-303

13 显示并选择V6轨道上的【鸟.png】素材文件，在【效果控件】面板将播放指示器拖到第3秒的位置，单击【运动】栏中【位置】和【缩放】前面的按钮，开启关键帧，设置【位置】为（360,288），【缩放】为0。最后将播放指示器拖到第4秒的位置，设置【位置】为（320,-111），【缩放】为94，如图10-304所示。此时效果如图10-305所示。

图 10-304

图 10-305

14 显示并选择V7轨道上的【小山.png】素材文件,在【效果控件】面板将播放指示器拖到第4秒的位置,单击【运动】栏中【位置】前面的 按钮,开启关键帧,设置【位置】为(82,-151),【缩放】为50。最后将播放指示器拖到第4秒15帧的位置时,设置【位置】为(82,490),【不透明度】为80%,如图10-306所示。此时效果如图10-307所示。

图 10-306

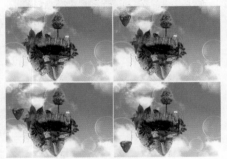

图 10-307

15 将【项目】面板中的【小山.png】和【文字.png】素材文件拖曳到【时间轴】面板轨道上,并与下面素材对齐,如图10-308所示。

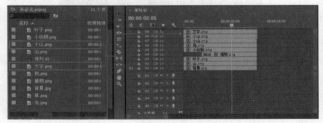

图 10-308

16 选择V8轨道上的【小山.png】,并隐藏V9轨道上的素材。在【效果控件】面板将播放指示器拖到第4秒15帧的位置,单击【运动】栏中【位置】前面的 按钮,开启关键帧,设置【位置】为(592,-62),【缩放】为40。最后将播放指示器拖到第5秒05帧的位置时,设置【位置】为(592,229),【不透明度】为65%。如图10-309所示。此时效果如图10-310所示。

图 10-309

图 10-310

17 显示并选择V9轨道上的【文字.png】素材文件,在【效果控件】面板将播放指示器拖到第5秒05帧的位置,单击【运动】栏中【位置】和【缩放】前面的 按钮,开启关键帧,设置【位置】为(358,299),【缩放】为100,【不透明度】为0。最后将播放指示器拖到5秒20帧的位置,设置【位置】为(288,365),【缩放】为40,【不透明度】为100%,如图10-311所示。此时效果如图10-312所示。

图 10-311

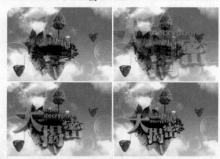

图 10-312

18 选择【文件】|【新建】|【黑场视频】命令，在弹出的对话框中单击【确定】按钮，如图10-313所示。

19 将【项目】面板中的【黑场视频】拖曳到V10轨道上，并与下面素材对齐，如图10-314所示。

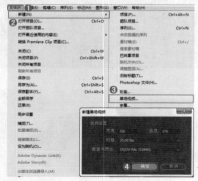

图 10-313

图 10-314

20 在【效果】面板中搜索【镜头光晕】效果，按住鼠标左键将其拖曳到V10轨道的【黑场视频】上，如图10-315所示。

图 10-315

21 选择V10轨道上的【黑场视频】，在【效果控件】面板【不透明度】栏中设置【混合模式】为【滤色】，在【镜头光晕】栏中设置【光晕亮度】为149%，如图10-316所示。此时效果如图10-317所示。

图 10-316   图 10-317

22 将播放指示器拖到5秒20帧的位置时，单击【镜头光晕】栏中【光晕中心】前面的按钮，开启关键帧，设置【光晕中心】为（-234,235）。接着将播放指示器拖到6秒07帧的位置，设置【光晕中心】为（270,27）。最后将播放指示器拖到6秒20帧的位置，设置【光晕中心】为（675,47），如图10-318所示。此时效果如图10-319所示。

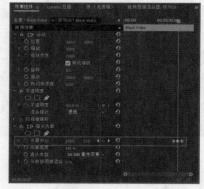

图 10-318

读书笔记

图 10-319

23 此时，拖动播放指示器查看效果，如图10-320所示。

图 10-320

☎ **答疑解惑：【缩放】和【等比缩放】的作用有哪些?**

【缩放】用于控制素材在画面中的大小，【等比缩放】控制缩放素材的原本比例不受破坏。从始至终，无论如何缩放，素材比例不会发生任何变化。

若取消选中【等比缩放】复选框，素材的缩放即分为素材的【缩放高度】和【缩放宽度】两个。此时可以改变素材的原本比例，使素材的高和宽不受等比缩放约束。

★ **案例实战——制作音符效果**

案例文件	案例文件\第10章\音符效果.prproj
视频教学	视频文件\第10章\音符效果.mp4
难易指数	★★★★★
技术要点	位置、缩放和不透明度效果的应用

扫码看视频

10.7 制作音符效果

案例效果

利用关键帧动画可以制作音乐播放时，音符向外飞出的效果。本例主要是针对"制作音符效果"的方法进行练习，如图10-321所示。

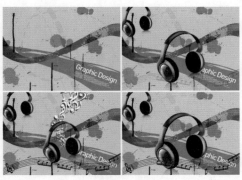

图 10-321

操作步骤

01 选择【文件】|【新建】|【项目】命令，弹出【新建项目】对话框，设置【名称】，并单击【浏览】按钮设置保存路径，如图10-322所示。然后在【项目】面板空白处单击鼠标右键，在弹出的快捷菜单中选择【新建项目】|【序列】命令，弹出【新建序列】窗口，并在【DV-PAL】文件夹下选择【标准48kHz】选项，如图10-323所示。

图 10-322

图 10-323

02 在【项目】面板空白处双击鼠标左键，然后在打开的对话框中选择所需的素材文件，并单击【打开】按钮导入，如图10-324所示。

03 将【项目】面板中的【背景.jpg】素材文件拖曳到V1轨道上，如图10-325所示。

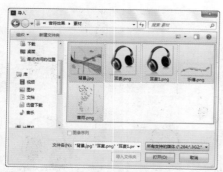

图 10-324

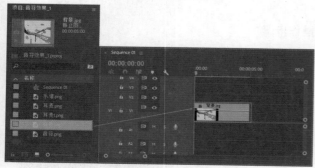

图 10-325

04 选择V1轨道上的【背景.jpg】素材文件，在【效果控件】面板【运动】栏中设置【缩放】为20，如图10-326所示。此时效果如图10-327所示。

图 10-326 　　　　　图 10-327

05 将【项目】面板中的【耳麦.png】素材文件拖曳到V3轨道上，如图10-328所示。

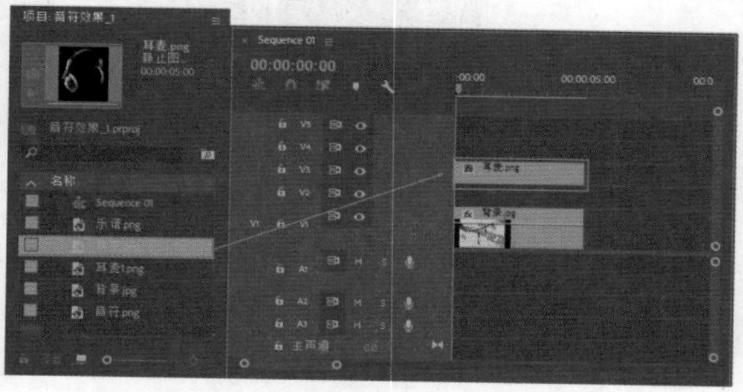

图 10-328

06 选择V3轨道上的【耳机.png】素材文件，在【效果控件】面板将播放指示器拖到第1秒10帧的位置，接着单击【运动】栏中【位置】和【缩放】前面的 按钮，开启关键帧，设置【缩放】为14，【位置】为（362,366）。最后将播放指示器拖到第10帧的位置，设置【位置】为（362，−232），如图10-329所示。此时效果如图10-330所示。

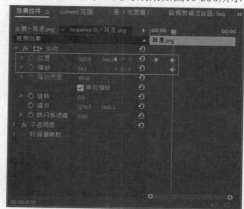

图 10-329

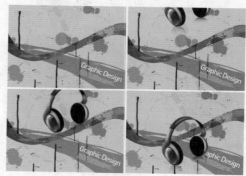

图 10-330

07 选择V3轨道上的【耳机.png】素材文件，在【效果控件】面板将播放指示器拖到第1秒20帧的位置，设置【缩放】为16。接着将播放指示器拖到第2秒05帧的位置，设置【缩放】为10。最后将播放指示器拖到第2秒15帧的位置，设置【缩放】为16，如图10-331所示。此时效果如图10-332所示。

图 10-331

图 10-332

08 将【项目】面板中的【耳麦1.png】素材文件拖曳到V4轨道上，如图10-333所示。

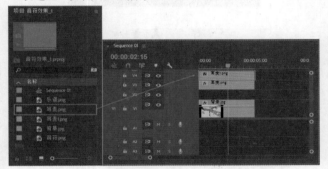

图 10-333

09 选择V4轨道上的【耳麦1.png】素材文件，在【效果控件】面板设置【缩放】为12。接着将播放指示器拖到起始帧的位置，并单击【位置】前面的 ⑤ 按钮，开启关键帧，设置【位置】为（93,784）。最后将播放指示器拖到1秒10帧的位置，设置【位置】为（93,97），如图10-334所示。此时效果如图10-335所示。

图 10-334

图 10-335

10 将【项目】面板中的【音符.png】素材文件拖曳到V2轨道上，如图10-336所示。

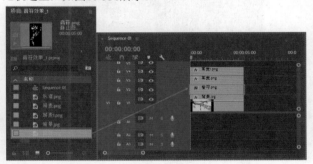

图 10-336

11 选择V2轨道上的【音符.png】素材文件，在【效果控件】面板取消选择中【等比缩放】复选框，并设置【缩放宽度】为50。接着将播放指示器拖到1秒17帧的位置，并单击【位置】和【缩放高度】前面的 ⑤ 按钮，开启关键帧。设置【位置】为（396,424），【缩放高度】为0，如图10-337所示。此时效果如图10-338所示。

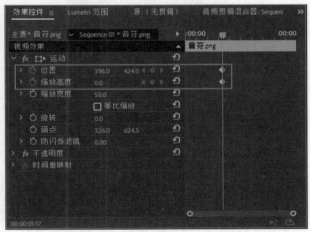

图 10-337

图 10-338

12 将播放指示器拖到2秒07帧的位置，设置【位置】为（415,120），【缩放高度】为50。接着将播放指示器拖到3秒01帧的位置，设置【位置】为（670,-320），如图10-339所示。此时效果如图10-340所示。

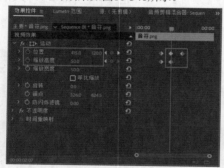

图 10-339

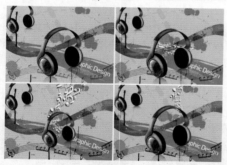

图 10-340

13 将【项目】面板中的【乐谱.png】素材文件拖曳到V5轨道上，如图10-341所示。

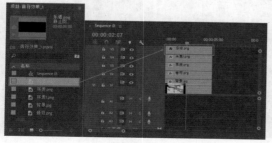

图 10-341

14 选择V5轨道上的【乐谱.png】素材文件，在【效果控件】面板设置【位置】为（360,506），【缩放】为35。接着将播放指示器拖到1秒01帧的位置，设置【不透明度】为0，最后将播放指示器拖到第2秒的位置，设置【不透明度】为100%，如图10-342所示。最终效果如图10-343所示。

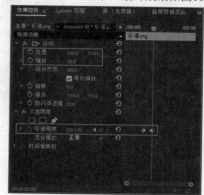

图 10-342

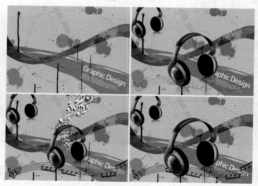

图 10-343

 答疑解惑：可以根据音符飞出效果扩展哪些思路？

由音符飞出效果可以扩展思路，制作出鸟类飞出、烟雾飘出效果等。还可以制作卡片物品弹出效果。

利用【位置】属性配合【缩放】属性来制作动画关键帧，防止素材在半空出现的问题发生。

★ 案例实战——制作动态彩条效果

扫码看视频

案例文件	案例文件\第10章\动态彩条效果.prproj
视频教学	视频文件\第10章\动态彩条效果.mp4
难易指数	★★★★★
技术要点	位置、缩放和不透明度效果的应用

10.7 制作动态彩条效果

案例效果

多彩的颜色会带给人多种视觉感受，为色彩添加动画效果，可以制作出更加精彩的效果。本例主要是针对"制作动态彩条效果"的方法进行练习，如图10-344所示。

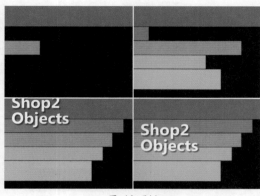

图 10-344

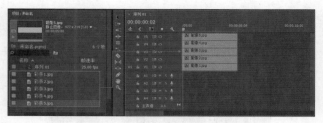

图 10-347

操作步骤

01 打开Adobe Premiere Pro CC 2018软件，单击【新建项目】按钮，在弹出的对话框中单击【浏览】按钮设置保存路径，在【名称】文本框中设置文件名称，设置完成后单击【确定】按钮。接着选择【文件】|【新建】|【序列】命令，在弹出的对话框中选择【DV-PAL】|【标准48kHz】选项，如图10-345所示。

04 分别设置【时间轴】面板中素材文件的【缩放】为60。接着分别调整每个素材的位置，使其在右侧自上而下排列，如图10-348所示。此时效果如图10-349所示。

图 10-345

图 10-348　　　　　　图 10-349

05 选择V1轨道上的【彩条1.jpg】素材文件。在【效果控件】面板将播放指示器拖到起始帧的位置，然后单击【位置】前面的按钮，开启关键帧，设置【位置】为（−458,64）。接着将播放指示器拖到第15帧的位置，设置【位置】为（360,64），如图10-350所示。此时效果如图10-351所示。

02 在【项目】面板空白处双击鼠标左键，然后在打开的对话框中选择所需的素材文件，并单击【打开】按钮导入，如图10-346所示。

图 10-350

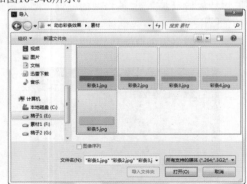

图 10-346

03 将【项目】面板中的素材文件按顺序拖曳到【时间轴】面板中的轨道上，如图10-347所示。

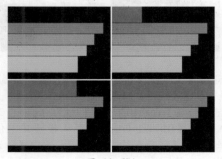

图 10-351

06 选择V3轨道上的【彩条3.jpg】素材文件。在【效果控件】面板将播放指示器拖到第15帧的位置，然后单击【位置】前面的 按钮，开启关键帧，设置【位置】为（-321,262）。接着将播放指示器拖到第1秒05帧的位置，设置【位置】为（291,262），如图10-352所示。此时效果如图10-353所示。

图 10-352

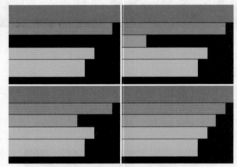

图 10-353

07 以此类推，分别为剩下每个素材文件交叉制作动画，如图10-354所示。

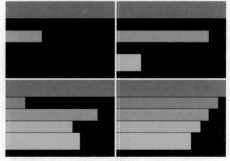

图 10-354

08 选择【文件】|【新建】|【旧版标题】命令，在弹出的对话框中单击【确定】按钮，如图10-355所示。

09 在【字幕】面板中单击 （文字工具），在字幕工作区输入文字【Shop2 Objects】，设置【字体系列】为【Gisha】，【颜色】为白色。接着选中【阴影】复选框，如图10-356所示。

图 10-355

图 10-356

10 关闭【字幕】面板，并将【字幕 01】从【项目】面板中拖曳到V6轨道上，如图10-357所示。

图 10-357

11 选择V6轨道上的【字幕 01】素材文件，在【效果控件】面板将播放指示器拖到2秒19帧的位置，接着单击【位置】前面的 按钮，开启关键帧，设置【位置】为（360,-144）。最后将播放指示器拖到3秒09帧的位置，设置【位置】为（360,288），如图10-358所示。

图 10-358

12 此时，拖动播放指示器查看最终效果，如图10-359所示。

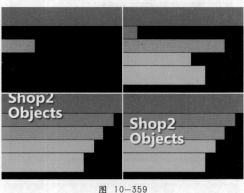

图 10-359

📞 **答疑解惑：制作动态彩条效果需要注意哪些问题？**

制作彩条动画时，可以按顺序制作，也可以杂乱无章地制作。但颜色的搭配要丰富多彩。添加适当的文字效果，可以使画面更加充实饱满。

★ **案例实战——制作高空俯视效果**

案例文件	案例文件\第10章\高空俯视效果.prproj
视频教学	视频文件\第10章\高空俯视效果.mp4
难易指数	★★★★★
技术要点	位置、缩放、不透明度和旋转效果的应用

案例效果

高空俯视效果是由高空拍摄的真实地貌而产生，所以可以从高空中不断地放大拍摄。本例主要是针对"制作高空俯视效果"的方法进行练习，如图10-360所示。

图 10-360

扫码看视频

10.7 制作高空俯视效果

操作步骤

💾 **Part01 制作镜头推进动画**

01 打开Adobe Premiere Pro CC 2018软件，单击【新建项目】按钮，在弹出的对话框中单击【浏览】按钮设置保存路径，在【名称】文本框中设置文件名称，设置完成后单击【确定】按钮。接着选择【文件】|【新建】|【序列】命令，在弹出的对话框中选择【DV-PAL】|【标准48kHz】选项，如图10-361所示。

图 10-361

02 在【项目】面板空白处双击鼠标左键，然后在打开的对话框中选择所需的素材文件，并单击【打开】按钮导入，如图10-362所示。

图 10-362

03 将【项目】面板中的【地表.jpg】素材文件拖曳到V1轨道上，并设置结束时间为3秒19帧的位置，如图10-363所示。

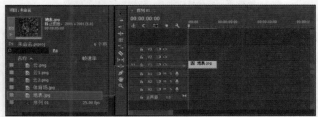

图 10-363

04 选择V1轨道上的【地表.jpg】素材文件。在【效果控件】面板设置【旋转】为270°，接着将播放指示器拖到起始帧的位置，然后单击【位置】和【缩放】前面的🕐按钮，开启关键帧，设置【位置】为（360,213），【缩放】为40。最后将播放指示器拖到第1秒的位置，并设置【缩放】为60，如图10-364所示。

05 此时，拖动播放指示器查看效果，如图10-365所示。

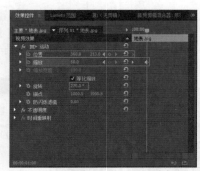

图 10-364

图 10-365

06 选择V1轨道上的【地表.jpg】素材文件。在【效果控件】面板将播放指示器拖到第2秒的位置，设置【缩放】为80。接着将播放指示器拖到第3秒的位置，然后设置【位置】为（216,171），【缩放】为100，如图10-366所示。

07 此时，拖动播放指示器查看效果，如图10-367所示。

图 10-366

图 10-367

08 选择V1轨道上的【地表.jpg】素材文件。在【效果控件】面板将播放指示器拖到起始帧的位置，并单击【旋转】前面的 按钮，开启关键帧，设置【旋转】为270°。接着将播放指示器拖到第3秒的位置，设置【旋转】为251°，如图10-368所示。此时效果如图10-369所示。

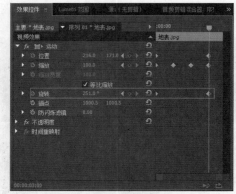

图 10-368

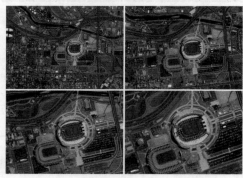

图 10-369

Part02 制作云动画和体育馆动画

01 将【项目】面板中的【云.png】素材文件拖曳到V2轨道上，并与下面轨道上的素材对齐，如图10-370所示。

图 10-370

02 选择V2轨道上的【云.png】素材文件，在【效果控件】面板设置【位置】为（360,265）。将播放指示器拖到起始帧位置，然后单击【缩放】前面的 按钮，开启关键帧，设置【缩放】为115，【不透明度】为100%。接着将播放指示器拖到第1秒的位置，设置【缩放】为401，【不透明度】为0，如图10-371所示。此时效果如图10-372所示。

 读书笔记

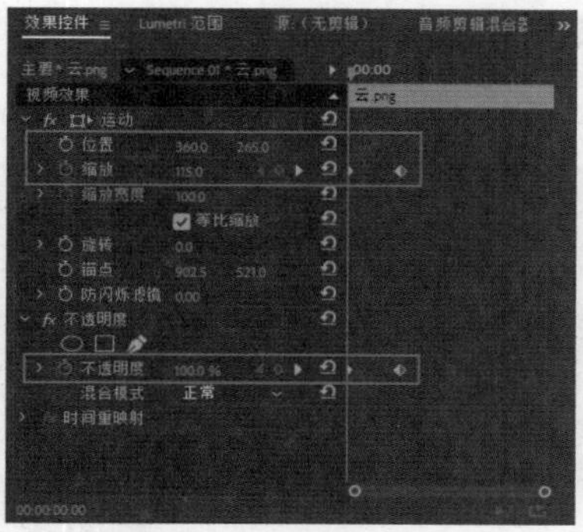

图 10-371

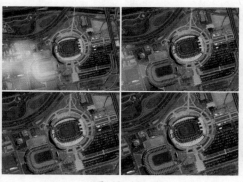

图 10-375

05 将【项目】面板中的【云2.png】素材文件拖曳到V4轨道上,并与下面轨道上的素材对齐,如图10-376所示。

图 10-376

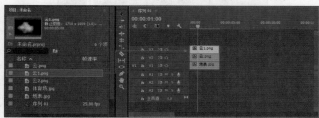

图 10-372

03 将【项目】面板中的【云1.png】素材文件拖曳到V3轨道上,并与下面轨道上的素材对齐,如图10-373所示。

图 10-373

04 选择V3轨道上的【云1.png】素材文件,在【效果控件】面板设置【缩放】为44。接着将播放指示器拖到第1秒23帧的位置时,单击【位置】前面的■按钮,开启关键帧,设置【位置】为(184,400),【不透明度】为100%。最后将播放指示器拖到第3秒的位置,设置【位置】为(-147,442),【不透明度】为0%,如图10-374所示。此时效果如图10-375所示。

06 选择V4轨道上的【云2.png】素材文件,在【效果控件】面板设置【缩放】为58。接着将播放指示器拖到第1秒23帧的位置时,单击【位置】前面的■按钮,开启关键帧,设置【位置】为(618,249),【不透明度】为80%。最后将播放指示器拖到第3秒的位置,设置【位置】为(872,276),【不透明度】为0,如图10-377所示。此时效果如图10-378所示。

图 10-377

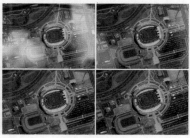

图 10-378

图 10-374

07 将【项目】面板中的【云2.png】素材文件拖曳到V5轨道上，并设置起始时间为2秒07帧的位置，结束位置与下面轨道上的素材对齐，如图10-379所示。

图 10-379

08 选择V5轨道上的【云2.png】素材文件，在【效果控件】面板设置【缩放】为139。接着将播放指示器拖到第2秒07帧的位置，单击【位置】前面的按钮，开启关键帧，设置【位置】为（-124,-207）。最后将播放指示器拖到第3秒14帧的位置，设置【位置】为（360,288），如图10-380所示。此时效果如图10-381所示。

图 10-380

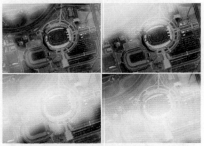

图 10-381

09 将【项目】面板中的【体育场.jpg】素材文件拖曳到V1轨道上的【地表.jpg】素材文件后面，并设置结束时间为5秒13帧的位置，如图10-382所示。

图 10-382

10 在【效果】面板中搜索【渐隐为白色】效果，按住鼠标左键将其拖曳到V1轨道的两个素材中间，并设置起始时间为2秒07帧的位置，如图10-383所示。

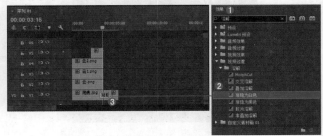

图 10-383

11 选择V1轨道上的【体育场.jpg】素材文件。在【效果控件】面板将播放指示器拖到第3秒04帧的位置，然后单击【位置】前面的按钮，开启关键帧，设置【位置】为（360,288），【缩放】为85。接着将播放指示器拖到第4秒19帧的位置，设置【位置】为（360,429），【缩放】为156，如图10-384所示。此时效果如图10-385所示。

图 10-384

图 10-385

12 此时，拖动播放指示器查看最终效果，如图10-386所示。

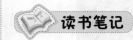
读书笔记

图 10-386

☎ 答疑解惑：如何制作穿越云层效果？

　　制作高空俯视效果时，是穿越云层向下的过程，云层应该是由远而近的运动并且逐渐消失的，所以制作关键帧动画时需要【缩放】和【不透明度】属性的相互配合。

本章小结

　　本章详细讲解了关键帧动画和运动特效的使用方法和应用领域，以及属性的关键帧应用和时间插值，灵活掌握这些功能后，可以制作出多种不同的画面效果。

📖 读书笔记

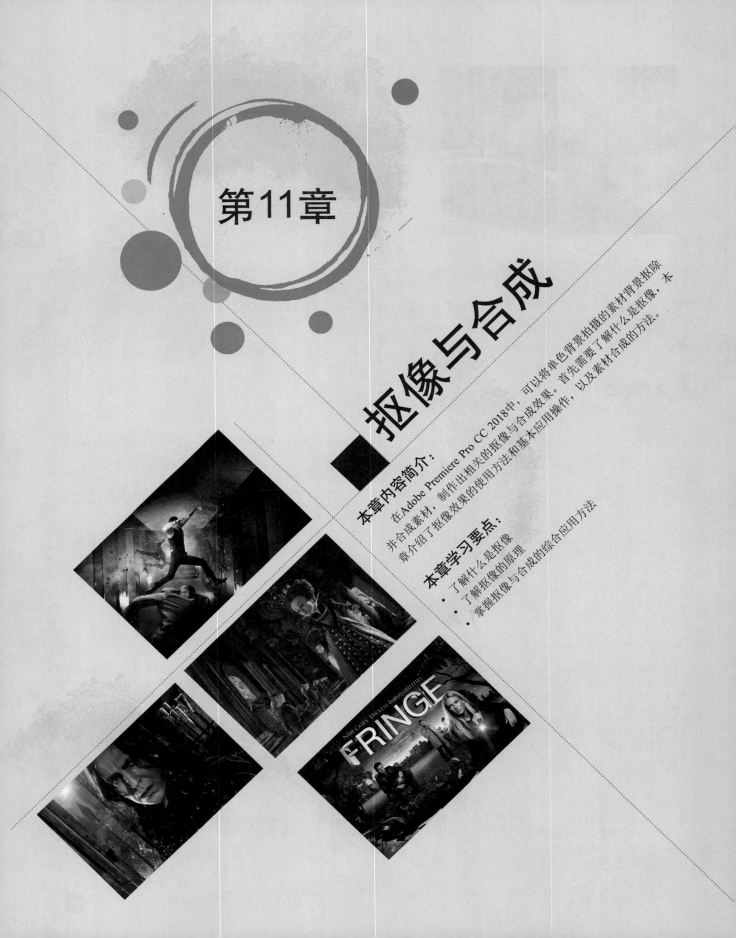

第11章

抠像与合成

本章内容简介：

在Adobe Premiere Pro CC 2018中，可以将单色背景拍摄的素材背景抠除，并合成素材，制作出相关的抠像与合成效果。首先需要了解什么是抠像，本章介绍了抠像效果的使用方法和基本应用操作，以及素材合成的方法。

本章学习要点：

- 了解什么是抠像
- 了解抠像的原理
- 掌握抠像与合成的综合应用方法

11.1 初识抠像

11.1.1 什么是抠像

技术速查：在绿色、蓝色影棚中拍摄的画面，可以在Premiere中将背景抠除，并进行后期合成。

电视、电影行业中，非常重要的一个部分就是抠像。通过抠像可以任意地更换背景，这就是我们在影视作品中经常会看到奇幻背景或惊险镜头的制作方法。如图11-1所示为抠像的影棚拍摄过程。

图 11-1

11.1.2 抠像的原理

抠像的原理非常简单，就是将背景的颜色抠除，只保留主体物，可以进行合成等处理。如图11-2所示为在绿屏中进行拍摄，并在软件中更换背景的合成效果。

图 11-2

11.2 常用键控技术

技术速查：键控，通俗地讲就是抠像。可以使用键控技术抠除图片、视频的背景，并最终进行合成。

在Premiere中包括【Alpha调整】【亮度键】【图像遮罩键】【差值遮罩】【移除遮罩】【超级键】【轨道遮罩键】【非红色键】【颜色键】9种效果，如图11-3所示。

图 11-3

技巧提示

通常在拍摄抠像的素材时，首先产生的疑惑是到底选绿屏抠像还是蓝屏抠像。以下几点建议，以便读者在拍摄时定夺背景抠像的颜色。

01 要采用绿屏还是蓝屏抠像首先取决于拍摄对象的颜色，如果前景对象有大量绿色，那么就采用蓝屏抠像；如果前景中有大量蓝色，就要绿幕拍摄，这是第一位要考虑的。

02 事实上，数字抠像并没有容易抠蓝屏或抠绿屏的倾向，对于拍摄效果好的数字素材，无论蓝幕拍摄的还是绿幕拍摄的，抠像起来都是同等的。

03 绿色布光时更容易照亮场景，对某一场景布光，要照亮这一场景，绿色需要的光更少。

04 蓝幕在太阳光下拍摄效果更好，布景上产生的漫反射可以消除阴影。

05 绿色溢出产生的问题比蓝色溢出更为严重，这是两者不同的色相决定的，不过，数字抠像都可以解决溢出问题。

06 无论是电影还是视频拍摄，蓝色通道的噪点总是最厉害的，蓝屏抠像后的遮罩边缘比绿屏抠像后的遮罩边缘更具噪点；所以绿屏抠像的边缘更平滑，这也是很多拍摄抠像的视频采用绿屏拍摄的原因。

11.2.1　Alpha调整

技术速查：【Alpha调整】效果可以按照素材的灰度级别确定键控效果。

选择【效果】面板中的【视频效果】|【键控】|【Alpha调整】效果，如图11-4所示。其参数面板如图11-5所示。

图 11-4

图 11-5

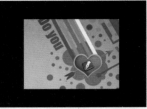

图 11-6

- 仅蒙版：选中该复选框，将只显示Alpha通道的蒙版，不显示其中的图像。

- 不透明度：减小不透明度会使Alpha通道中的图像更加透明。
- 忽略Alpha：选中该复选框时，会忽略Alpha通道。
- 反转Alpha：选中该复选框，会反转Alpha通道。如图11-6所示为选中【反转Alpha】复选框前后的对比效果。

> **技巧提示**
>
> 在前期进行拍摄时一定要注意拍摄的质量，尽量避免人物的穿着和影棚的颜色一致，尽量避免半透明的物体出现，如薄纱等，这些物体出现会增加抠像的难度，而且一定要在拍摄之前考虑好拍摄灯光的方向，因为很多时候需要将人物抠像并合成到场景中，假如灯光朝向、虚实不一样的话，那么合成以后会不真实，这都是需要在前期拍摄时注意到的问题。

11.2.2　亮度键

技术速查：【亮度键】效果可以根据图像的明亮程度将图像制作出透明效果。

选择【效果】面板中的【视频效果】|【键控】|【亮度键】效果，如图11-7所示。其参数面板如图11-8所示。

图 11-7

图 11-8

- 阈值：调整素材背景的透明度。如图11-9所示为设置【阈值】为100%和40%前后的对比效果。

图 11-9

- 屏蔽度：设置被键控图像的中止位置。

 读书笔记

11.2.3　图像遮罩键

技术速查：【图像遮罩键】效果可以将指定的图像遮罩设置为透明效果。

选择【效果】面板中的【视频效果】|【键控】|【图像遮罩键】效果，如图11-10所示。其参数面板如图11-11所示。

图 11-10　　　　图 11-11

● 单击 ▣ 按钮可以在弹出的对话框中选择合适的图片作

为遮罩的素材。

● 合成使用：可从右侧的下拉菜单中选择用于合成的选项。

● 反向：选中该复选框，遮罩效果反向。如图11-12所示为添加图片制作遮罩素材前后的对比效果。

图 11-12

11.2.4　差值遮罩

技术速查：【差值遮罩】效果可以通过指定的遮罩键控两个素材的相同区域，保留不同区域，从而生成透明效果。也可以将移动物体的背景制作成透明效果。

选择【效果】面板中的【视频效果】|【键控】|【差值遮罩】效果，如图11-13所示。其参数面板如图11-14所示。

图 11-13　　　　图 11-14

● 视图：设置合成图像的最终显示效果。【最终输出】表示图像为最终输出效果，【仅限源】表示仅显示源图像效果，【仅限遮罩】表示仅以遮罩为最终输出效果。

● 差值图层：设置与当前素材产生差值的层。

● 如果图层大小不同：如果差异层和当前素材层的尺寸不同，设置层与层之间的匹配方式。【居中】表示中心对齐，【伸展以适配】表示将拉伸差异层匹配当前素材层。

● 匹配容差：设置两层间的匹配容差。

● 匹配柔和度：设置图像间的匹配柔和程度。如图11-15所示为更改【匹配容差】为15和28、【匹配柔和度】为0和24前后的对比效果。

图 11-15

● 差值前模糊：用来模糊差异像素，清除合成图像中的杂点。

11.2.5　移除遮罩

技术速查：【移除遮罩】效果可以将应用蒙版的图像产生的白色区域或黑色区域彻底移除。

选择【效果】面板中的【视频效果】|【键控】|【移除遮罩】效果，如图11-16所示。其参数面板如图11-17所示。

● 遮罩类型：选择要移除的区域颜色。

图 11-16　　　　图 11-17

11.2.6 超级键

技术速查：【超级键】效果可以将素材的某种颜色及相似的颜色范围设置为透明。

选择【效果】面板中的【视频效果】|【键控】|【超级键】效果，如图11-18所示。其参数面板如图11-19所示。

图 11-18　　　　　　图 11-19

- 输出：设定输出类型，包括【合成】【Alpha通道】【颜色通道】。
- 设置：设置抠像类型，包括【默认】【弱效】【强效】【自定义】。
- 主要颜色：设置透明的颜色值。
- 遮罩生成：调整遮罩产生的属性，包括【透明度】【高光】【阴影】【容差】【基准】。
- 遮罩清除：调整抑制遮罩的属性，包括【抑制】【柔化】【对比度】【中间点】。
- 溢出抑制：调整对溢出色彩的抑制，包括【降低饱和度】【范围】【溢出】【亮度】。
- 颜色校正：调整图像的色彩，包括【饱和度】【色相】【明亮度】。

★ 案例实战——制作人像海报合成效果

案例文件	案例文件\第11章\人像海报合成 .prproj
视频教学	视频教学\第11章\人像海报合成 .mp4
难易指数	★★★★★
技术要点	超级键效果的应用

案例效果

蓝屏幕技术是拍摄人物或其他前景内容后，把蓝色背景去掉。随着数字技术的进步，很多影视作品都通过把摄影棚中拍摄的内容与外景拍摄的内容以通道提取的方式叠加，创建出更加精彩的画面效果。本例主要是针对"制作人像海报合成效果"的方法进行练习，如图11-20所示。

扫码看视频

11.2.5 制作
人像海报
合成效果

图 11-20

操作步骤

Part01 导入素材并进行抠像

01 选择【文件】|【新建】|【项目】命令，弹出【新建项目】对话框，设置【名称】，并单击【浏览】按钮设置保存路径，如图11-21所示。然后在【项目】面板空白处单击鼠标右键，在弹出的快捷菜单中选择【新建项目】|【序列】命令，在弹出的【新建序列】对话框中选择【DV-PAL】|【标准48kHz】选项，如图11-22所示。

图 11-21

图 11-22

02 选择【文件】|【导入】命令或按【Ctrl+I】快捷键，将所需的素材文件导入，如图11-23所示。

03 将【项目】面板中的素材文件按顺序拖曳到V1、V2、V3和V4轨道上，如图11-24所示。

图 11-23

图 11-24

图 11-28   图 11-29

04 选择V1轨道上的【背景.jpg】素材文件,在【效果控件】面板中设置【缩放】为55,如图11-25所示。隐藏V2-V4轨道查看画面效果,如图11-26所示。

图 11-25   图 11-26

05 在【效果】面板中搜索【超级键】效果,按住鼠标左键将其拖曳到V2轨道的【人像.jpg】素材文件上,如图11-27所示。

图 11-27

06 选择V2轨道上的【人像.jpg】素材文件,在【效果控件】面板中设置【缩放】为50。接着展开【超级键】栏,设置【设置】为【自定义】,单击【主要颜色】的 （吸管工具）来吸取素材的背景色,然后展开【遮罩清除】,设置【抑制】为15,【柔化】为15,如图11-28所示。此时效果如图11-29所示。

技术拓展：构图的重要性

构图是作品的重要元素,巧用构图会让画面更精彩。

倾斜型构图会产生画面强烈的动感和不稳定效果,引人注目,如图11-30所示。

图 11-30

曲线型构图可以产生节奏和韵律感,这种排列方式会带给人一种柔美、优雅的视觉感受,能营造出轻松舒展的气氛,如图11-31所示。

图 11-31

07 在【效果】面板中搜索【投影】效果,按住鼠标左键将其拖曳到V2轨道的【人像.jpg】素材文件上,如图11-32所示。

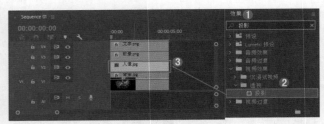

图 11-32

08 选择V2轨道上的【人像.jpg】素材文件,展开【效果控件】面板中的【投影】栏,设置【不透明度】为60%,【方向】为-16°,【距离】为6,【柔和度】为60,如图11-33所示。此时效果如图11-34所示。

图 11-33 　　　　　　　　　图 11-34

Part02 制作装饰素材

01 选择V3轨道上的【前景.png】素材文件,在【效果控件】面板设置【位置】为(360,275),【缩放】为50,如图11-35所示。

图 11-35

02 选择V4轨道上的【文字.png】素材文件,在【效果控件】面板设置【位置】为(104,318),【缩放】为35,如图11-36所示。此时效果如图11-37所示。

 读书笔记

图 11-36 　　　　　　　　图 11-37

03 选择【文件】|【新建】|【颜色遮罩】命令,在弹出的对话框中单击【确定】按钮,如图11-38所示。

04 在弹出的【拾色器】对话框中设置颜色为紫色,然后单击【确定】按钮,如图11-39所示。

图 11-38

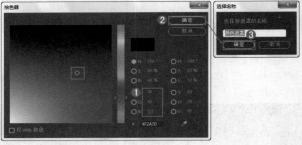

图 11-39

05 将【项目】面板中的【颜色遮罩】拖曳到V5轨道上,如图11-40所示。

图 11-40

06 选择V5轨道上的【颜色遮罩】,在【效果控件】面板设置【不透明度】为40%,【混合模式】为【变亮】,如图11-41所示。

07 此时，拖动播放指示器查看最终效果，如图11-42所示。

图 11-41　　　　　　图 11-42

11.2.7 轨道遮罩键

技术速查：【轨道遮罩键】效果可以将相邻轨道上的素材作为被键控跟踪素材。

选择【效果】面板中的【视频效果】|【键控】|【轨道遮罩键】效果，如图11-43所示。其参数面板如图11-44所示。

图 11-43　　　　　　图 11-44

- 遮罩：选择用来跟踪抠像的视频轨道。
- 合成方式：选择用于合成的选项。
- 反向：选中该复选框，效果进行反转处理。

★ **案例实战——制作蝴蝶跟踪效果**

案例文件	案例文件\第11章\蝴蝶跟踪效果.prproj
视频教学	视频文件\第11章\蝴蝶跟踪效果.mp4
难易指数	★★★★★
技术要点	轨道遮罩键效果的应用

扫码看视频

11.2.7 制作蝴蝶跟踪效果

案例效果

在影视作品中经常可以看到一个画面，周围是黑色的，中间透明的部分对图像进行跟踪运动。这就是蝴蝶跟踪的应用。本例主要是针对"制作蝴蝶跟踪效果"的方法进行练习，如图11-45所示。

图 11-45

操作步骤

▶Part01　导入素材并剪辑

01 选择【文件】|【新建】|【项目】命令，弹出【新建项目】对话框，设置【名称】，并单击【浏览】按钮设置保存路径，如图11-46所示。然后在【项目】面板空白处单击鼠标右键，在弹出的快捷菜单中选择【新建项目】|【序列】命令，在弹出的【新建序列】对话框中选择【DV-PAL】|【标准48kHz】选项，如图11-47所示。

图 11-46

图 11-47

02 选择【文件】|【导入】命令或者按【Ctrl+I】快捷键，将所需的素材文件导入，如图11-48所示。

03 将【项目】面板中的【背景.jpg】素材文件拖曳到V1轨道上，并设置结束时间为第6秒的位置，如图11-49所示。

图 11—48

图11—49

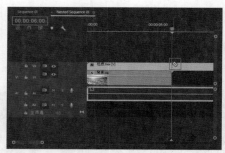

图 11—53

图 11—54

04 选择V1轨道上的【背景.jpg】，在【效果控件】面板设置【缩放】为25，如图11-50所示。此时效果如图11-51所示。

图 11—50　　　　图 11—51

05 将【项目】面板中的【视频.mov】素材文件拖曳到V2轨道上，如图11-52所示。

08 选择V2轨道上的【视频.mov】素材文件，然后单击鼠标右键，在弹出的快捷菜单中选择【取消链接】命令，如图11-55所示。

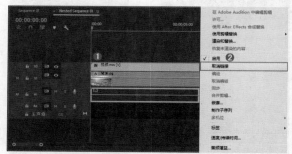

图 11—55

09 选择A1轨道上的【视频.mov】音频素材文件，然后按【Delete】键删除，如图11-56所示。

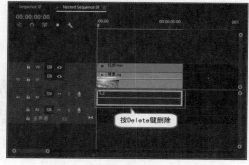

图 11—56

图 11—52

06 选择V2轨道上的【视频.mov】素材文件，单击 （剃刀工具），在【时间轴】面板将播放指示器拖到第6秒的位置，单击鼠标左键进行剪辑，如图11-53所示。

07 选择剪辑后视频文件的后半部，然后按【Delete】键删除，如图11-54所示。

10 选择V2轨道上的【视频.mov】素材文件，在【效果控件】面板设置【混合模式】为【变暗】，如图11-57所示。此时效果如图11-58所示。

图 11-57　　　　　　　　图 11-58

Part02　制作蝴蝶的跟踪效果

01 选择【时间轴】面板窗口中的【背景.jpg】和【视频.mov】素材文件，然后单击鼠标右键，在弹出的快捷菜单中选择【嵌套】命令，如图11-59所示。

图 11-59

02 此时，将在V1轨道上形成【嵌套序列01】嵌套序列，如图11-60所示。

图 11-60

03 将【项目】面板中的【蝴蝶.png】素材文件拖曳到V2轨道上，并设置结束时间为第6秒的位置，如图11-61所示。

图 11-61

04 在【效果】面板中搜索【轨道遮罩键】效果，按住鼠标左键将其拖曳到V1轨道的【嵌套序列】素材文件上，如图11-62所示。

图 11-62

05 选择V1轨道上的【嵌套序列】素材文件，展开【效果控件】面板中的【轨道遮罩键】栏，设置【遮罩】为【视频2】，如图11-63所示。此时效果如图11-64所示。

图 11-63　　　　　　　图 11-64

06 选择V2轨道上的【蝴蝶.png】素材文件，在【效果控件】面板将播放指示器拖到起始帧的位置，单击【位置】前面的 ⬤ 按钮，开启自动关键帧，设置【位置】为（33,285），接着将播放指示器拖到第1秒14帧的位置，设置【位置】为（198,61），如图11-65所示。

图 11-65

07 继续将播放指示器拖到第4秒的位置，设置【位置】为（567,190）。最后将播放指示器拖到第5秒18帧的位置，设置【位置】为（798,57），如图11-66所示。此时效果如图11-67所示。

　读书笔记

第11章

抠像与合成

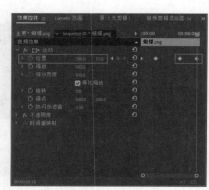

图 11—66

图 11—67

思维点拨：巧用比例效果

　　如果想制作特殊画面效果，那么一定不要忘了巧用比例。超大的球鞋、超小的海洋，都为画面增强了对比感，打破常规、善用比例，会让观者过目不忘，这不仅仅是科幻电影中常用的技巧，也广泛应用于广告中，如图11-68所示。

图 11—68

 读书笔记

11.2.8　非红色键

技术速查：【非红色键】效果可以控制素材混合。

　　选择【效果】面板中的【视频效果】|【键控】|【非红色键】效果，如图11-69所示。其参数面板如图11-70所示。

图 11—69　　　　　　　　　　图 11—70

● 阈值：调整素材背景的透明度。如图11-71所示为设置【阈值】为100%和30%前后的对比效果。

图 11—71

● 屏蔽度：设置被键控图像的中止位置。
● 去边：通过选择去除绿色或蓝色边缘。
● 平滑：设置锯齿消除，通过混合像素颜色来平滑边缘。选择【高】获得最高的平滑度，选择【低】只稍微进行平滑，选择【无】不进行平滑处理。
● 仅蒙版：使用这个键控指定是否显示素材的Alpha通道。

11.2.9　颜色键

技术速查：该效果与【超级键】用法基本相同，使指定的颜色变成透明的。

　　选择【效果】面板中的【视频效果】|【键控】|【颜色键】效果，如图11-72所示。其参数面板，如图11-73所示。

图 11—72   图 11—73

🔵 **主要颜色**：设置透明的颜色。

🔵 **颜色容差**：指定透明数量。

🔵 **边缘细化**：设置边缘的粗细。

🔵 **羽化边缘**：设置边缘的柔和度。

★ 案例实战——制作飞鸟游鱼效果

案例文件	案例文件\第11章\飞鸟游鱼效果.prproj
视频教学	视频文件\第11章\飞鸟游鱼效果.mp4
难易指数	★★★★★
技术要点	颜色键和亮度与对比度效果的应用

案例效果

　　天空中鸟儿在自由地飞翔，海水中鱼儿在自由地游动，展现出自然和谐的气息。在通常情况下这是同时看不到的景象，为了展现这一场景，可以采用不同的素材制作出这一效果。本例主要是针对"制作飞鸟游鱼效果"的方法进行练习，如图11-74所示。

扫码看视频

11.2.9 制作飞鸟游鱼效果

图 11—74

操作步骤

　　01 选择【文件】|【新建】|【项目】命令，弹出【新建项目】对话框，设置【名称】，并单击【浏览】按钮设置保存路径，如图11-75所示。然后在【项目】面板空白处单击鼠标右键，在弹出的快捷菜单中选择【新建项目】|【序列】命令，在弹出的【新建序列】对话框中选择【DV-PAL】|【标准48kHz】选项，如图11-76所示。

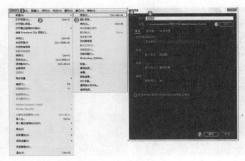

图 11—75

图 11—76

　　02 选择【文件】|【导入】命令或者按快捷键【Ctrl+I】，将所需的素材文件导入，如图11-77所示。

　　03 将【项目】面板中的【01.jpg】和【02.jpg】素材文件分别拖曳到V1和V2轨道上，如图11-78所示。

图 11—77

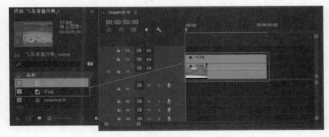

图 11—78

　　04 选择V2轨道上的【02.jpg】素材文件，在【效果控件】面板设置【位置】为（360,334），【缩放】为41，如图11-79所示。此时效果如图11-80所示。

图 11—79

图 11—80

图 11—84

图 11—85

05 在【效果】面板中搜索【颜色键】效果，按住鼠标左键将其拖曳到V2轨道的【02.jpg】素材文件上，如图11-81所示。

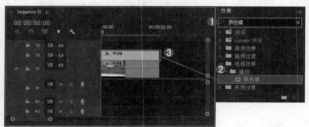
图 11—81

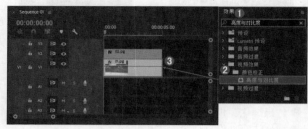
图 11—86

06 选择V2轨道上的【02.jpg】素材文件，在【效果控件】面板展开【颜色键】栏，选择【主要颜色】的 （吸管工具）来吸取素材的背景颜色，设置【颜色容差】为55，【边缘细化】为5，【羽化边缘】为28，如图11-82所示。此时效果如图11-83所示。

图 11—82

图 11—83

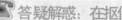
图 11—87

图 11—88

07 选择V1轨道上的【01.jpg】素材文件，在【效果控件】面板设置【位置】为（360,119），【缩放】为50，如图11-84所示。此时效果如图11-85所示。

08 在【效果】面板中搜索【亮度与对比度】效果，按住鼠标左键将其拖曳到V1轨道的【01.jpg】素材文件上，如图11-86所示。

09 选择V1轨道上的【01.jpg】素材文件，在【效果控件】面板展开【亮度与对比度】栏，设置【对比度】为15，如图11-87所示。

10 此时，拖动播放指示器查看最终效果，如图11-88所示。

📞**答疑解惑：在抠像中选色的原则有哪些?**

常用的背景颜色为蓝色和绿色。是因为人体的自然颜色中不包含这两种颜色，这样就不会与人物混合在一起，而且这两种颜色是RGB中的原色，比较方便处理。我国一般用蓝背景，在欧美绿屏和蓝屏都使用，而且在拍人物时常用绿屏，因为许多欧美人的眼睛是蓝色的。

本章小结

在绿色、蓝色影棚中拍摄画面，然后利用后期在Premiere中进行抠像处理，将背景抠除，最后进行合成。使制作画面效果更加方便快捷，而且效果丰富奇幻。通过本章学习，掌握抠像各种效果的使用方法和应用领域，能对画面进行更加完美的抠像处理。